西北旱区生态水利学术著作丛书

河流动态纳污量及水质传递影响研究与实践

罗军刚　张　璇　解建仓　著

科学出版社

北　京

内 容 简 介

本书密切结合最严格水资源管理的实际应用需求，深入系统地开展河流动态纳污量和水质传递影响方面的理论、模型、方法及系统研究，内容包含动态纳污能力及水质传递影响计算模式、河流纳污能力计算模型、纳污能力计算模型参数确定及求解方法、动态纳污能力计算的设计水文条件、不同时间尺度下的动态纳污能力计算、入河污染物总量控制及负荷分配、河流水功能区限制纳污考核管理、河流水质传递影响、不同情景下的水质传递影响模拟、跨界水环境补偿标准、河流动态纳污能力与水质传递影响仿真系统等。本书有思想体系和技术实现，也有实践应用，具有较高的学术和应用价值。

本书可供水利科学与工程领域科研人员和水利管理部门工作人员参考，也可作为高等院校水利专业师生的参考用书。

图书在版编目（CIP）数据

河流动态纳污量及水质传递影响研究与实践/罗军刚，张璇，解建仓著. —北京：科学出版社，2021.9

(西北旱区生态水利学术著作丛书)

ISBN 978-7-03-067411-1

Ⅰ. ①河… Ⅱ. ①罗…②张…③解… Ⅲ. ①河流污染—污染防治 Ⅳ. ①X522

中国版本图书馆 CIP 数据核字(2020)第 265853 号

责任编辑：祝　洁　罗　瑶 / 责任校对：杨　赛

责任印制：张　伟 / 封面设计：迷底书装

科学出版社 出版

北京东黄城根北街 16 号

邮政编码：100717

http://www.sciencep.com

北京厚诚则铭印刷科技有限公司 印刷

科学出版社发行　各地新华书店经销

*

2021 年 9 月第 一 版　开本：720 × 1000　B5

2022 年 11 月第二次印刷　印张：13 1/2

字数：262 000

定价：128.00 元

（如有印装质量问题，我社负责调换）

总 序 一

水资源作为人类社会赖以延续发展的重要要素之一，主要来源于以河流、湖库为主的淡水生态系统。这个占据着少于1%地球表面的重要系统虽仅容纳了地球上全部水量的0.01%，但却给全球社会经济发展提供了十分重要的生态服务，尤其是在全球气候变化的背景下，健康的河湖及其完善的生态系统过程是适应气候变化的重要基础，也是人类赖以生存和发展的必要条件。人类在开发利用水资源的同时，对河流上下游的物理性质和生态环境特征均会产生较大影响，从而打乱了维持生态循环的水流过程，改变了河湖及其周边区域的生态环境。如何维持水利工程开发建设与生态环境保护之间的友好互动，构建生态友好的水利工程技术体系，成为传统水利工程发展与突破的关键。

构建生态友好的水利工程技术体系，强调的是水利工程与生态工程之间的交叉融合，由此生态水利工程的概念应运而生，这一概念的提出是新时期社会经济可持续发展对传统水利工程的必然要求，是水利工程发展史上的一次飞跃。作为我国水利科学的国家级科研平台，西北旱区生态水利工程省部共建国家重点实验室培育基地(西安理工大学)是以生态水利为研究主旨的科研平台。该平台立足我国西北旱区，开展旱区生态水利工程领域内基础问题与应用基础研究，解决若干旱区生态水利领域内的关键科学技术问题，已成为我国西北地区生态水利工程领域高水平研究人才聚集和高层次人才培养的重要基地。

《西北旱区生态水利学术著作丛书》作为重点实验室相关研究人员近年来在生态水利研究领域内代表性成果的凝炼集成，广泛深入地探讨了西北旱区水利工程建设与生态环境保护之间的关系与作用机理，丰富了生态水利工程学科理论体系，具有较强的学术性和实用性，是生态水利工程领域内重要的学术文献。丛书的编纂出版，既是对重点实验室研究成果的总结，又对今后西北旱区生态水利工程的建设、科学管理和高效利用具有重要的指导意义，为西北旱区生态环境保护、水资源开发利用及社会经济可持续发展中亟待解决的技术及政策制定提供了重要的科技支撑。

中国科学院院士 王光谦

2016年9月

总　序　二

近50年来全球气候变化及人类活动的加剧，影响了水循环诸要素的时空分布特征，增加了极端水文事件发生的概率，引发了一系列社会-环境-生态问题，如洪涝、干旱灾害频繁，水土流失加剧，生态环境恶化等。这些问题对于我国生态本底本就脆弱的西北地区而言更为严重，干旱缺水(水少)、洪涝灾害(水多)、水环境恶化(水脏)等严重影响着西部地区的区域发展，制约着西部地区作为“一带一路”桥头堡作用的发挥。

西部大开发水利要先行，开展以水为核心的水资源-水环境-水生态演变的多过程研究，揭示水利工程开发对区域生态环境影响的作用机理，提出水利工程开发的生态约束阈值及减缓措施，发展适用于我国西北旱区河流、湖库生态环境保护的理论与技术体系，确保区域生态系统健康及生态安全，既是水资源开发利用与环境规划管理范畴内的核心问题，又是实现我国西部地区社会经济、资源与环境协调发展的现实需求，同时也是对“把生态文明建设放在突出地位”重要指导思路的响应。

在此背景下，作为我国西部地区水利学科的重要科研基地，西北旱区生态水利工程省部共建国家重点实验室培育基地(西安理工大学)依托其在水利及生态环境保护方面的学科优势，汇集近年来主要研究成果，组织编纂了《西北旱区生态水利学术著作丛书》。该丛书兼顾理论基础研究与工程实际应用，对相关领域专业技术人员的工作起到了启发和引领作用，对丰富生态水利工程学科内涵、推动生态水利工程领域的科技创新具有重要指导意义。

在发展水利事业的同时，保护好生态环境，是历史赋予我们的重任。生态水利工程作为一个新的交叉学科，相关研究尚处于起步阶段，期望以该丛书的出版为契机，促使更多的年轻学者发挥其聪明才智，为生态水利工程学科的完善、提升做出自己应有的贡献。

中国工程院院士

2016年9月

总 序 三

我国西北干旱地区地域辽阔、自然条件复杂、气候条件差异显著、地貌类型多样，是生态环境最为脆弱的区域。20 世纪 80 年代以来，随着经济的快速发展，生态环境承载负荷加大，遭受的破坏亦日趋严重，由此导致各类自然灾害呈现分布渐广、频次显增、危害趋重的发展态势。生态环境问题已成为制约西北旱区社会经济可持续发展的主要因素之一。

水是生态环境存在与发展的基础，以水为核心的生态问题是环境变化的主要原因。西北干旱生态脆弱区由于地理条件特殊，资源性缺水及其时空分布不均的问题同时存在，加之水土流失严重导致水体含沙量高，对种类繁多的污染物具有显著的吸附作用。多重矛盾的叠加，使得西北旱区面临的水问题更为突出，急需在相关理论、方法及技术上有所突破。

长期以来，在解决如上述水问题方面，通常是从传统水利工程的逻辑出发，以人类自身的需求为中心，忽略甚至破坏了原有生态系统的固有服务功能，对环境造成了不可逆的损伤。老子曰“人法地，地法天，天法道，道法自然”，水利工程的发展绝不应仅是工程理论及技术的突破与创新，而应调整以人为中心的思维与态度，遵循顺其自然而成其所以然之规律，实现由传统水利向以生态水利为代表的现代水利、可持续发展水利的转变。

西北旱区生态水利工程省部共建国家重点实验室培育基地(西安理工大学)从其自身建设实践出发，立足于西北旱区，围绕旱区生态水文、旱区水土资源利用、旱区环境水利及旱区生态水工程四个主旨研究方向，历时两年筹备，组织编纂了《西北旱区生态水利学术著作丛书》。

该丛书面向推进生态文明建设和构筑生态安全屏障、保障生态安全的国家需求，瞄准生态水利工程学科前沿，集成了重点实验室相关研究人员近年来在生态水利研究领域内取得的主要成果。这些成果既关注科学问题的辨识、机理的阐述，又不失在工程实践应用中的推广，对推动我国生态水利工程领域的科技创新，服务区域社会经济与生态环境保护协调发展具有重要的意义。

中国工程院院士

2016 年 9 月

前　　言

河流纳污能力在某种程度上是一种资源。在满足水质目标要求的情况下，发挥好纳污能力的资源属性是一项非常值得研究和探索的工作。2012 年，国务院颁布的《国务院关于实行最严格水资源管理制度的意见》(国发〔2012〕3 号)中明确提出“加强水功能区限制纳污红线管理，严格控制入河湖排污总量”。河流纳污能力的计算与确定是进行纳污红线管理的基础。然而，纳污能力随着水文条件的变化而变化，对其进行动态计算和考核管理，以及定量核算污染物在河道中的传递影响并进行生态补偿，都是水资源严格管理工作中亟须解决的技术难题。因此，开展河流动态纳污量及水质传递影响研究非常必要。

本书对国家重点研发计划项目(2016YFC0401409)、国家自然科学基金项目(51679186、51679188)、水利部公益性行业科研专项项目(201001011、201401019)和陕西省水利科技计划项目(2018SLKJ-4)的研究成果进行深入系统的整合、凝练与梳理，提出并构建动态纳污能力及水质传递影响计算模式。全书内容包括考虑排污、支流及取水的纳污能力综合计算模型建立、动态纳污能力计算的设计水文条件、入河污染物总量控制及负荷分配、河流水功能区限制纳污考核管理、河流水质传递影响模拟模型和方法、跨界水环境补偿标准等，设计研发河流动态纳污能力与水质传递影响仿真系统并开展集成应用。本书从思想、理论、模型、方法和系统等方面，为河流纳污量及水质传递影响的动态模拟与管理提供重要的技术手段，对支撑最严格水资源管理制度具有十分重要的理论与现实意义。

本书由罗军刚、张璇、解建仓负责撰写，张晓、刘茵、王竞敏、连亚妮、钱凯旋和张海欧等参与了资料整理工作。感谢西安理工大学汪妮教授、朱记伟教授、张刚副教授、姜仁贵副教授、魏娜讲师，黄河水资源保护科学研究院张建军副总工程师、闫莉教高、余真真高工，陕西省水资源与河库调度中心龙正未主任、杨建宏教高，陕西省水文水资源勘测局赵杰副局长、张宏斌处长，陕西省江河水库管理局张晓春科长、汪雅梅工程师等在本书相关项目研究过程中给予的帮助。本书撰写过程中，参考和引用了有关单位和个人的研究成果，并参考了《国务院关于实行最严格水资源管理制度的意见》《水功能区划分标准》《水域纳污能力计算规程》等法规、国家标准及其他相关文件，在此一并致谢！

由于作者水平有限，书中难免存在疏漏和不足之处，敬请广大读者批评指正。

目　录

第1章 绪 论

1.1 研究背景及意义

水是自然界的重要组成部分，是一切生命的源头，也是人类生存和发展的必要条件。然而，人类对自然资源的肆意开发和利用，对水环境造成了严重破坏。人口激增、社会工业化及城市化的迅速发展和管理不善，各种工业废水、生活污水排入河流、湖泊等水体，造成水环境质量恶化，水体富营养化、重金属污染等事件频发。水资源短缺和水环境质量差已成为全球性的问题。如何实现环境资源的合理利用，控制和减少污染物排放，已成为全球关注的重点问题[1,2]。

为保障经济社会的可持续发展，2011 年中央一号文件《中共中央 国务院关于加快水利改革发展的决定》中明确提出实行最严格的水资源管理制度。既要在水资源利用总量上严格控制，又要提高水资源的利用效率，还要减少污染物排放量。最严格的水资源管理制度中“加强水功能区限制纳污红线管理，严格控制入河湖排污总量”是“三条红线”之一。因此，为加强水资源的保护与管理，保障最严格水资源管理制度的实施，国家提出了水功能区划、水域纳污能力(水环境容量)核定、污染物入河总量控制、水功能区考核和流域水环境补偿等一系列水环境管理措施。

限制排污首先需要核定水域的纳污能力，这是水功能区管理和实施污染物总量控制的一个核心问题，是科学合理制定水污染控制规划和水资源管理的基础，也是划定水功能区限制纳污红线的重要依据。纳污能力核定是在环境管理需求基础上，充分研究流域水文特性、污染物的迁移及转化规律和排污口的排污方式后确定的[3]。纳污能力具体是指设计水文条件下，满足计算水域的水质目标要求时，该水域所能容纳的某种污染物的最大数量[1,4]。从水域纳污能力的定义可以看出，纳污能力是一个确切值，与设计水文条件相对应。但是，纳污能力是动态变化的，受各种自然因素及河流水体水文特征的动态影响，因此开展动态纳污能力研究尤为重要[5,6]。

流域水环境现状异常严峻，想要达到改善环境质量的目的，仅控制排污浓度或者排污总量是不够的，必须实施基于纳污能力的重点水污染物总量控制。排污者(污染源)是水功能区纳污管理的源头，中间环节是城市水务和环保部门，末端控制是污染负荷分配，涉及众多人员，只有全社会踊跃参加与支持，才能有效实施。因此，建立污染负荷分配方法需要全面考虑相关因素且易被排污者接受。

为贯彻落实最严格水资源管理制度，2012年，国务院颁布了《国务院关于实行最严格水资源管理制度的意见》(国发〔2012〕3号)，提出建立水资源管理责任和考核制度。随后，各级行政区公布其考核目标及评定方法，考核结果作为年度目标责任及领导干部考核的依据。以考核之力推动最严格水资源管理制度落实，建立健全指标体系、制度体系、保障体系和监控体系等，是推动水资源严格管理现代化，实现水资源可持续利用的必由之路[7]。

随着经济社会快速发展，尤其是河流中上游重要能源基地和城市群的深入开发，跨界水污染问题持续存在，严重制约经济社会的可持续发展，加之突发性水污染事件时有发生，跨界水污染日益成为水资源保护日常管理工作中最受关注的问题。《国务院关于实行最严格水资源管理制度的意见》(国发〔2012〕3号)明确提出建立健全水生态补偿机制，作为推进水生态系统保护与修复的一项措施。2013年，水利部发布的《水利部关于加快推进水生态文明建设工作的意见》(水资源〔2013〕1号)明确指出，鼓励开展水权交易，运用经济手段促进水资源的节约与保护，探索建立以重点功能区为核心的水生态共建与利益共享的水生态补偿长效机制。党的十八大和十八届三中全会报告均明确提出建立生态补偿制度[8]。

在当前国家实施最严格水资源管理考核制度的新形势下，制定跨界水环境补偿方案，应用最严格水资源管理制度考核结果对流域各省区征收或下达水环境补偿金，开展流域跨界水环境补偿，是落实最严格水资源管理制度的重要保障，也是针对考核结果提出的重要奖惩手段，将促进考核对省区水资源保护工作的激励和约束作用[8]。

以上管理措施的实施将对最严格水资源管理制度的推进及水环境改善、水资源管理发挥重要作用，国内外学者对此开展了很多研究。

1.2 基本概念

1. 河流纳污能力

污染物进入水体后，在水体平流输移、纵向离散和横向混合作用下，发生物理、化学和生物作用，使水体中污染物浓度逐渐降低，这是一个动态过程。水域纳污能力的概念多以水质管理和水环境承载力的方式提出。20世纪30年代，比利时数学家Forest提出了环境容量的概念。1968年，日本科学家首先提出了水环境容量的概念[9]。美国环境保护局(United States Environmental Protection Agency，USEPA)于1972年最先提出最大日负荷总量(total maximum daily loads，TMDL)概念及最大年负荷总量(total maximum yearly loads，TMYL)概念。污染负荷可以表示单位时间接纳污染物的质量、毒性和其他适合测定的指标[10]。

虽然对纳污能力的研究已开展多年，但纳污能力还没有统一的定义[11,12]。已有定义都包含“最大”一词，如最大污染物量[13]、最大容许纳污量[14]、最大数量[4]等。

2. 水污染物总量控制

水污染物总量控制是指将控制单元内水环境污染物排放负荷控制在一定的数量内，使该控制单元受纳水体中污染物的含量满足既定的水质目标[15]。它包括排污总量、排污总量的地域范围及排污的时间跨度三个方面。总量控制是指对于一个流域或地区，想要实现某些环境目标，基于该地区实际情况，通过经济、技术分析，得出对应的允许污染物排放的最大值[6]。水污染物总量控制制度的核心是污染负荷分配，公平性与效益性是污染负荷分配的两个重要决策准则。负荷分配方法主要有等比例分配法[16]、按贡献率削减排污量分配法、排污绩效的分配法[17]、基于污染物削减费用最小分配法[18]、基于公平性考虑的分配法[19]、基于层次分析法的负荷分配[20]、基于多人合作对策的负荷分配协商仲裁法[21]和基于博弈论的负荷分配[22]等。

3. 水功能区考核

为强化水资源管理，我国提出并实施了最严格水资源管理制度[23]。为落实该制度，2013 年 1 月《国务院办公厅关于印发实行最严格水资源管理制度考核办法的通知》明确，实行该制度的责任主体为各省、自治区及直辖市，确定其具体考核内容为目标完成程度、制度建设情况及措施落实情况。通过评分来考核评定，将考核结果分为四个等级：优秀、良好、合格及不合格，这标志着我国正式建立了水资源管理责任制度。为满足水资源开发利用、管理和保护的需求，设定了水功能区管理制度，这是我国实施的一项重要的水资源保护制度，水功能区的监督管理及水资源利用的重要依据就是水功能区考核达标[24]。水功能区考核的主要指标是水功能区水质达标率，指在水质评价过程中达到标准的水功能区的数量与所有参与考核的水功能区数量之比[7]。

4. 水质传递影响

我国流域水环境管理中，上下游之间经济发展与环境保护的矛盾依然存在[25]。党的十八届三中全会明确提出“实行生态补偿制度，坚持谁受益、谁补偿原则，完善对重点生态功能区的生态补偿机制，推动地区间建立横向生态补偿制度”。跨界水环境补偿是以保护和改善流域水环境质量为出发点，为促进流域内人与自然和谐共处、上下游协同发展，运用政府和经济手段，调节流域上下游及水环境保护利益相关者之间利益关系的一种公共制度[26]。水环境补偿机制建立的难点之一是如何合理地划分水污染责任。

流域上游产生的污染往往具有连续性与传递性，会影响下游甚至其他地区的水质。为了划分跨界水污染责任，为补偿水环境相关损益的核算提供定量化依据，需要进行水质传递影响研究。水质传递影响研究指通过从上游到下游的递推计算，确定水污染影响范围与程度。

1.3 国内外研究现状

1.3.1 水域纳污能力计算研究现状

20 世纪 60 年代末，琵琶湖的水污染事件引起日本政府对环境问题的重视，为改善水和大气环境质量状况，提出污染物排放总量控制问题。水环境容量于 1968 年提出，1975 年才从定性发展到定量[8]。自日本环境厅委托卫生工学小组提出《1975 年环境容量计量化调查研究报告》，环境容量在日本得到了广泛应用。以环境容量研究为基础，逐渐形成了日本环境总量控制制度。而欧美国家的学者较多使用最大容许纳污量、同化容量和水体容许排污水平等概念描述水域纳污能力[27]。

欧美国家一般采用随机理论和系统优化相结合的方法研究水域纳污能力[28]。Ecker[29]、Liebman 等[30]、Revelle 等[31]进行的纳污能力研究中将流量等参数作为确定性的变量。Li 等[32]考虑到河流横向混合的不均匀性，采用优化模型确定了各排污口在给定水质目标浓度下的允许排污量。Revelle 等[33]、Thomann 等[34]采用确定性方法将目标函数线性化，同时利用优化模型对排污量及削减量进行求解。Fujiwara 等[35]、Lohani 等[36]将流量作为已知概率分布的随机变量，用概率约束模型研究超标风险下的污染负荷分配。Donald 等[37]使用一阶不确定性分析方法，把水质随机变量转化为等价的确定性变量后进行了排污量的计算。Glasoe 等[38]提出将环境阈值引入生态系统承载能力的评估中，从而抵御人类对环境的干预。环境阈值在各种环境管理中的使用通常建立在“限制”的基础上，为后续的环境标准和土地利用规划提供一个基础，并应用于美国四个区域的水资源管理中[1]。

我国对纳污能力的研究始于 20 世纪 70 年代，在纳污能力计算方法和实践应用等方面，已取得一系列重要研究成果。

20 世纪 90 年代以来，纳污能力研究已全面进入应用阶段。国家重点支持了武汉东湖、云南滇池、陕西渭河等水域的污染综合防治，为纳污能力理论应用提供了广阔空间[39]。20 世纪 90 年代后期至 21 世纪初，我国不少学者对河流纳污能力的计算方法进行了深入研究。纳污能力的计算方法可大致分为三类：解析公式算法、模型试错法及系统最优化分析方法。周孝德等[40]提出了一维稳态条件下计算水环境容量的段首控制、段尾控制和功能区段尾控制三种方法。司全印等[41]探讨了水环境容量的价值问题。孙卫红等[42]探讨了基于不均匀系数的水环境容量计算方法，提出不均匀系数求解思路，并应用二维水量、水质数学模型进行求解。熊风等[43]利用一维稳态托马斯(Thomas)模型研究了有机污染物在不同水文、气象条件下的求解方法。李红亮等[44]分析了水域纳污能力影响因素及水域自净过程的特点，选取不同水域纳污能力的计算模型及其参数应用于实例，同时指出了水域纳污能力的主要影响因素及纳污能力在当今水资源管理中的作用，在水环境保护基础理论方面进行了深入研究。胡守丽等[45]利用一维动态水动力与水质数学模型，结合浓度场迭加原理与线性优化模型，计算深圳河的纳污能力，并讨论河口潮汐、排污口位置和截污能力限制等因素对纳污能力的影响。李克先[46]针对径流资料匮乏区域中小河流特性和水文学原理，构建设计流量计算模型，并与改进的水质模型耦合，获得简易的径流-纳污能力计算耦合模型。张文志[47]分析了一维水质模型中污染源概化、设计流量和流速、上游本底浓度等设计条件和参数对结果的影响，并讨论如何确定设计条件和参数。劳国民分析了污染源概化方式对水体纳污能力计算的影响，并比较了这种影响与设计频率和综合衰减系数之间的关系[8,48]。陈丁江等[49]基于实测水文水质参数的统计分析和河流一维水环境容量计算模型，应用 Monte Carlo 模拟方法，分析了模型各输入参数的灵敏度及水环境容量概率分布，建立了非点源污染河流水环境容量的分期不确定性分析方法。周洋等[50]运用一维稳态水质模型和水环境容量模型，采用段首控制高功能区和段尾控制低功能区相结合的方法计算了渭河陕西段水环境容量。胡开明等[51]针对大型浅水湖泊受风场影响显著的特点，以太湖为例建立了二维非稳态水量水质数学模型。范丽丽等[52]针对太湖风生流的特点，提出了考虑风向风速频率修正及污染带控制的水环境容量计算方法。Liu 等[53]结合置信度和不确定性分析河流模型，确保不同水期的纳污能力能够满足负荷分配的精度和可靠性。他将 Monte Carlo 仿真和水质模型结合起来计算水域纳污能力，量化输入污染物对纳污能力的影响。基于纳污能力的不确定性分析可以帮助决策者为不同水期设置不同的目标，特别是以点源污染为主的地区。徐攀[54]采用 QUAL2K 水质模型对岷江流域新津县境内河流进行了模拟，对流域河流污染物输入域水量输入点位进行了概化，由此计算了该河段中主要污染因子——总氮、总磷的水环境容量。

1.3.2 污染负荷分配研究进展

污染负荷分配是实施污染物总量控制的核心问题，也是市场经济中进行排污权交易的前提和基础。从研究成果来看，一般表述为水环境容量分配、允许排污量分配、污染物削减量分配和排污权初始分配等，其实质基本相同。

美国《清洁空气法》(1990 年)中提出了初始排污权的 3 类分配方式：免费分配、公开拍卖和标价出售。其中，公开拍卖和标价出售都是对环境污染外部性的内部化，是对市场价格扭曲的纠正，对政府的财政收入也非常有益。但厂商等排污者对收费的抵触心理，使得这种有偿的初始分配方式遇到很大阻力，免费的分配方式在实际应用与学术讨论中被认为更具可操作性。因此，不论是在美国等发达国家还是在我国，初始排污权分配主要采用免费分配方式。

多年来，大量研究成果表明，污染负荷免费分配一般要依据两条分配原则：一是效益性原则，也称经济最优原则，以经济-环境整体效益最优为目标；二是公平性原则，以排污者间的污染负荷分配公平合理化为目标。

1. 基于效益性原则的分配模型与方法

基于效益性原则的优化分配方法从经济效益出发，在满足环境目标的前提下，能够在一定程度上实现经济效益与环境效益的最佳组合，因此受到环境管理部门的采纳和研究者的青睐，并一度成为早期污染负荷分配研究的主要方向。

以效益性原则为基础的分配方法主要有最小费用法和边际净效益最大法。最小费用法以排放口最优化处理技术实现满足环境要求条件下各污染源最优处理效率的组合，使目标函数中污染物总负荷最大或污水处理费用最小。边际净效益最大法通过反复调整污染源的排污量以调整其边际净效益，使各污染源的边际净效益总和最大或使各污染源边际净效益相等。但污染源的收益和污染治理费用函数一般为非线性，关系十分复杂。与最小费用法相比，边际净效益最大法的建模与求解都比较困难，运用也较少。

国外污染负荷分配研究始于20世纪60年代，初期主要应用于线性规划模型。例如，利用两个线性规划污水处理费用最小模型确定理想污水处理率，以满足河流溶解氧标准；以费用最小化为目标函数，运用线性规划方法进行污染负荷优化分配等。

20世纪70年代，非线性规划与动态规划技术在水质规划管理中的应用得到发展[55]。例如，采用非线性规划模型来解决河流水质目标下的污染负荷分配问题。

20世纪80年代至今，各种优化分配模型的应用得到进一步完善，集中体现在季节变化、随机性、不确定性、模糊性和多目标的引入。Cardwell等[56]基于参数不确定性和模型不确定性，建立了随机动态规划费用最小模型，对多点源的污染负荷分配问题进行研究；Mujumdar等[57]将水质目标设置为模糊数，根据河流流量季节性变化特点，建立随机动态规划模型，并应用于印度的Tungabhadra河；Lee等[58]根据数据、公式参数的误差及决策者偏好信息的模糊性，以水质、环境容量和污水处理费用为目标，建立了交互式模糊多目标优化分配模型。

我国20世纪80年代开始污染负荷分配的研究，已取得大量科研和实践成果。早期在“效益优先，兼顾公平”的经济发展指导思想下，污染负荷分配主要依据效益性原则。

以基于水环境容量的最大排放负荷分配为例，胡康萍等[59]以水环境容量为基础，采用尊重历史法、最小费用法和边际净效益最大法对广东省江门市允许排污总量进行分配；张存智等[60]基于质量守恒原理和线性叠加原理，建立了海域污染物总量控制模型，计算了大连湾的容许入海负荷总量和各排污口的允许排污量及削减率；李劢等[61]根据山东省河流水文、水质特征，建立了符合当地实际的水环境容量数学模型，提出基于水环境容量的陆源间最大允许排污量估算方法，并应用于黄河三角洲流域。

在排污权初始分配方面，张颖等[62]系统分析了包括免费分配、有偿分配和二者组合的三种排污权初始分配模式的优缺点及国内应用情况；王先甲等[63]建立了排污权初始分配的计划方式与市场方式两种分配模型,并分析了二者的效益关系；施圣炜等[64]提出了在排污权初始分配中引入期权机制，并建立了排污权期权定价模型；李寿德等[65]根据机制设计原理，建立了交易成本条件下使期望社会福利最大化的初始排污权免费分配模型。

基于污染治理费用最小的优化分配研究主要集中于数学规划模型的应用。例如，以污水处理费用最小为目标函数建立非线性污染负荷分配模型，分别利用不同优化算法求出污水最小处理费用和最佳处理率的组合，进而得到各污染源相应的削减量；王有乐[66]提出了水污染综合防治多目标规划思路，把治理投资、运行费用、收益和污染物削减量作为规划目标，建立了多目标组合规划分配模型，并应用于泾河流域水质规划。

上述分配模型都是基于确定条件建立的，随着现代数学优化方法的发展，基于不确定条件的分配方法得到不断完善。例如，熊德琪等[67]结合模糊集理论，提出了水环境系统模糊非线性规划模型，并应用于辽宁省沈阳市南部污水排放系统的最优化处理；李群等[68]采用黑箱模型建立了区域污染源排污量与目标总量的输入响应关系，在此基础上计算了黄河三门峡库区水污染物的允许排污量；秦肖生等[69]利用灰色水质参数，建立了以污水处理费用最小为目标函数的灰色非线性规划模型，并采用遗传算法优化求解。

2. 基于公平性原则的分配模型与方法

污染负荷分配不仅需要满足环境管理部门的要求，还须兼顾排污者的切身利益，这是一件极为棘手的事情。以“效益优先”作为分配的指导原则，极易为突出整体效益而忽略个体合理要求，使排污者因分配不公平而产生抵触情绪，总量控制难以顺利实施[70]。近年来，人们逐渐认识到公平分配在总量控制中的重要性。一方面，公平的分配结果能够使排污者愿意接受分配方案；另一方面，在初始分配公平的基础上，可以通过排污权交易、税收等措施使得整体效益最大化，达到共赢的目标[71]。因此，公平性原则是污染负荷分配应遵循的首要原则。

国外学者进行污染物总量控制技术研究过程中，多基于经济最优化原则建立最优化数学模型，并确定污染物总量控制方案。

美国是实行总量控制比较完善的国家。随着经济的快速发展，美国分别采用最大日负荷总量、季节总量控制方法、变量总量控制法等方法进行污染物总量控制。最大日负荷总量即满足水质标准的条件下，水体对某种污染物的最大日负荷量，包括点源与非点源的污染负荷分配，同时要考虑安全临界值和季节性的变化，从而采取适当的污染控制措施，保证目标水体达到相应的水质标准。季节总量控制方法是为了满足水体不同季节、不同用途对水质的不同要求。变量总量控制法则是为了保证总量控制的合理性及科学性[72]。美国有些州还推行在污染源之间进行负荷对换制度，这种制度主要包括点源对换法和点源-非点源对换法。点源对换法允许将部分分配给某个排污者的污染负荷转换给其他难以用比较经济的手段达到要求削减量的排污者。点源-非点源对换法是允许用非点源控制方法替代点源控制的控制方法。这是因为非点源污染控制的投资比工业点源和城市污水处理厂的投资要少很多，且污染控制更有效[73]。

日本早在1971年开始对水质总量控制进行研究，并于1973年制定《濑户内海环境保护临时措施法》，这是日本首次在废水排放管理中引入总量控制技术。日本又于1978年6月修改部分水污染防治法，以化学需氧量(chemical oxygen demand，COD)为对象开始了总量控制研究，之后推广该成果，严禁无证排放污染物，使水环境得到很好改善[74]。

等比例分配法是基于公平性原则最基本的分配方法，除此之外有加权分配、排污指标有偿分配和等浓度排放等基本方法。这些方法的优点是简单实用，但其缺点也很明显，没有考虑污染源的地理位置、自然条件，以及企业类型、规模、环保投资和污染治理能力等差异，所谓的公平性原则下仍隐含着不公平。随着时代的发展，一些优化算法也被应用于污染负荷分配，这里主要介绍以下三种方法。

(1) 基于层次分析法(analytic hierarchy process，AHP)的水污染负荷分配。1991年，何冰等[75]将AHP引入区域污染负荷分配管理中，通过构建污染物削减量分配的层次分析模型，给出了区域内各个污染源合理的削减比例；2005年，孙秀喜等[76]将该方法引入河道污染负荷分配中，也得出该方法分配结果相对等比例分配法和一般规划优化方法得到的结论更为合理。但从相关文献可看出，基于AHP的污染负荷分配方法具有较强的主观性，层次结构模型中判断矩阵的构造与求解比较复杂困难，造成实际操作性不强。

(2) 基于多人合作对策的污染负荷分配协商仲裁法。2010年，林高松等[77]把群体决策的博弈理论引入河流水质管理的公平分配中，构建了一个由排污者群体决策的博弈模型。该模型综合考虑了多种分配准则，人为给定准则的权重，由于最终的负荷分配结果由排污者群体决策，可保证污染负荷分配过程的公平性。但这种基于博弈的群体决策污染负荷分配方法往往是基于一系列理论边界假设下的研究,尽管分析污染物分配利益相关方的动态博弈和变化关系有着理论上的优势,而且该方法仍在不断发展，但是与实务操作仍存在较大差距。

(3) 基于多分配要素考虑的污染负荷分配法。1999 年，杨玉峰等[78,79]认为国家宏观污染物排放负荷分配应该考虑各地区的经济、人口、资源和环境等差异，并以区域的经济发展水平、人口密度、资源拥有量、地表水体的污染承受能力和水污染综合指数综合反映地区差异；2010 年，李如忠等[80]在基尼系数分配方法的基础上，针对评价指标不全面，不能体现各指标的重要性及约束条件缺乏灵活性等问题，建立了基于弹性约束的污染负荷分配模糊优化决策模型。

3. 兼顾公平性和效益性的分配模型与方法

事实上，国外文献资料中单独针对污染负荷分配公平性的研究并不多见，一般都是将公平性作为分配的因素之一，结合效益性原则作为分配依据。可以说，单纯考虑最优经济性或片面强调公平性都存在一定的弊端,只有将两者统一起来，才能得到更为科学、合理的分配方案。因此，如何建立一个兼顾公平性与效益性原则，能被排污者和水质管理方普遍接受且易于操作的分配模式，是污染负荷分配方法研究的方向。

一些学者从经济角度出发，在效益性原则下应用博弈理论将污染治理费用在排污者间进行公平合理地分配。例如，Giglio 等[81]运用讨价还价模型进行治污费用的分配；Dinar 等[82]应用博弈论的 Shapley 值、核心及可分离成本剩余收益分配方法对水污染控制费用进行分配研究；Arikol 等[83]利用二次规划方法建立了水污染负荷多目标分配模型，分别以排污者间的公平性和总费用最小作为目标函数，应用于土耳其的一条假想河流，并与其他常规水质管理方法进行比较；Burn 等[84]和 Murty 等[85]以总处理费用最小和排污者间的公平性最大作为目标函数，考虑水质约束，建立了多目标优化污染负荷分配模型，应用于美国俄勒冈州的威拉米特河，分别采用不同类型的遗传算法求取最优解。

基于多目标决策的污染负荷分配方法越来越受到重视，国内外学者对此做了大量研究，提出了各种兼顾公平性与效益性的多目标分配模型。吴亚琼等[86]从排污权初始分配的公平性与效益性出发，考虑排污信息的不完全性和不对称性，提出了多方参与分配的协商仲裁机制，建立了多目标的排污权分配博弈模型。黄显峰等[87]等提出了将河流总体排污权依次向水功能区、排污者进行分配的两级分配模式，以经济最优和水质最优为目标，考虑分配公平性和排污者生产连续性等约束，建立了河流排污权多目标优化分配模型，并应用于湖北省举水河流域水质管理。顾文权等[88]综合考虑排污者利益与环境管理部门对水质的要求，运用模糊理论将污染物削减率和各方目标模糊量化，建立了基于模糊多目标优化的污染负荷分配模型，采用基于概率的全局搜索方法求解，应用于汉江流域。邓义祥等[89]以长江口及毗邻海域为例，研究了基于响应场的线性规划方法在污染源负荷分配计算中的应用，考虑了污染源之间的公平性原则，提出负荷分配是一个多目标分配问题，并采用加权平均法将其转化成容易求解的单目标优化问题。

基于多目标的分配方法涉及多种因素，应用十分广泛，但其建模难度较大，缺乏理想的求解方法，寻优过程繁琐，计算量大，因此分配模型及优化算法仍需继续完善。

1.3.3　水功能区考核管理研究进展

最严格水资源管理制度是我国针对水问题提出的一项管理制度，已经在全国各地实施，是强化我国水资源管理的一项新举措[23]。

2011 年，赵恩龙等[90]通过介绍国内用水现状、与发达国家用水效率的对比、用水效率制度建设、水资源管理责任和考核制度、用水效率与总量控制及水功能区纳污控制等，探索用水效率制度建设的问题，并提出建立红、黄、蓝三线控制的建议；戴育华等[91]从水资源监控体系、水资源管理考核、用水需求和用水过程管理等方面分析了“三条红线”最严格水资源管理制度，明确制定管理办法的必要性[7]。

2012 年，邱凉等[92]从水功能区的区划理论、考核要求及管理现状等方面出发，提出建设水功能区考核指标体系的原则，并应用理论分析、频度分析和专家咨询方法等构建了水功能区考核指标体系。将水环境、水生态、水文水资源和社会属性作为框架，先筛选出了水质达标率、鱼类多样性指数、生态基流等八个考核指标，然后确立了不同类型水功能区考核的关键指标体系[7]。彭文启[93]在分析水功能区限制纳污红线内涵和指标体系的基础上，阐述了水功能区限制纳污红线考核指标的确定依据及水功能区限制纳污红线考核评估体系内容；卢友行等[94]依据“三条红线”设立的水资源评价标准，建立实时监测、实时评价、实时预警、动态管理、全面考核管理流程，实现水资源动态管理模式的构建。

2013 年，曾金凤[95]根据江西省赣州市辖区的水功能区水质监测情况，分析影响水功能区水质达标率的诸多因素，并针对辖区典型水功能区特点，尝试从 5 个方面建立了一个相对完整、全面、科学、合理的水功能区水质达标评价体系；金占伟等[96]依据最严格水资源管理的要求，提出了基于“三条红线”的指标体系、水资源严格论证、对水功能区进行强化管理及入河排污口的设置、水资源监控体系等建立的考核制度和管理对策；雷四华等[97]根据国家水资源管理制度的要求，分析水资源管理数据库信息分类与内容组成，并对支撑“三条红线”管理考核制度的数据库分别进行分析，以结构图分层次研究其技术支撑。

2014 年，李昊等[98]结合我国的基本国情和水环境，分析了建立监督责任制的问题与难点，从建立机制、地方协调、信息共享、公众参与等方面入手，为最严格水资源管理制度的实行提供参考；刘肖军等[99]从山东省考核工作的实践出发，组织开展考核工作，以考核推动最严格水资源管理制度落实进行探讨；尚钊仪等[100]从考核对象、考核内容、指标完善、体系建设等方面，分析了上海市最严格水资源管理考核制度建设成果，并提出进一步完善上海市最严格水资源管理考核制度的对策和建议；吴书悦等[101]从水资源、社会、经济和环境四个方面出发，构建了包括人均水资源量、水资源开发利用率、区域缺水率等13个基础指标的区域用水总量控制评价指标体系，并对各评价指标的考核标准进行了划分，建立了基于层次分析法的模糊综合评价模型。

2015年，王晓青[102]以“三条红线”为基础，量化了水资源的用水效率、开发利用及水功能区限制纳污等指标，并分析了关于单项指标计算的方法与综合评分。肖伟华[103]针对水资源“三条红线”实施考核体系实施现状及存在的问题开展调查，对水资源“三条红线”考核体系提出健全“四个机制”，出台规范性文件。欧阳球林等[104]针对考核指标体系构建的科学性、系统性、可行性要求，综合考虑不同层面水资源管理部门的不同侧重点，采用问卷调查方式系统地总结水资源管理考核指标，对比说明考核指标的空间差异性。张敬尧等[105]采用AHP对现有考核体系进行评价分析，提出各考核指标在体系中的权重分布。

1.3.4 跨界水污染研究现状

国外跨界水污染治理从四个方面为我国的水污染治理提供借鉴。①水污染治理机构组成的多元化。流域管理委员会的决策不仅由具有政府职能的董事会主导，还由具有咨询性质的地区资源管理理事会协调。地区资源管理理事会不仅包括流域内的政府代表，也包括其配电、航运和环境保护等各方代表。②水资源管理体制的层次化。欧洲大陆各国都设立了多层次的水管理体制。法国的国家水资源委员会、流域委员会、流域水务局等机构，包括用水户协会、专业协会等，分别与国家、流域、地区、地方等不同层次相对应。③消费者协会参与水资源管理。英国采用中央对水资源按流域统一管理与私有化的水务公司进行水资源管理结合的管理体制，使每个区域都有消费者协会参与水资源管理。消费者协会由地方行政人员和民众代表组成，对供水公司提供的服务进行监督，并提出意见和建议。④注重公众参与。美国五大湖流域的水污染治理有赖于民众参与管理。湖区保护基金会利用市场手段和基金杠杆充分调动了公众积极性，注重建立公众参与管理的机制，吸引公众自觉参与水资源保护工作。从国外跨界水污染治理的现状来看，其发展趋势如下：从整体上把握水污染治理，建立一种跨界综合管理模式[8]；进行以流域为单位的水资源综合规划，注重流域水环境容量与经济发展的相互关系；设立流域水资源管理协调与咨询机构，鼓励公众参与管理；水资源开发、利用市场化[106]。

我国跨界水污染方面的研究成果主要集中在两方面，一是跨界水污染治理问题的宏观制度分析；二是解决跨界水污染问题的微观技术手段。微观技术手段研究主要是借鉴环境经济学在国际环境领域的研究成果，以博弈论为主要分析工具，对跨界水污染问题的原因和解决方案进行探讨，主要涉及总量控制、排污交易和生态补偿等方面[107]。赵来军等[108]构建了各地区自由排污顺序决策模型，对我国跨界水污染纠纷问题进行了解释，该模型将各地区的污染物产生量作为已知条件，各地区就其污染物削减量和污染物转移量进行决策，通过对淮河跨界水污染纠纷的实证，分析了污染物削减指令配额管理体制和地区合作协调管理体制的效率[8]。王飞儿等[109]根据流域交界断面水质考核要求，考虑设计频率等因素，以交界断面水质达标状况及污染物年通量建立了生态补偿估算模型来确定相邻行政区的补偿金，为计算跨界断面污染物通量提供了方法。任建东等[110]建立了第三排水沟入黄口水质、水量变化对黄河宁夏出境断面污染特征变化的水环境输入响应模型，采用该模型对第三排水沟排污水质对黄河水质的影响进行预测，为确保黄河宁夏段出境断面水质达到要求提供了理论参考。张利静等[111]运用线性叠加原理建立了辽河源头区跨界污染输入响应模型，该模型能够利用污染源对环境目标影响的线性可叠加性，定量计算多污染源河段中各污染源对环境目标的影响程度，通过该模型能够计算出各污染源对跨界断面污染物的浓度贡献和贡献率，确定主要污染源及各污染源与跨界断面之间的定量关系，对跨界水污染控制具有指导意义。另外，张利静[112]通过调查辽河源头区的水文水力等条件，建立了源头区跨界断面输入响应模型，结合情景分析法预测了不同情景下跨界断面的 COD，为辽河源头区水污染综合治理和决策提供了科学依据。但是，该模型未计算面源污染对跨界断面的影响，面源污染仅在支流汇入和计算的修正系数中体现，在一定程度上影响了预测的准确度。何小刚[113]结合了上游来水水质水量、沿河排污水质水量、支流汇入水质水量、水库蓄水及地下水补给等断面水质的主要影响因素，构建了研究河段断面的输入响应模型，并对其进行了模型可行性检验[8]，分析了各影响因素对断面水质的贡献程度，并对各影响因素发生变化时断面水质变化的灵敏性进行了模拟分析。

1.4　存在的问题及发展趋势

1.4.1　存在的问题

河流纳污能力、污染负荷分配、水功能区考核、跨界水污染及水环境补偿标准的研究和实际应用现状，存在以下四个方面的问题。

1. 纳污能力计算存在的问题

(1) 理论方法有待细化、实现区域特色化。由于地理位置上的差异，我国南北方气候有巨大区别，各个地区的地质构造、水系发育、降水及蒸发都受到气候条件的深远影响。例如，由于流域水资源匮乏，形成很多季节性河流，非雨季断流的现象十分普遍，无法得到常规意义上的丰水期、平水期、枯水期水文数据；加之受人工闸坝影响十分强烈，存在人为改变天然河流流向和流量的现象[114]。

河流的实际情况具有上述区域性特点，无法应用现有的纳污能力计算理论方法进行计算，这种情况在我国北方许多城市和区域具有普遍性。因此，纳污能力计算的理论和方法有待进一步全面、细致的研究，就不同区域各自的气候、水利、管理模式等情况提出不同的纳污能力计算方法。

(2) 纳污能力计算模型众多，大部分模型却没有考虑取水或支流汇入对纳污能力的影响，而且排污口位置一般按中心概化或顶点概化的方式进行，这样计算出的纳污能力准确性有待提高。随着水利管理的自动化，对河流水量监测越来越准确，纳污能力计算模型也应进行改进以更贴近河流实际情况。应该在现有纳污能力计算模型的基础上充分考虑取水、支流及排污对纳污能力计算的影响，从而提高计算结果的准确性与合理性[115]。

(3) 无法适应水环境保护工作的需求。在传统的纳污能力计算模式中，设计流量一般采用 90%设计频率下最枯月的平均流量或者近 10 年最枯月的平均流量，计算结果为河流年纳污能力，未反映实际水资源变化对水域允许纳污量的影响。目前，河流污染严重，仅以年纳污能力作为控制标准已不能满足控制河流污染、改善河流水质状况的要求，这就使得传统的纳污能力计算模式无法适应水环境保护工作的需求。因此，可以核定水功能区不同设计流量条件下，单位时间内所能受纳的最大污染物量，即水功能区动态允许纳污量，来满足日常水资源管理的需要[1]。

2. *污染负荷分配存在的问题*

负荷分配过程中，公平性与效益性是需要考虑的两个重要原则[114]。公平性与效益性原则在负荷分配方法中的体现尚需深入研究。传统的方法(包括平均分配法、贡献率削减排污量分配法和经济优化分配法)虽然简单易行，但在公平性上都存在缺憾。一个不公平的分配方案，即使有效益性，实际工作中也难以实施[116]。近年来，许多研究者提出了改进的方法，但已有成果多以完成治理任务条件下的经济效益最优为目标，很少同时考虑到满意性准则和公平性准则等事关优化方案是否方便实施的原则，致使提出的方案虽有理论价值却缺乏可执行性。有些学者对分配方法的公平性进行改善，取得了一定成果，但尚不充分，除了要考虑污染源所处的地理位置，还应考虑污染源的经济产污率、水资源利用率和所属行业特征等公平性因素。少数已经建立了负荷分配的多目标模型，其求解思想是将多目标转化为单目标，没有直接求解多目标模型，因此未达到获得多目标模型最优解集的目的。

3. 水功能区考核存在的问题

当前水功能区以水质类别是否达标进行考核，这种考核方式太过单一，不足以反映水功能区考核的达标情况。有的地区在水质考核时段水质达标，而在其他时段并未达到标准，但按照当前的考核方式认为该水功能区水质已经达标。另外，当前的水质达标考核未与水功能区纳污能力相结合，水质达标考核合格与否不代表纳污能力是否满足限制纳污红线。目前，尚无一套完整的系统支撑考核工作的顺利进行，水功能区考核中考核时间、考核条件及考核办法尚不能实现动态变化，针对不同的水功能区、不同的时间尺度和不同的考核办法等各种条件的变化应该有一套适时可调整的考核管理系统[7]。

4. 跨界水污染研究存在的问题

水质模型在跨界水污染方面的研究较为薄弱。传统的水质模型多用于预测下游某一个或几个连续断面水质情况，或判定各污染源对目标断面水质的影响顺序等，主要集中在水污染防治规划、水环境管理及纳污能力计算等方面。在跨界水污染方面仍存在断面间水质传递影响关系不清晰，与水资源考核情况联系不紧密，难以划定跨界水污染程度及责任等问题[8]。

1.4.2 发展趋势

(1) 纳污能力研究将由静态转向动态化。由于水文系统的不确定性，河流纳污能力的影响因素众多，原有的静态计算结果已不能满足要求，动态纳污能力计算具有重要意义。

(2) 污染负荷分配方案制定应兼顾公平性与效益性原则。我国各地区在社会经济条件、减排潜力、资源环境禀赋、发展模式和路径等方面存在较大差异，在制定污染负荷分配方案时应考虑区域差异性，处理好各种矛盾，制定出既追求经济效益，又公平合理的分配方案。

(3) 完善水功能区考核指标体系。水资源保护和管理中，水功能区考核应该具体化为一类或几类可量化考核的刚性指标，这些考核指标应是动态的、持续的，随管理需求和水污染形势的变化而变化。筛选指标时，一方面要综合考虑评价指标的科学性、综合性、独立性，不能仅由某一原则决定其指标的取舍；另一方面，由于各项原则有一定的适用范围和一定的灵活性，衡量方法和精度不能强求一致[5]。考核指标应考虑不同地区、不同水功能区类型、不同管理目标及需求的差异性。

(4) 开展河流水质传递影响研究至关重要。跨界水污染研究的关键在于解决跨界水污染责任的划分、水污染损失的界定等问题。水质传递影响研究就是通过从上游到下游递推计算来确定水污染影响的程度及范围，其目的是探究跨界水污染责任划分，为水环境补偿相关损益核算提供定量化依据。另外，流域生态补偿标准需要根据不同区域、时间变化和地区间经济状况具体制定，应该是一个区域性的动态标准。

(5) 充分利用信息化手段，构建可视化工具。传统水环境问题的计算模型在实际应用中存在计算量大、难以实现动态、无法适应发展变化、可操作性差且不易推广等问题。随着水利信息化的发展，应使信息化手段与水质模型相结合，构建信息化系统，使其具有良好的适应需求变化组合的能力。多元的结果展现方式，便于推广使用，提高业务管理水平。

1.5　研究思路与主要内容

1.5.1　研究思路

围绕河流动态纳污能力计算、入河污染物总量控制、水功能区考核管理、河流水质传递影响、跨界水环境补偿标准及仿真系统六个部分展开。首先，从纳污能力计算模型、动态计算模式、计算水文条件设计等方面进行动态纳污能力计算研究，再进行动态纳污能力实例计算。其次，根据计算的纳污能力，建立污染负荷分配层次模型进行总量控制研究，制定污染负荷分配方案。纳污能力的计算为水功能区考核提供了依据，在传统水质考核的基础上增加纳污能力考核模式，形成水功能区动态考核体系。再次，开展河流水质传递影响研究，以划分水污染责任，确定上游污染物对下游区域影响的程度及范围，并根据水质传递影响研究结果开展跨界水环境补偿标准计算。最后，以知识可视化综合集成支持平台(简称“综合集成平台”)为基础，搭建河流动态纳污能力及水质传递影响仿真系统，以信息化手段实现相关业务，为实施最严格水资源管理制度提供技术支持。

1.5.2　主要内容

本书主要研究内容为以下八个方面。

1) 动态纳污能力及水质传递影响计算模式

说明纳污能力的动态性，阐述动态纳污能力计算模式的研究思路，构建动态纳污能力计算模式框架。设置水质传递影响的计算情景，介绍其计算流程及模式实现方法。

2) 纳污能力计算模型

分析传统纳污能力计算模型中存在的问题，基于一维水质模型建立一种考虑排污、取水、支流的纳污能力综合计算模型，并采用数值实验的方式验证排污、取水、支流对纳污能力的影响，从而验证综合计算模型的合理性。

3) 水功能区动态纳污能力

以渭河干流为例，分别在年、水期、月尺度下计算其不同水文条件下的纳污能力，采用段首控制模型、国标模型及综合计算模型进行计算，并对结果进行比较分析。

4) 入河污染负荷分配方案

考虑研究区间产业结构、工业布局现状和城镇发展规划、各污染源的污染贡献大小及变化规律和趋势，先按照公平、公正、合理、科学的原则，确定总量控制目标；然后建立污染负荷分配层次模型并进行求解，实现水功能区、排污口两个层面的负荷分配。分别采用传统的等比例分配法、负荷分配层次模型对渭河干流陕西段进行污染负荷分配，对比分析两种分配结果的差异，验证新方法的可操作性和合理性。

5) 水功能区考核管理设计方案

根据纳污能力计算结果，将纳污能力作为达标考核依据，通过在线监测设备采集考核样品，并通过一维水质模型转换计算得出该监测断面的污染物排放量。以水功能区的纳污能力为标准，判断考核结果是否达标，进一步直观反映水功能区考核情况，并以渭河干流为例进行实例计算[7]。

6) 水质传递影响模型

分析比选现有的水质模型，在不同需求下设定不同情景，建立水质传递影响模型，确定模型计算条件。结合渭河干流基本数据，用建立的水质传递影响模型进行不同情景下的水质传递影响计算，并对计算结果进行比较与分析[8]。基于纳污能力及水质传递影响分别开展水环境补偿标准研究，并针对渭河进行实例应用，分析比较不同方法的优缺点及侧重点。

7) 仿真系统搭建

综合利用知识可视化技术、组件开发技术等现代化信息技术，研究基于组件、知识图及可视化工具的河流动态纳污能力及水质传递影响仿真系统构建模式，通过综合集成平台快速搭建河流动态纳污能力及水质传递影响仿真系统[1]。

8) 河流动态纳污能力及水质传递影响仿真系统实例应用

以渭河干流陕西段为例，搭建河流动态纳污能力及水质传递影响仿真系统，开展动态纳污能力计算、负荷分配、水功能区考核、水质传递影响及水环境补偿标准计算等方面的模拟应用。

本书在充分利用现状调查资料及学术成果总结的基础上，确定河流动态纳污能力计算、入河污染物总量控制、水功能区考核管理设计方案、水质传递影响模型建立四类业务主题，最终搭建仿真系统，将业务串连起来，以实现业务应用。每一部分业务通过模式研究、模型建立，再进行实例计算的形式进行研究，具体的研究路线如图 1.1 所示。

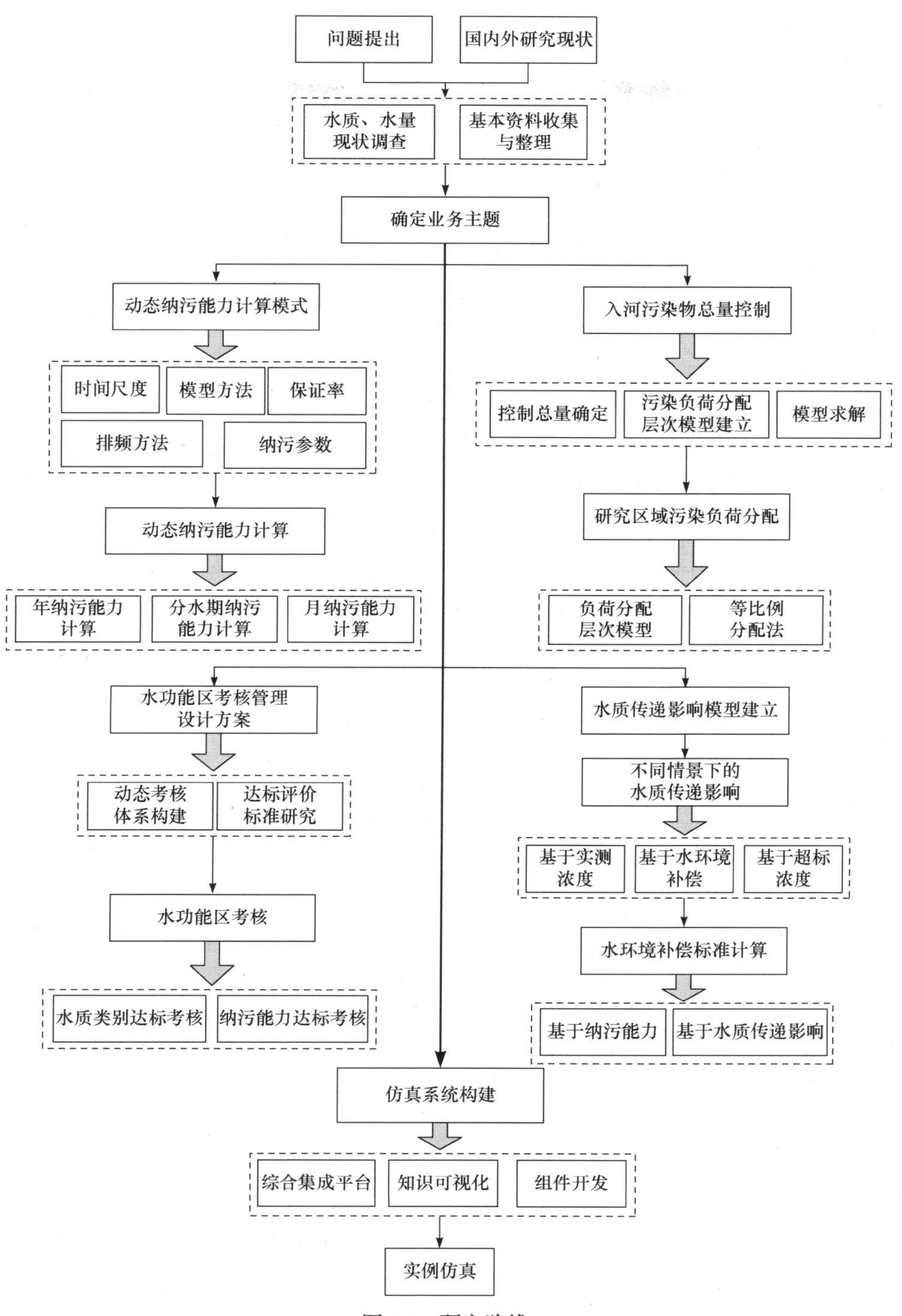
问题提出
国内外研究现状
水质、水量
现状调查
基本资料收集
与整理
确定业务主题
动态纳污能力计算模式
时间尺度
模型方法
保证率
排频方法
纳污参数
动态纳污能力计算
年纳污能力
计算
分水期纳污
能力计算
月纳污能力
计算
入河污染物总量控制
控制总量确定
污染负荷分配
层次模型建立
模型求解
研究区域污染负荷分配
负荷分配
层次模型
等比例
分配法
水功能区考核管理
设计方案
动态考核
体系构建
达标评价
标准研究
水功能区考核
水质类别达标考核
纳污能力达标考核
水质传递影响模型建立
不同情景下的
水质传递影响
基于实测
浓度
基于水环境
补偿
基于超标
浓度
水环境补偿标准计算
基于纳污能力
基于水质传递影响
仿真系统构建
综合集成平台
知识可视化
组件开发
实例仿真

图1.1 研究路线

第 2 章　动态纳污能力及水质传递影响计算模式

2.1　动态纳污能力计算模式

2.1.1　动态纳污能力计算模式的提出

纳污能力体现了对流域的水文特性、排污口排污方式、污染物迁移转化规律进行充分科学研究的基础上，结合环境管理需求确定的管理控制目标[3]。从水域纳污能力的定义可以看出，纳污能力是与一定设计水文条件相对的一个确切值。然而，河流的水文特性和其他自然因素的动态特征决定了纳污能力是一个动态变化的量，纳污能力的动态性主要表现在以下两方面[5]。

(1) 纳污能力计算环境存在动态性。纳污能力既反映流域的自然属性(水文特性)，又反映人类对环境的需求(水质目标)，它不是固定不变的，而是随着水资源情况的不断变化和人们环境需求的不断提高发生变化[117]。首先，纳污能力计算环境内部具有复杂的时间和空间结构，各要素随之呈现出动态变化的特征。其次，在我国，由于地理位置的差异，南北方的气候有很大的不同，而不同的气候对当地的地质构造、降水、蒸发、水系发育都有很大的影响。河流的纳污能力也是动态变化的，不同的水平年、不同的设计频率对应不同的纳污能力。最后，纳污能力计算会随着外部条件的变化而发生变化，同样存在动态性，如国家政策的改变，新模型的开发应用等。

(2) 纳污能力计算行为存在动态性。纳污能力计算行为的动态性主要是由参与计算的决策者、专家学者和相关技术人员的知识储备和经验累积带来的。每个参与者的知识储备、经验累积不同，参与计算的过程中，不同的计算行为将会带来不同的计算结果，而且计算行为动态性随着社会经济和科学技术的发展，其影响力越来越大。因此，不能忽视人在纳污能力计算中的重要性，也就是说不能忽视纳污能力计算行为的动态性[118]。

确定纳污能力是水功能区管理和实施污染物总量控制的一个核心问题，是科学合理制定水污染控制规划和水资源管理的基础，也是划定水功能区限制纳污红线的重要依据。由于上述这些动态因素，无法应用现有的水环境容量计算理论方法进行纳污能力计算，需要将这些动态因素考虑进纳污能力的计算过程[119]。综上所述，对动态纳污能力的研究就显得非常有必要。因此，提出动态纳污能力计算模式，以实现动态纳污能力计算，适应发展变化[120]。

2.1.2　动态纳污能力计算模式框架

动态纳污能力计算模式以实现动态纳污能力计算为目标。具体包括以下三个方面。

(1) 在深入分析环境、需求、条件等变化因素对纳污能力计算影响机理的基础上，以传统纳污能力计算模式为基础，建立动态纳污能力计算模式框架，应用于动态及变化的水功能区纳污能力计算。

(2) 纳污能力的动态计算通过以下五种方式实现：排频方法动态、模型方法动态、时间尺度动态、模型参数动态及设计频率动态，通过综合集成平台的河流动态纳污能力仿真系统可实现其应用动态。

(3) 基于综合集成方法和平台，综合利用现代信息技术、组件开发技术及可视化技术，研发水功能区河流动态纳污能力仿真系统，为动态纳污能力计算提供一个可操作的平台，真正将动态纳污能力计算的思想和方法落到实处[1]。

动态纳污能力计算模式框架如图 2.1 所示。

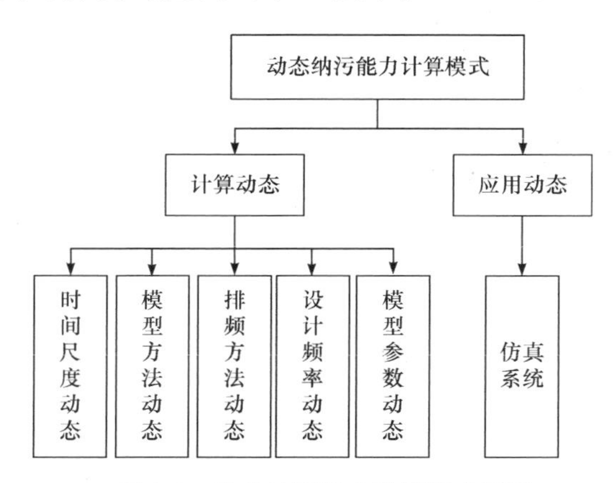

图 2.1　动态纳污能力计算模式框架

1. 计算动态

(1) 时间尺度动态。传统纳污能力计算模式的结果一般为年纳污能力。仅以年纳污能力为依据进行年终考核，时间横跨尺度较大，不利于河流的控制管理。因此，在水文数据允许的条件下，通过确定不同时间尺度(年、水期、月)的河流纳污能力，水环境保护部门就可以利用月纳污能力进行实时考核，根据水期纳污能力进行阶段考核，利用年纳污能力进行年终考核。

(2) 模型方法动态。纳污能力是一个随时间动态变化的量，对纳污能力的分析计算也要采用动态方法。不同的计算方法，得到的纳污能力可能会有很大差异，这是因为河流的纳污能力与水体的动力学特性密切相关，而不同的计算方法对水体的水动力条件考虑有所不同。目前，计算纳污能力的模型有很多，且在理论上已经比较完善。关键问题是针对不同河流的具体情况，科学地选取纳污能力计算模型使计算结果符合实际情况，从而避免夸大或低估河流纳污能力，造成水资源保护工作的失误。因此，实际考核中应采用多模型多方法综合对比，根据不同的河流情况选用合适的模型计算纳污能力[1]。

(3) 排频方法动态。确定设计流量时，不同的排频方法会直接影响流量的大小。通常，年尺度下分为年-最枯月排频及年-所有月排频，水期尺度下可分为水期-水期排频及水期-典型年排频，月尺度下可分为月-月排频及月-典型年排频。

(4) 设计频率动态。水利部 2012 年发布的《全国水资源保护规划技术大纲》要求，一般江河功能区采用 90%设计频率下最枯月的平均流量或者近 10 年最枯月的平均流量作为设计流量。从全国各省市及流域机构近几年开展河流纳污能力研究的情况来看，90%设计频率下的设计水文条件偏严格，计算得到的河流纳污能力较小，若仅依据此条件下的纳污能力作为控制标准，那么大多数的河段污染负荷都将超过这个标准。但是不同水功能区的水质情况未必都是超标的，此控制标准就失去了对管理工作的指导意义。因此，有必要开展不同设计频率下的纳污能力计算。目前，河流中水功能区已进行了二级分类，不同类别的水功能区应采用不同设计频率计算纳污能力。例如，饮用水源区可以选用 90%设计频率，渔业用水区、工业用水区可选用 75%设计频率，农业用水区、一般景观用水区可选用 50%设计频率。因此，河流纳污能力计算采用的设计水文条件增加了 75%和 50%设计频率。

(5) 模型参数动态。模型参数动态包括了综合衰减系数的动态及流速的动态。由于河流的水文条件具有较明显的动态特性，并且污染源也有随时间变化的规律，而水文条件和污染源对污染物综合衰减系数和流速的变化有直接影响[1]。因此，不同河段、不同水文及河道条件下的污染物综合衰减系数及流速都应不同。

2. 应用动态

应用动态通过综合集成平台的动态纳污能力计算仿真系统来实现。要实现计算上的时间尺度动态、模型方法动态、排频方法动态、设计频率动态及模型参数动态，就需要一个仿真系统作为支撑，基于综合集成平台，运用组件技术、Web service 技术及面向服务的架构(service-oriented architecture，SOA)技术，搭建基于综合集成平台的水功能区动态纳污能力仿真系统。

2.2　水质传递影响计算模式

流域上游某地区造成的污染对下游一个甚至多个地区的水质都有影响，其影响是连续的，具有传递性。通过从上游到下游的递推计算来确定这种影响程度及范围的研究就是水质传递影响研究，其目的是探究跨界水污染责任划分，为水环境补偿相关损益核算提供定量化依据。

2.2.1　计算情景设置

可以基于实测浓度、水环境补偿与超标浓度三种情景进行水质传递影响研究。

(1) 实测浓度：假设不论该断面水质是否达标，都会对下游水质产生一定的影响。该情景将排污与取耗水两种因素的影响看作整体，计算共同引起浓度下游污染物浓度的变化而不进行区分。将断面月实测污染物浓度或实测浓度年均值作为模型变量，计算各个地区对下游各断面的水质传递影响程度及范围。

(2) 水环境补偿：跨界水环境补偿标准计算要考虑水污染损失补偿与受益补偿两个方面。基于水环境补偿情景下，取水质目标浓度与断面月实测浓度之差为变量，代入模型开展计算，计算结果可反映出各地区对相应断面的浓度贡献，含正负两种情况。浓度贡献为负时，说明该地区减轻了相应断面水污染，应该进行受益补偿，反之，则说明加重了水污染，应进行损失补偿。

(3) 超标浓度：基于超标浓度情景考虑的主要影响因素为超标取耗水与超标排污。考虑到实际应用的需求，为划分污染责任，界定水污染损失，确定损失补偿、受益补偿标准，也可把超标排污及超标取耗水引起的浓度变化作为模型中的变量，分别计算排污与取耗水两种因素对下游水质的影响。通过计算可以反映上游地区因超标排污或超标取耗水对下游地区的补偿比例。其中，取耗水标准参考流域分水指标；排污标准依据断面实测浓度，同时参考《地表水环境质量标准》(GB 3838—2002)。超标取耗水及超标排污引起的浓度变化即超标浓度。某断面水质考核、取耗水未超标时，不追究其取耗水对下游水质的影响。基于超标浓度计算的模型，可得到超标排污及超标取耗水分别引起浓度变化的传递影响，注意将二者代入模型时，均要换算为浓度。

三种情景中，基于实测浓度情景主要针对不考虑断面是否达标的普遍情况；基于水环境补偿情景适用于计算跨界水污染补偿标准计算的情况，考虑水污染损失补偿及受益补偿；基于超标浓度情景更具针对性，主要适用于对断面水质有考核任务并且只对超标量追责的情况。

2.2.2　计算流程

计算时需要的基础数据包括河流流量、流速，计算单元(河段)基本信息，各区域取耗水量与取水指标，断面污染物月实测浓度及年污染物排放通量等。选择不同的计算条件，包括计算模型、时间尺度、污染物类型等，并选择不同计算情景。若选择基于实测浓度情景，则直接根据模型计算各断面的污染物浓度贡献及各地区的污染物浓度贡献率；若选择基于超标浓度情景，则需要划分由超标取耗水和超标排污引起的污染物浓度变化。由于超标排污的影响难以直接获得，可由断面的超标浓度减去由超标取耗水引起的污染物浓度变化计算。首先，需要计算按指标取耗水时的污染物浓度，再计算超标取耗水时的污染物浓度，即可求得超标取耗水引起的污染物浓度变化。其次，根据断面污染物超标浓度，可划分出由超标排污引起的污染物浓度变化。最后，可求得基于超标浓度的水质传递影响及各地区超标取耗水、超标排污两方面的污染物浓度贡献率。水质传递影响计算流程见图 2.2。

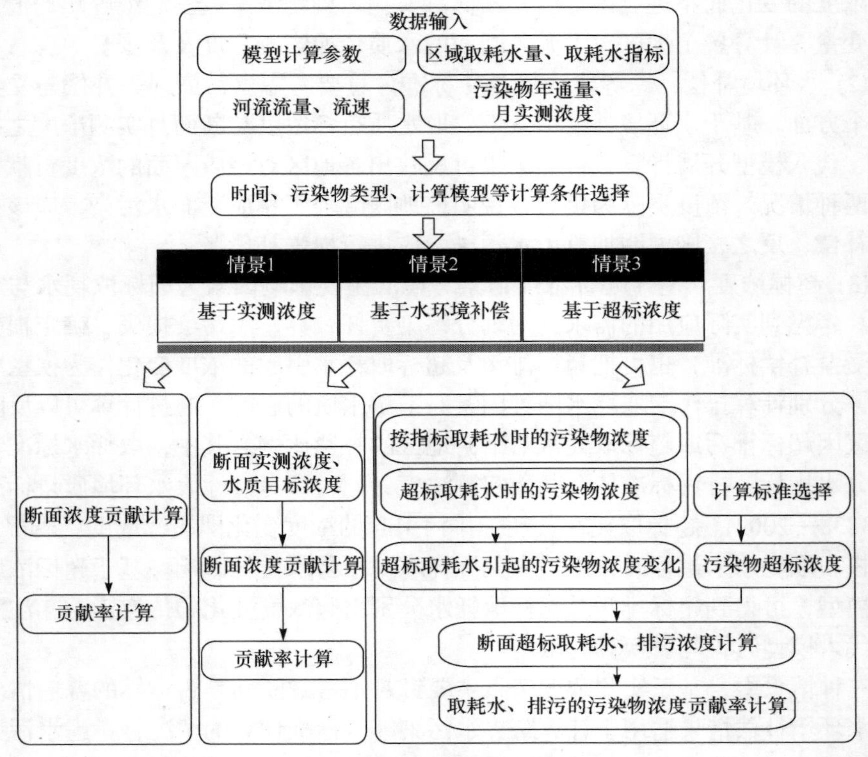

图 2.2　水质传递影响计算流程

2.2.3　模式实现方法

水环境补偿应考虑社会经济等多方面因素，此外，水质传递影响模型的计算结果仅为跨界水环境补偿中水污染定量和责任界定提供参考，不一定是最终的补偿结果。事实上，在确定水环境补偿金时，通常需要各地方、区域、国家流域机构等相关部门和人员根据实际需要对结果进行商议和修改。而且，不同条件下的计算结果不尽相同。例如，不同的水质模型、不同的设计频率、不同的污染物类型和不同的标准，将导致完全不同的计算结果。传统水质模型和方法在实际应用中数据量大，计算过程复杂，缺乏通用性和可操作性，难以适应动态变化，难以推广。因此，有必要建立一个基于信息化手段的模拟系统，来模拟动态条件下的水质传递影响。

基于综合集成平台的水质传递影响仿真系统，运用组件技术，Web service 技术及 SOA 技术。搭建水质传递影响仿真系统，可以根据不同的需求，实现计算上的时间尺度动态、模型方法动态、排频方法动态、设计频率动态、模型参数动态的水质传递影响计算模式，以实现应用动态。

第3章　河流纳污能力计算模型

3.1　传统模型中存在的问题

传统的纳污能力计算模型包括2010年国家颁布的《水域纳污能力计算规程》(GB/T 25173—2010)中给出的计算模型(又称“国标模型”)，以及由周孝德等[40]1999年提出的段首控制模型等。

由于国标模型中未考虑支流和取水的影响，只给出了排污中点概化时的计算模型，纳污能力计算结果仍较为粗略。段首控制模型能严格控制水功能区内的水质达标情况，适用于对水质要求高、经济发达、并且污染治理能力强的地区。但是，在提高水质要求的同时，也可能导致河流纳污能力得不到充分利用，造成资源浪费。国标模型和段首控制模型中均没有考虑支流和取水因素，对于河岸取水口较多的河流，取水对水流及其纳污能力的影响较大，尤其是枯水期。另外，随着支流汇入，河道中流量增大，将会影响水体自身的稀释能力，也会对河流纳污能力产生影响。

3.2　考虑排污、取水和支流的综合计算模型

一般河流的干流会有支流汇入，为了满足供水、灌溉等需求，支流沿岸设有取水口，排污、支流的汇入和取水会导致水体自净稀释能力产生变化，对河流的纳污能力造成影响。因此，计算河流的纳污能力时，在一维水质模型的基础上，提出了考虑排污、取水和支流的综合计算模型。

为了方便管理，计算纳污能力时，一般以水功能区河段为计算单元。水功能区是指为满足人类对水资源合理利用、节约和保护的需求，根据水资源的自然条件和开发利用现状，按照流域综合规划、水资源保护和经济社会发展要求，依其主导功能划定范围并执行相应水环境质量标准的水域。综合计算模型根据排污口、取水口和支流增加控制断面将水功能区划分为若干段，分别计算每一个计算单元的纳污能力，最后求和得到整个水功能区的纳污能力。纳污能力综合计算模型如图3.1所示，假设水功能区起始断面的流量和初始污染物浓度分别为Q_0和C_0，水功能区长度为L，流速和污染物综合衰减系数分别为u和K，水功能区水质目标浓度为C_s。

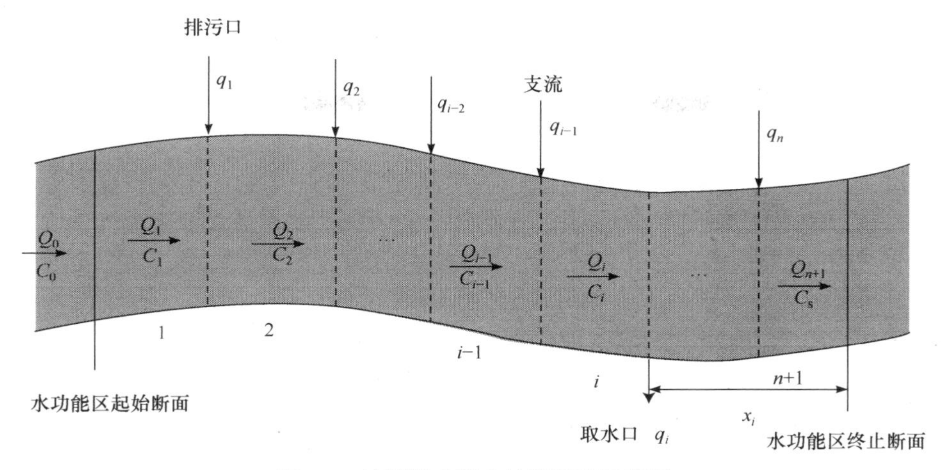

图 3.1　纳污能力综合计算模型示意图

将水功能区按排污口、取水口及支流入口作为控制断面，划分为若干段，流量与污染物在控制断面前后满足质量守恒定律。设水功能区内取水口、排污口及支流入口共有 n 个，则水功能区被划分为($n+1$)个计算单元。在每一段的控制断面处进行质量守恒分析，确定控制断面处的流量和污染物浓度(质量浓度)。控制断面后的河段要以控制断面平衡后的流量和污染物浓度为初始条件，根据一维水质模型计算得到下一个控制断面前的污染物浓度。各个计算单元的纳污能力之和即该水功能区的纳污能力。

考虑排污、取水和支流的综合计算模型是基于一维水质模型、质量平衡方程和流量平衡方程建立的，分别如式(3.1)～式(3.3)所示[7]。

一维水质模型：

$$C_x = C_0 \exp\left(-K\frac{x}{u}\right) \tag{3.1}$$

式中，C_x 为流经距离为 x 后的污染物浓度(mg/L)；C_0 为初始污染物浓度(mg/L)；K 为污染物综合衰减系数(s^{-1})；x 为沿河段的纵向距离(m)；u 为设计流量下河道断面的平均流速(m/s)。

质量平衡方程：

$$Q_i C_i \mathrm{e}^{-K\frac{x_{i-1}-x_i}{u}} + M_i = Q_{i+1} C_{i+1} \tag{3.2}$$

式中，Q_i 为第 i 个河段的入流量(m^3/s)；Q_{i+1} 为第 i 个河段的出流量(m^3/s)；C_i 为第 i 个河段上段面的污染物浓度(mg/L)；C_{i+1} 为出第 i 个河段的污染物浓度(mg/L)；x_i 为第 i 个河段的下断面距水功能区终止断面的距离(m)；M_i 为第 i 个河段的纳污能力(g/s)。

流量平衡方程:

$$Q_i + q_i = Q_{i+1} \tag{3.3}$$

式中，q_i 为第 i 个河段排污流量、支流流量或取水流量($\mathrm{m^3/s}$)，其中，q_i 为第 i 个河段的排污或支流流量时，$q_i > 0$，q_i 为第 i 个河段的取水流量时，$q_i < 0$。

假设水功能区的终止断面控制目标为该水功能区的水质目标浓度，如图 3.1 所示。根据式(3.1)～式(3.3)可得第 i 个河段的纳污能力为

$$M_i = (Q_i + q_i)C_{i+1} - Q_i C_i \mathrm{e}^{-K\frac{x_{i-1}-x_i}{u}} \tag{3.4}$$

对于水功能区的起始断面，$i=1$ 且 $Q_1 = Q_0$，Q_0 即功能区起始断面的入流量；$x_{i-1} = L$，L 即水功能区的长度。

最后一个河段，即第 $(n+1)$ 个河段的纳污能力为

$$M_{n+1} = Q_{n+1}C_\mathrm{s} - Q_{n+1}C_n \mathrm{e}^{-K\frac{x_n}{u}} \tag{3.5}$$

式中，n 为排污口、取水口及支流的总数。

河流的纳污能力 $M = \sum_{i=1}^{n+1} M_i$，即 M(g/s)为各个河段的纳污能力之和。

$$M = \sum_{i=1}^{n}\left[Q_{i+1}C_{i+1} - Q_i C_i \exp\left(-K\frac{x_{i-1}-x_i}{u}\right)\right] + Q_{n+1}C_\mathrm{s} - Q_{n+1}C_n \exp\left(-K\frac{x_n}{u}\right) \tag{3.6}$$

使各河段的污染物浓度 C_i 等于该水功能区的水质目标浓度 C_s，能够得到满足水功能区水质目标的纳污能力，式(3.6)变换为

$$M = \sum_{i=1}^{n} C_\mathrm{s}\left[Q_{i+1} - Q_i \exp\left(-K\frac{x_{i-1}-x_i}{u}\right)\right] + C_\mathrm{s}Q_{n+1}\left[1 - \exp\left(-K\frac{x_n}{u}\right)\right] \tag{3.7}$$

在传统算法中，《地表水环境质量标准》(GB 3838—2002)规定的一定等级下的水质目标浓度是一个数值范围，具体的设定方法没有参考标准，这样的标准也难以制定。因此，水质目标浓度一般根据人工经验选取，存在着主观不确定性，导致纳污能力计算的不确定性。

对于有 $(n+1)$ 个河段的水功能区，纳污能力是每个河段纳污能力的总和。上一个计算单元水质目标浓度的取值会影响下一个计算单元的纳污能力，因此纳污能力计算可看作一个带约束的典型多阶段连续决策问题，可以采用优化方法进行求解。根据纳污能力的定义，其目标是求得可容纳污染物的最大数量，目标函数的数学模型可写为如下形式。

$$M=\max\left\{\sum_{i=1}^{n}C_{\mathrm{s}}\left[Q_{i+1}-Q_i\exp\left(-K\frac{x_{i-1}-x_i}{u}\right)\right]+C_{\mathrm{s}}Q_{n+1}\left[1-\exp\left(-K\frac{x_n}{u}\right)\right]\right\} \tag{3.8}$$

纳污能力的计算有以下两个约束条件。

(1) 初始污染物浓度约束。确定第一个河段的 $C_{0,1}$，该河段有资料时，采取其上游对照断面水质监测的最枯月平均值；该河段无资料时，若上游其他断面有监测资料，可选取其中的最枯月平均值，代入基于一维水质模型的浓度公式，通过计算推至所需断面，或者用两次补充水质现状调查的平均值替代。其他河段的初始污染物浓度 $C_{0,i}$ $(i=2,3,\cdots,n)$ 采用上一个河段的水质目标浓度，即

$$C_{0,i}=C_{\mathrm{s},i-1}\quad(i=2,3,\cdots,n) \tag{3.9}$$

(2) 水质目标约束。各河段水质目标浓度应在《地表水环境质量标准》(GB 3838—2002)给出的标准上下限($C_{\mathrm{s,max}}$ 和 $C_{\mathrm{s,min}}$)的范围内取值，即必须满足：

$$C_{\mathrm{s,min}}\leqslant C_{\mathrm{s},i}\leqslant C_{\mathrm{s,max}} \tag{3.10}$$

3.3　综合计算模型模拟

为探究不同因素对水功能区纳污能力的影响，设计了三组仿真实验，分别模拟了排污口概化方式、取水口及支流在水功能区不同位置对纳污能力的影响。实验选取 COD 为污染因子，并采用传统算法及综合计算模型分别进行计算，以验证综合计算模型的有效性与合理性。

3.3.1　排污影响模拟

第一组实验验证了排污口概化在水功能区不同位置对于纳污能力计算的影响。假设某水功能区水质目标为Ⅲ类，根据《地表水环境质量标准》(GB 3838—2002)，对应的水质目标浓度范围为 15～20mg/L。该水功能区长度为 36.16km，河流流速及 COD 综合衰减系数分别为 0.117m/s 和 0.36d^{-1}，水功能区起始断面的入流流量为 0.8m^3/s。该水功能区设置了三个排污口，那么综合计算模型可将其划分为四个河段。第一组实验用实验 A 表示，排污影响模拟实验水功能区划分示意图如图 3.2 所示，其计算参数见表 3.1。

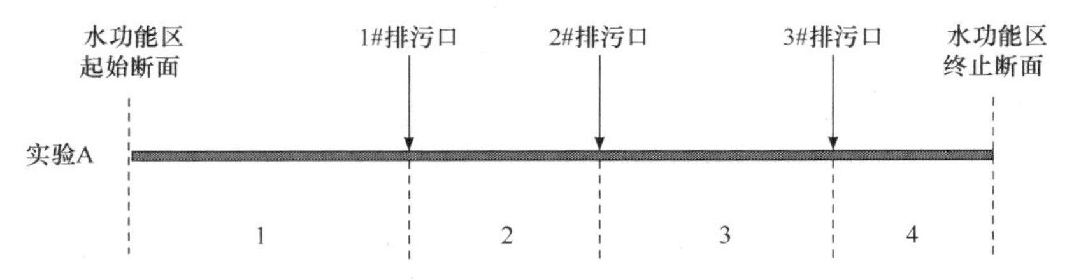

图 3.2　排污影响模拟实验水功能区划分示意图

表 3.1　排污影响模拟实验计算参数

序号	L/km	q/(m³/s)	u/(m/s)	K/d⁻¹
1	11.96	0.800	0.117	0.36
2	8.11	0.122		
3	9.22	0.208		
4	6.87	0.185		

为了进行对比，采取传统算法中的国标模型、段首控制模型，以及综合计算模型进行纳污能力计算，排污影响模拟实验结果如表 3.2 所示。

表 3.2　排污影响模拟实验结果

序号	传统算法				综合计算模型	
	段首控制模型		国标模型			
	C_s /(mg/L)	纳污能力/(t/a)	C_s /(mg/L)	纳污能力/(t/a)	C_s /(mg/L)	纳污能力/(t/a)
1	20	1025.97	20	2504.92	20	251.95
2					20	277.07
3					20	316.79
4					15	180.14
合计	—	1025.97	—	2504.92	—	1025.95

由表 3.2 可知，国标模型得到的纳污能力最大，综合计算模型与段首控制模型计算的纳污能力相差小。段首控制模型能达到与综合计算模型相似的结果，是因为此模型控制严格，计算时考虑了排污影响，较为准确地计算了水功能区纳污能力，综合计算模型采取的分段计算方式比较贴合实际。任何概化方式都会引起计算误差，因此在实际应用中概化方式应尽可能接近实际。综合计算模型则根据排污口的实际位置进行控制断面划分，最大化地减小了由概化引起的误差。

3.3.2　取水影响模拟

第二组实验主要模拟取水口在水功能区上游、中游、下游三个不同位置的纳污能力变化情况，分别由实验 B、实验 C、实验 D 表示。本组实验中依然采用传统算法及综合计算模型进行纳污能力计算。假设水功能区长度为 43.89km，水质目标浓度、流速、污染物综合衰减系数及起始断面的入流流量均与第一组实验相同。另外，假设该水功能区内有三个排污口及一个取水口，综合计算模型中水功能区共被划分为五个河段。排污口的位置与流量及取水口的流量均不变，只有取水口的位置发生改变，分别位于水功能区的上游、中游及下游。取水影响模拟实验水功能区划分示意图如图 3.3 所示，取水影响模拟实验计算参数见表 3.3。

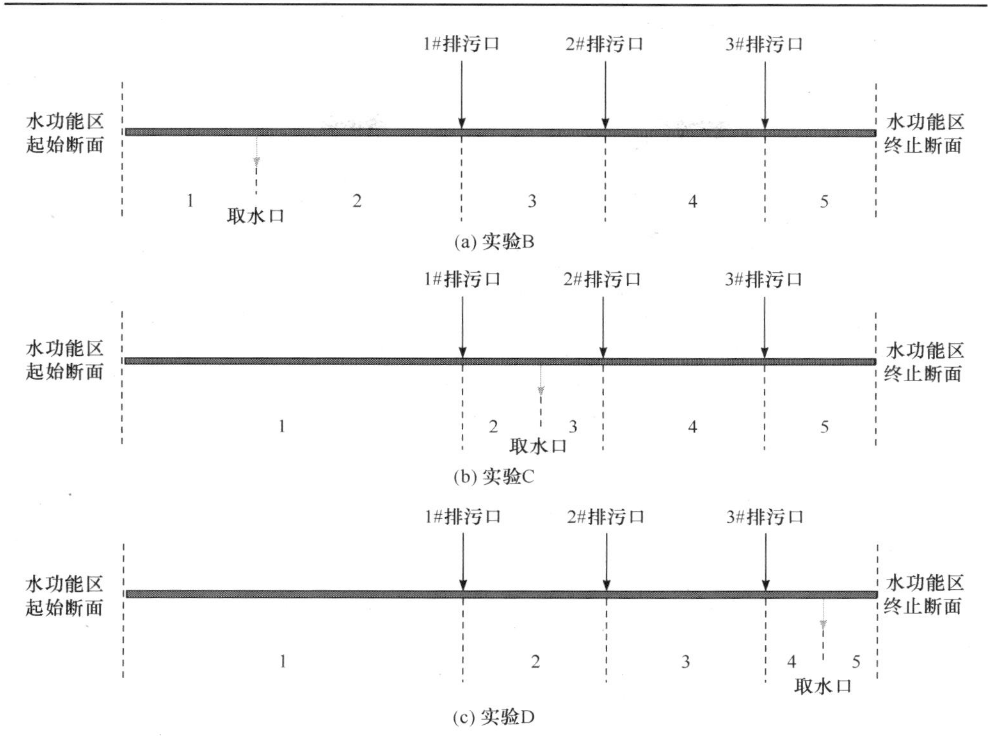

图 3.3　取水影响模拟实验水功能区划分示意图

表 3.3　取水影响模拟实验计算参数

序号	实验 B		实验 C		实验 D	
	L/km	q/(m³/s)	L/km	q/(m³/s)	L/km	q/(m³/s)
1	7.73	0.80	19.69	0.80	19.69	0.80
2	11.96	−0.66	5.20	0.62	8.11	0.62
3	8.11	0.62	2.91	−0.66	9.22	0.31
4	9.22	0.31	9.22	0.31	3.40	0.19
5	6.87	0.19	6.87	0.19	3.47	−0.66

取水影响模拟实验计算结果如表 3.4 所示。

表 3.4　取水影响模拟实验计算结果

序号	传统算法				综合计算模型					
	段首控制模型		国标模型		实验 B		实验 C		实验 D	
	C_s /(mg/L)	纳污能力 /(t/a)	C_s /(mg/L)	纳污能力 /(t/a)	C_s /(mg/L)	纳污能力 /(t/a)	C_s /(mg/L)	纳污能力 /(t/a)	C_s /(mg/L)	纳污能力 /(t/a)
1	20	1750.97	20	3881.33	20	−220.67	15	646.62	20	646.62
2					20	423.78	20	−197.55	20	419.25

续表

序号	传统算法				综合计算模型					
	段首控制模型		国标模型		实验 B		实验 C		实验 D	
	C_s /(mg/L)	纳污能力 /(t/a)	C_s /(mg/L)	纳污能力 /(t/a)	C_s /(mg/L)	纳污能力 /(t/a)	C_s /(mg/L)	纳污能力 /(t/a)	C_s /(mg/L)	纳污能力 /(t/a)
3					20	314.51	20	241.07	15	422.71
4	20	1750.97	20	3881.33	20	306.38	20	306.38	20	−208.37
5					20	172.06	20	172.06	15	92.16
合计	—	1750.97	—	3881.33	—	996.06	—	1168.58	—	1372.37

从整个水功能区的计算结果来看，综合计算模型的纳污能力均小于传统算法，并且取水口越靠近上游，纳污能力越小。这是由于取水口位置越靠近上游，流量变化对整个水功能区的影响越大，纳污能力随流量减小而减小。从表 3.4 中可以看到综合计算模型的计算结果中出现了负值，并且出现的位置与取水口所在的位置对应，河流流量大量减少使得水功能区不能消解水体中的污染负荷，说明水功能区中的排污口不能继续排污，应该削减污染负荷。

3.3.3　支流影响模拟

第三组实验验证了支流对于纳污能力的影响。本组实验主要验证了支流位于水功能区上游、中游、下游三种不同位置时的影响，分别用实验 E、实验 F、实验 G 表示。水功能区的水质目标浓度、总长度、流速与 COD 综合衰减系数均与上一组实验一致。该水功能区共有三个排污口及一个支流，将水功能区划分为五个河段。假设排污口的位置和流量均保持不变，只有支流的位置变化。支流影响模拟实验水功能区划分示意图如图 3.4 所示，支流影响模拟实验计算参数见表 3.5。

表 3.5　支流影响模拟实验计算参数

序号	实验 E		实验 F		实验 G	
	L/km	q/(m³/s)	L/km	q/(m³/s)	L/km	q/(m³/s)
1	7.73	0.80	19.69	0.80	19.69	0.80
2	11.96	1.66	5.20	0.62	8.11	0.62
3	8.11	0.62	2.91	1.66	9.22	0.31
4	9.22	0.31	9.22	0.31	3.40	0.19
5	6.87	0.19	6.87	0.19	3.47	1.66

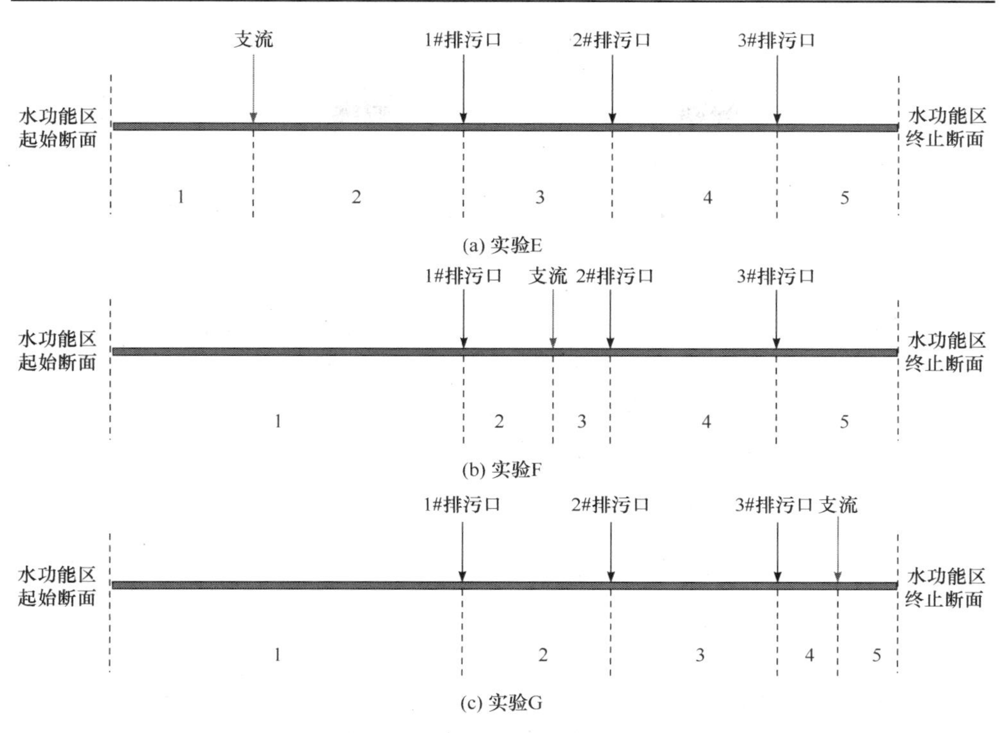

图 3.4　支流影响模拟实验水功能区划分示意图

第三组实验依然采用传统算法及综合计算模型进行计算，支流影响模拟实验计算结果如表 3.6 所示。

表 3.6　支流影响模拟实验计算结果

序号	传统算法				综合计算模型					
	段首控制模型		国标模型		实验 E		实验 F		实验 G	
	C_s /(mg/L)	纳污能力 /(t/a)	C_s /(mg/L)	纳污能力 /(t/a)	C_s /(mg/L)	纳污能力 /(t/a)	C_s /(mg/L)	纳污能力 /(t/a)	C_s /(mg/L)	纳污能力 /(t/a)
1					20	1167.79	20	646.62	20	646.62
2					20	930.23	20	1197.98	20	419.25
3	20	1750.97	20	3881.33	20	681.73	20	385.56	20	422.71
4					20	715.58	20	715.58	20	1184.18
5					20	489.36	15	489.36	18	262.11
合计	—	1750.97	—	3881.33	—	3984.69	—	3435.10	—	2934.87

从计算结果可以看出，段首控制模型计算出的水功能区纳污能力明显小于国

标模型和综合计算模型，这是由于段首控制模型较为严格且未考虑支流汇入造成的流量增加。此外，同第二组实验类似，越靠近上游，支流对于水功能区的纳污能力影响越大，计算所得纳污能力越大，这是由于越靠近上游，支流所造成的流量变化对整个水功能区的纳污能力影响越明显。

从以上的实验可以看出，实际应用中，排污口的概化应尽量符合实际情况以减小误差；此外，取水口或者支流越靠近河流的上游，对于流量的影响越大，对纳污能力的计算结果影响就越大。总而言之，排污、取水及支流对于河流纳污能力计算有着显著影响，在计算时应充分考虑。

因此，计算河流纳污能力时，我们应使排污、取水及支流的概化尽量符合实际情况，以更精确地反映河流实际的纳污能力。综合计算模型具有更精确的分段方法，能够更好地展现河流的纳污能力，逐段计算并给出适合的水质目标浓度，是一种控制和削减水功能区污染物的有效方法。

第4章 纳污能力计算模型参数确定及求解方法

4.1 计算单元划分

选取渭河干流陕西段为研究对象。渭河，古称渭水，发源于甘肃省渭源县鸟鼠山，流经甘肃省、宁夏回族自治区和陕西省，全长约818km，流域面积约13.43万km^2。渭河干流陕西段流经宝鸡市、杨凌区、咸阳市、西安市、渭南市五市(示范区)，主要承担着该区域沿河城市的生产生活用水及排水功能。渭河在陕西省境内有许多支流，包括灞河、黑河和泾河等9条较大支流。另外，渭河干流陕西段有71个入河排污口和5个较大的取水口。

参考陕西省环境保护局水环境功能区划[《渭河水系(陕西段)污水综合排放标准》(DB 61/224—2006)]和《地表水环境质量标准》(GB 3838—2002)，可得渭河干流陕西段水功能区划结果及水质目标等级，如表4.1所示。

表4.1 渭河干流陕西段水功能区划结果及水质目标等级

序号	水功能区名称	起始断面	终止断面	长度/km	水质目标等级
1	甘陕缓冲区	省界(甘)	颜家河	72.4	Ⅱ
2	宝鸡农用用水区	颜家河	林家村	43.9	Ⅲ
3	宝鸡市景观区	林家村	卧龙寺	20.0	Ⅳ
4	宝鸡市排污控制区	卧龙寺	虢镇	12.0	Ⅳ
5	宝鸡市过渡区	虢镇	蔡家坡	22.0	Ⅲ
6	宝眉工业、农业用水区	蔡家坡	汤峪入渭口处	44.0	Ⅲ
7	杨凌农业、景观用水	汤峪入渭口处	漆水河口	16.0	—*
8	咸阳工业用水区	漆水河口	咸阳公路桥	63.0	Ⅳ
9	咸阳市景观用水区	咸阳公路桥	铁路桥	3.8	Ⅳ
10	咸阳排污控制区	铁路桥	沣河入口	5.4	Ⅳ
11	咸阳西安过渡区	沣河入口	210国道桥	19.0	Ⅳ
12	临潼农业用水区	210国道桥	零河入口	56.4	Ⅳ
13	渭南农业用水区	零河入口	王家城子	96.8	Ⅳ
14	华阴入黄缓冲区	王家城子	入黄口	29.7	Ⅳ

* 杨凌农业、景观用水在本书模型计算中以其上游水质目标为准，即Ⅲ级。

4.2 模型参数确定

4.2.1 设计流量确定

河流纳污能力计算中有两个比较关键的影响因素，一是所采用的河流设计流量，二是河流下断面需要达到的水质目标浓度。在水利部的《水域纳污能力计算规程》，以及渭河流域长期的纳污能力计算、水资源保护及管理实践中，一直采用长水文系列(一般涵盖丰水期、平水期、枯水期)的 90%设计频率流量来计算河流纳污能力。设计流量的偏枯条件和现实河流水量条件差异较大，水功能区纳污能力计算结果可能偏小，按此结果控制入河污染负荷比较苛刻，90%设计频率条件下计算的纳污能力可以作为河流纳污红线和底线，实际上应根据流量条件按照丰增枯减的原则来调整入河污染负荷控制标准。因此，本小节在分析上述问题的基础上，对于纳污能力计算中设计流量的选择提出了如下考虑[115]。

(1) 长系列 90%设计频率水量条件。

(2) 长系列 75%设计频率水量条件。

(3) 长系列 50%设计频率水量条件。

(4) 水文系列丰水期、平水期和枯水期设计流量条件。

1. 无水文资料情况

无水文资料时，距上下游水文站较近，且区间无较大支流汇入和较大的给排水口，直接借用上下游水文站资料内插确定。距水文站较远，或区间有较大支流和较大的给排水口，通过水量平衡计算确定断面设计流量。

当设计断面上、下游有水文站时，可用上、下游两站的观测资料，经频率计算确定设计频率下的设计流量，用内插法推算设计站的设计流量，计算公式如下：

$$Q_{\mathrm{p}} = Q_{上\mathrm{p}} + \left(Q_{下\mathrm{p}} - Q_{上\mathrm{p}}\right)\left(A - A_{上}\right) / \left(A_{下} - A\right) \tag{4.1}$$

式中，Q_{p} 为设计水文站的设计流量($\mathrm{m^3/s}$)；$Q_{上\mathrm{p}}$、$Q_{下\mathrm{p}}$ 分别为上、下游参证水文站的设计流量($\mathrm{m^3/s}$)；A 为设计水文站控制断面以上的流域面积($\mathrm{km^2}$)；$A_{上}$、$A_{下}$ 分别为上、下游参证水文站所观测的流域面积($\mathrm{km^2}$)。

无水文站的江(河)段，用类比法确定断面设计流量。类比法是采用一条流域面积相近、降水量相近、下垫面情况类似、有流量及雨量资料的临近河流，按比例推求规划河流的设计流量。Q、$Q_{设}$ 分别为参证河流和规划河流的设计流量($\mathrm{m^3/s}$)，R、$R_{设}$ 分别为参证河流和规划河流的年降水量(mm)，$A_{参}$、$A_{设}$ 分别为参证河流和规划河流的流域面积($\mathrm{km^2}$)，则

$$Q/Q_{设}=A_{参}\cdot R/(A_{设}\cdot R_{设}) \tag{4.2}$$

$$Q_{设}=A_{设}\cdot R_{设}/\left(A_{参}\cdot R\right) \tag{4.3}$$

对有水利水电工程调控的江(河)段，则采用最小下泄流量(坝下保证流量或漏水流量)作为其设计流量。

规划水平年断面设计流量，采用规划水平年调算的来水资料系列推算。无来水资料的河段，在考虑规划水平年水利水电工程调控和各种用水增量影响基础上，通过水量平衡修正现状年设计流量。

2. 有水文资料情况

对于有长系列水文资料的情况，设计流量采用 P-Ⅲ型曲线方法，设计频率 P 的计算公式如下：

$$P=\frac{m}{n+1}\times 100\% \tag{4.4}$$

式中，m 为资料系列由大而小排列的序号；n 为资料系列的长度。

因此，实现河流动态纳污能力计算，需考虑不同尺度下的设计流量。

4.2.2 设计流速确定

设计流速的确定分为无水文资料时和有水文资料时的流速确定。对于无水文资料的断面，其设计流速可借用上游或下游水文站的流速。有水文资料时的设计流速确定有以下两种方法。

1) 根据设计流量反算

根据水文断面的径流资料，通过断面设计流量推求设计流速，可采用式(4.5)计算：

$$u=Q/A_{s} \tag{4.5}$$

式中，u 为设计流速(m/s)；Q 为设计流量(m^3/s)；A_s 为过水断面面积(m^2)。

2) 根据历史资料回归计算

推求断面流量的一种方法为流速面积法。在断面面积一定的情况下，河道的流量和流速呈一定相关关系。因此，开展在某些固定断面的流量-流速关系研究，便于以后的工程查算应用[115]。

本小节选取了渭河陕西段的林家村站、咸阳站和华县站作为研究对象。各水文站的流量-流速关系分别如图 4.1～图 4.3 所示。相关系数是说明两个现象之间相关关系密切程度的统计分析指标，是衡量变量之间相关程度的指标。样本相关系数用 R^2 表示，R^2 越大，误差越小，变量之间的相关程度越高；R^2 越接近 0，误差越大，变量之间的相关程度越低。

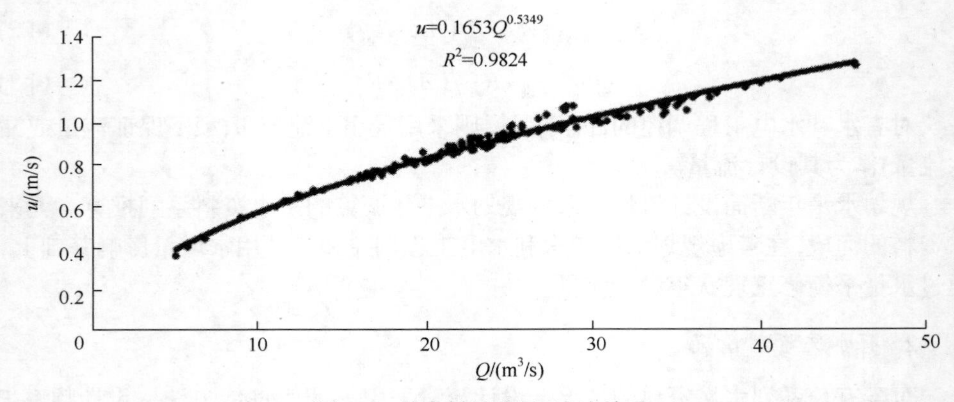

图 4.1　林家村站流量-流速关系

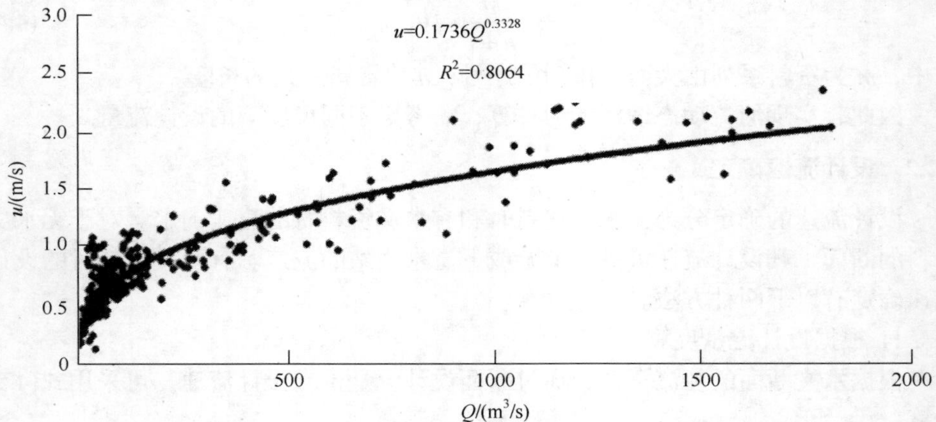

图 4.2　咸阳站流量-流速关系

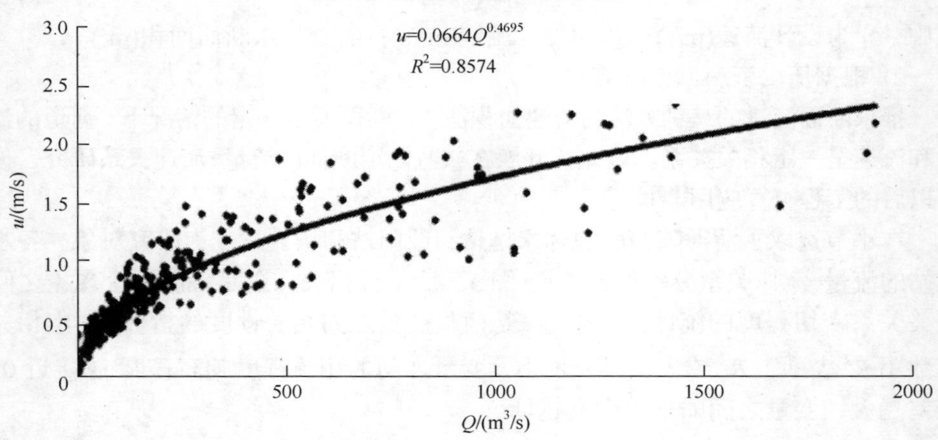

图 4.3　华县站流量-流速关系

由图 4.1～图 4.3 可知，各水文站流量-流速的相关系数均大于 0.8，说明这些流域流量与流速的相关程度较高，受河道演变影响较小，可以通过拟合的相关关系由已知量推求未知量。

4.2.3　C_0及 C_s的确定

(1) 流域第一个水功能区初始污染物浓度 C_0的确定。有水文资料时，采用该河段上游对照断面近年水质监测的最枯月平均值；无水文资料时，如上游其他断面有水文资料，可以利用上游其他断面近几年水质监测的最枯月平均值用一维水质模型的浓度公式推算至该断面，或采用两次补充水质现状调查的平均值代替。其他水功能区的 C_0采用上一个水功能区的控制断面水质目标浓度。

(2) 水功能区水质目标浓度 C_s是纳污能力计算的基本依据，其取值直接影响纳污能力的计算结果。《地表水环境质量标准》(GB 3838—2002)规定的一定等级下的水质目标浓度是一个数值范围，上一个计算单元水质目标浓度的取值会影响下一个计算单元的纳污能力。因此，纳污能力计算可看作一个带约束的典型多阶段连续决策问题，可以采用优化方法进行求解。本章中，综合计算模型采用优化算法进行求解，确定具体水质目标浓度；传统模型取其范围内最大值进行计算，以对两种模型进行对比。

水质目标浓度是根据渭河流域总体规划目标要求，参考《陕西省渭河流域综合治理五年规划(2008 年—2012 年)》，依据水利部 2012 年《全国水资源保护规划技术大纲》和渭河流域水污染特点，采用 COD 和氨氮(NH_3-N)浓度作为污染物控制参数。

COD 和氨氮浓度标准采用《地表水环境质量标准》(GB 3838—2002)，其标准限值见表 4.2[1]。

表 4.2　COD 和氨氮浓度标准限值　(单位：mg/L)

污染物控制参数	Ⅰ类	Ⅱ类	Ⅲ类	Ⅳ类	Ⅴ类
COD	≤15	≤15	≤20	≤30	≤40
氨氮浓度	≤0.15	≤0.5	≤1.5	≤1.5	≤2.0

4.2.4　污染物综合衰减系数动态特征

污染物综合衰减系数反映了污染物在水体中降解的快慢程度，是纳污能力计算中最关键的参数之一，其取值是否合理直接影响纳污能力计算结果和总量控制方案的实施[121]。吴纪宏[122]利用实测资料反算黄河干流河段污染物综合衰减系数；陶威等[123]采用实验室模拟的方法，测定了长江宜宾段氨氮综合衰减系数；李锦秀等[124]深入研究了三峡水库建成前后水流条件巨大变化对生化需氧量(biochemical oxygen demand，BOD)的影响，并建立了与水流条件相关的经验关系式。这些方法基本上是对同一水文条件、同一河段和河道条件下污染物综合衰减系数的研究，但是河流水文条件具有明显的动态特征，污染源也具有时间变化规律，水文条件和污染源直接影响着污染物综合衰减系数。因此，随着认识的深入和技术条件的发展，有必要在不同河段、不同水文及河道条件下进行污染物综合衰减系数的研究，进一步提高其计算精度，为河流水污染控制和水环境管理提供更加有效的支持[125]。

1. 两点法基本原理

在确定纳污能力的过程中，污染物的生物降解、沉降和其他物化过程的速率，可概括为污染物综合衰减系数。其影响因素主要有污染物性质及联合作用、初始污染物浓度、水温、污染物浓度梯度、水文特性(包括流量、流速、水深、河宽、含沙量等)及河道条件等[126,127]。采用两点法计算污染物综合衰减系数，可以分为以下三步。

(1) 选择河段，分析上下断面水质监测资料。

(2) 分析确定河段平均流速，利用一维水质模型反算污染物综合衰减系数。

(3) 采用临近时段水质监测资料验证计算结果，确定污染物综合衰减系数。

一维水质模型计算公式：

$$c = C_0 \exp\left(-K\frac{x}{86.4u}\right) \tag{4.6}$$

式中，C_0 为初始污染物浓度(mg/L)；c 为下断面污染物浓度监测值(mg/L)；x 为河段长度(km)；u 为河段平均流速(m/s)；K 为污染物综合衰减系数(d^{-1})。

$$C_0 = (c_R Q_R + c_E Q_E)/(Q_R + Q_E) \tag{4.7}$$

式中，Q_R 为上游来水流量(m^3/s)；c_R 为上游水质目标浓度(mg/L)；Q_E 为污水流量(m^3/s)，c_E 为污水排放浓度(mg/L)。

选取的河段长度 x 一定，对式(4.6)等号两边取对数，得

$$\ln c = \ln C_0 - K\frac{x}{86.4u} \tag{4.8}$$

令

$$Y = \ln c\ ;\quad a = \ln C_0\ ;\quad X = \frac{x}{86.4u}\ ;\quad b = -K \tag{4.9}$$

则式(4.8)可化为

$$Y = a + bX \tag{4.10}$$

在已知河段一系列污染物浓度数据(u_i, c_i)(i=1,2,⋯,n)的情况下，可通过式(4.9)

先将其转换为 n 组 $\left(X_i, Y_i\right)$ (i=1,2,⋯,n)，然后基于 MATLAB 对式(4.10)进行回归分析，求得 a 和 b 的最优估计，根据式(4.11)可求得污染物综合衰减系数 K 为

$$K = -b \tag{4.11}$$

2. 参数条件设定

河流水文条件和其他自然条件的动态变化是污染物综合衰减系数具有动态特征的基础，影响河流污染物综合衰减系数的主要因素都随时间而变化，因此污染物综合衰减系数实际上是一个具有动态变化特征的量[128,129]。同时，水体污染源也具有明显的动态变化特征[130]。由于受到降水和蒸发的影响，河流的流量、水温、水动力等因素在不同时间段具有较大差异，这些因素都直接或间接地影响着污染物综合衰减系数[125]。图 4.4 为渭河干流部分水文站 2006 年月平均流量。根据历年的观测资料，将径流年内分配划分为三个时期，7～10 月为丰水期；3～6 月为平水期；11 月至次年 2 月为枯水期。各水期流量、平均流速、水温及水深将直接影响河流污染物综合衰减系数。

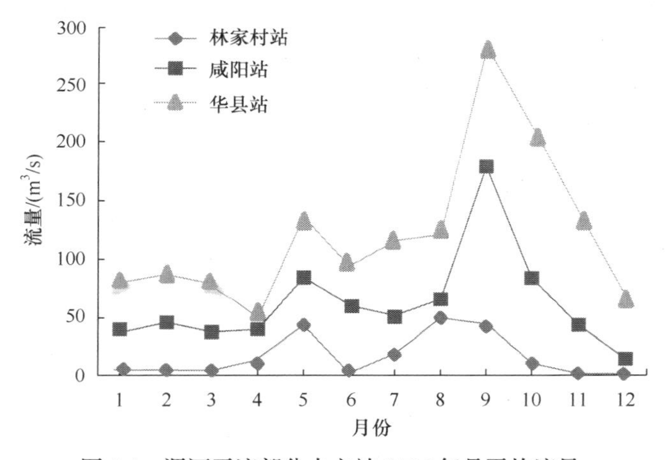

图 4.4　渭河干流部分水文站 2006 年月平均流量

枯水期污染源以点源为主，而非点源污染主要产生在丰水期，为了实现水污染的有效控制，应该对点源和非点源进行统一管理[130,131]。污染物综合衰减系数分析计算过程中，也要对非点源污染进行充分考虑。因此，可以选择某一枯水年型作为代表水文条件，对其年内分布特性进行分析，以接近多年平均状况或者对水环境管理比较安全为原则确定年型，这种设计水文条件下计算得到的污染物综合衰减系数能够适用于大部分的水文年型，可以作为环境管理的依据[130-132]。

由于不同河段不同水期(丰水期、平水期、枯水期)具有不同流量，对应不同流速下的污染物综合衰减系数。本小节选取典型年型逐月计算污染物综合衰减系数，

先对不同时段取其均值作为该时段河段污染物综合衰减系数，然后采用临近时段水质监测资料对计算结果进行验证，以率定污染物综合衰减系数。

3. 污染物综合衰减系数率定

1) 参数条件分析

从《中华人民共和国水文年鉴》和其他有关文献中收集渭河干流主要水文站的水质水文监测资料进行统计分析。2006 年，渭河流域各区间来水量与历年平均值相比均偏少，渭河年径流量为 76.35 亿 m^3，比多年平均径流量减少 23.9%，属枯水年，并且其丰水期在相应的水文系列中具有较高的保证率。因此，无论是年型还是年内分布，2006 年都适合作为计算污染物综合衰减系数的设计水文年。

2) 污染物综合衰减系数反演

利用 2004～2006 年渭河干流陕西段水质监测资料计算 COD 和 NH_3-N 综合衰减系数监测资料。在 2006 年(枯水年)的水文条件下逐月计算污染物综合衰减系数，再对不同时段取其均值作为该时段河段污染物综合衰减系数，基于 MATLAB 回归分析的参数估计 R^2 接近 1.0，P 接近 0。渭河逐月和不同水期污染物综合衰减系数计算结果分别列于表 4.3 和表 4.4。

表 4.3 渭河逐月污染物综合衰减系数计算结果 (单位：d^{-1})

污染物	1 月	2 月	3 月	4 月	5 月	6 月	7 月	8 月	9 月	10 月	11 月	12 月
COD	0.246	0.245	0.260	0.263	0.261	0.264	0.287	0.288	0.288	0.285	0.247	0.246
NH_3-N	0.097	0.098	0.140	0.142	0.143	0.143	0.202	0.202	0.204	0.204	0.099	0.097

表 4.4 渭河不同水期污染物综合衰减系数计算结果 (单位：d^{-1})

指标	丰水期(7～10 月)		平水期(3～6 月)		枯水期(11～次年 2 月)	
	COD	NH_3-N	COD	NH_3-N	COD	NH_3-N
综合衰减系数	0.287	0.203	0.262	0.142	0.246	0.098

从表 4.4 可知，丰水期比平水期、枯水期的污染物综合衰减系数大，这是由于河流的流量越大，径污比越大，越有利于污染物的混合稀释，自净速率相对较快；夏季(丰水期)水温高，有利于污染物降解，冬季(枯水期)水温低，生物降解和挥发作用下降。渭河流域范围内的城市飞速发展，城市污水排放量大大增加，导致河流枯水期污染物降解速率降低。

3) 参数反演结果验证及分析

采用 2008 年水质监测资料验证污染物综合衰减系数的准确性，渭河 COD 和

NH_3-N 浓度的实测值与反算值月变化见图 4.5～图 4.6。

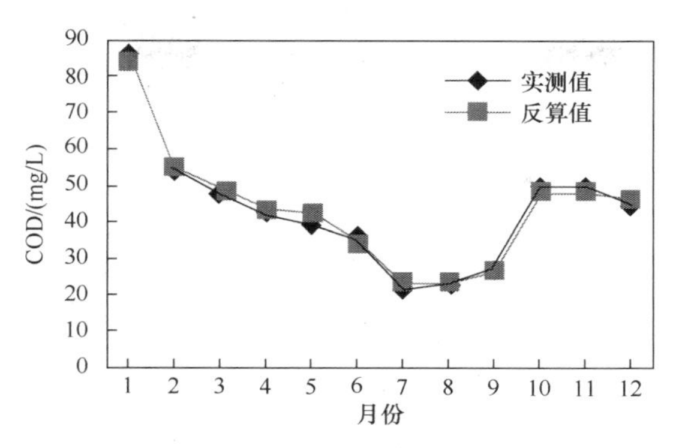

图 4.5　渭河 COD 的实测值与反算值月变化

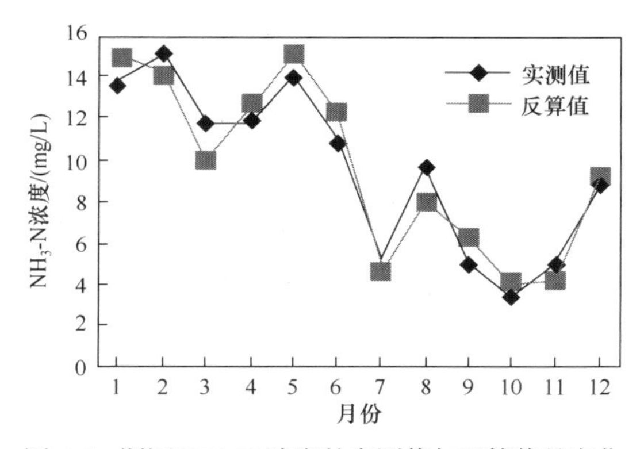

图 4.6　渭河 NH_3-N 浓度的实测值与反算值月变化

从图 4.5 所示渭河 COD 计算结果可以看出，COD 的反算值与实测值基本吻合，误差都在 20%内，污染物综合衰减系数可靠。图 4.6 中 NH_3-N 浓度的反算值与实测值则存在较大偏差，拟合曲线吻合效果不及 COD。但 COD 和 NH_3-N 浓度反算值与实测值的变化趋势都具有较好的一致性。

4.3　模型求解方法

从河流纳污能力综合计算模型可以看出，河流纳污能力计算是一个带约束的组合优化问题。由 $(n+1)$ 个计算单元构成的水功能区，其综合计算模型有 $(n+1)$ 个决策变量，对于计算单元个数较多的河流，其综合计算模型的维数较高。因此，必须通过优化计算的方法进行求解，如动态规划(dynamic programming，DP)、遗传算法(genetic algorithm，GA)、粒子群优化(particle swarm optimization，PSO)算法等。

PSO算法是应用最广泛的求解优化问题的算法。在水资源行业和水利工程项目中，PSO算法广泛、有效地应用于水库优化调度、水资源优化配置、洪水预测和水利工程造价估算等方面。因此，本书采用PSO算法求解综合计算模型。纳污能力计算的PSO算法流程如下。

步骤1：初始化粒子群。设置算法的初始参数，如种群规模N，惯性权$\omega_{\min}$、$\omega_{\max}$，粒子最大飞行速度$V_{\max}$，加速因子c_1、c_2，进化代数gen及算法终止条件。

步骤 2：河流各河段允许的水质目标浓度变化范围内，随机生成初始化粒子种群$P(0)=\{Q_1(0),Q_2(0),\cdots,Q_N(0)\}$，随机初始化粒子种群中各个粒子的初始飞行速度$V(0)=\{V_1(0),V_2(0),\cdots,V_N(0)\}$，初始化粒子的个体极值(最好位置)$\text{pbest}(0)=P(0)$，设定当前迭代次数$t=0$。

步骤3：计算种群中每个粒子的目标函数M。

步骤4：对比每个粒子的目标函数和之前所得的最好位置pbest的函数，如果较优，那么此时的位置即为目前的最好位置pbest[133]。

步骤5：将每个粒子的目标函数与全局极值(整个种群中的最好位置) gbest的目标函数进行比较，将较好位置作为当前的最好位置gbest。

步骤6：对于前粒子种群$P(t)$中的每一个粒子$Q_i(t)$，$i=1,2,\cdots,N$，根据个体极值pbest_i和全局极值gbest_i对其当前飞行速度$V_i(t)$进行如下更新。

$$V_i(t+1)=\omega V_i(t)+c_1r_1\left[\text{pbest}_i-Q_i(t)\right]+c_2r_2\left[\text{gbest}_i-Q_i(t)\right]$$

式中，ω为惯性权值，随着迭代的进行，ω从1.4线性下降到0.7。c_1和c_2为加速因子，一般$c_1+c_2\geqslant 4$。为了使粒子更多地利用全局极值的信息，这里取$c_1=1.5$，$c_2=2.5$。r_1和r_2为0～1的随机数。

根据更新后的飞行速度对粒子的当前位置进行如下更新。

$$Q_i(t+1)=Q_i(t)+V_i(t+1)$$

更新后的粒子构成新的种群$P(t+1)=\{Q_1(t+1),Q_2(t+1),\cdots,Q_N(t+1)\}$。

步骤7：判断是否满足迭代终止条件，若满足，则停止迭代并输出各河段的水质目标浓度及纳污能力；否则，令$t=t+1$，转步骤3继续迭代。

第 5 章　动态纳污能力计算的设计水文条件

河流纳污能力具有动态变化的特点，这是因为河流的水文特性与其他自然条件是随时间而动态改变的，这些因素均会直接影响河流纳污能力。河流纳污能力由稀释能力与自净能力组成，河流的水位、流量受降水与洪水的直接影响，在年内出现明显变动。同时，河流稀释能力也会明显变化，这是因为水温、水动力条件也深深影响着水体自净能力，且它们在年内不同时段差异较大。

制定的纳污能力标准一般偏保守，且为确定值，只选该值作为控制标准时，会出现河道大多数时段的污染负荷超过该标准的情况，实际上同期水质却未必全部超标。因此，控制标准在实际管理时不具备现实意义。

尝试进行年尺度设计流量、分水期设计流量、月尺度设计流量下 90%、75%和 50%不同设计频率等多种水文设计情景进行纳污能力计算。避免模型选择不当导致过分夸大或低估水体纳污能力，造成不利于水资源保护的局面。采用一维稳态条件下计算水域纳污能力的三种模型，即段首控制模型、国标模型和综合计算模型对不同设计水文条件下的纳污能力进行估算。

纳污能力计算设计条件如下：

(1) 计算因子为 COD 和氨氮浓度。

(2) 计算流量为 1951～2010 年不同设计流量。

(3) 污染源采用 2008 年调查污染源。

5.1　年尺度设计流量

5.1.1　按年-最枯月排频计算设计流量

1. 基本思路

采用年-最枯月排频法计算设计流量的具体过程如下：选取水文站长系列月流量资料，先以各月最枯月流量作为经验点，采用 P-Ⅲ型曲线配线，得到理论频率曲线。然后，根据理论频率曲线得到 90%、75%、50%三种设计频率下的设计流量。

以渭河为例，年-最枯月排频月平均流量的具体计算过程如下[115]。

(1) 选取 1951～2010 年系列年逐月水文资料。

(2) 选择每年 12 个月平均流量的最小值。

(3) 将 1951～2010 年的最枯月平均流量从大到小排列进行频率计算。

(4) 绘制经验频率曲线，选用 P-Ⅲ型曲线配线，通过对变异系数(CV)与偏差系数(CS)的合理调节得到理论频率曲线。

(5) 根据理论频率曲线，查询设计频率分别为 90%、75%及 50%时的设计流量。

2. 排频计算

对研究范围内各水文站最枯月平均流量进行排频，得到相应流量-频率曲线。例如，林家村站年-最枯月排频月平均流量-频率曲线如图 5.1 所示。

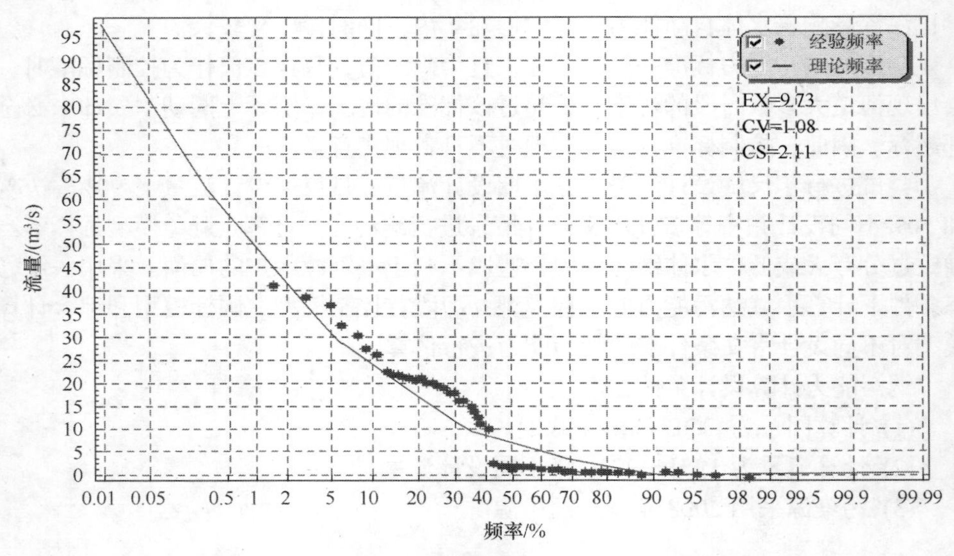

图 5.1　林家村站年-最枯月排频月平均流量-频率曲线

EX-均值；CV-变异系数；CS-偏差系数

3. 设计流量结果

部分水文站年-最枯月排频设计流量如表 5.1 所示。

表 5.1　部分水文站年-最枯月排频设计流量

水文站	集水面积/km²	月平均流量/(m³/s)		
		90%设计频率	75%设计频率	50%设计频率
林家村站	30661	0.62	2.32	6.37
咸阳站	46827	5.27	12.76	23.88
华县站	106498	10.95	19.97	34.06

5.1.2　按年–所有月排频计算设计流量

1. 基本思路

按年–所有月排频计算设计流量的基本思路为选取某水文站长系列的月流量数据，先将各水文年所有月的月平均流量作为经验点，选用 *P*-Ⅲ型曲线配线，得到理论频率曲线，然后由该曲线得到不同设计频率(如 90%、75%、50%)下的设计流量。

以渭河为例，按年–所有月排频计算设计流量的具体计算过程如下。

(1) 选取 1951～2010 年系列年逐月水文资料。

(2) 以 1951～2010 年 60 年中所有月的月平均流量为经验点，绘制经验频率曲线。

(3) 采用 *P*-Ⅲ型曲线进行配线，调节 CV 与 CS 得到理论频率曲线。

(4) 在理论频率曲线上可查得 90%、75%与 50%设计频率下的设计流量。

2. 设计流量结果

部分水文站年–所有月排频设计流量如表 5.2 所示。

表 5.2　部分水文站年–所有月排频设计流量

水文站	集水面积/km²	月平均流量/(m³/s)		
		90%设计频率	75%设计频率	50%设计频率
林家村站	30661	5.40	8.46	23.75
咸阳站	46827	34.68	36.91	58.80
华县站	106498	40.74	54.70	115.02

5.2　分水期设计流量

5.2.1　按水期–水期排频计算设计流量

1. 基本思路

目前，水文领域研究习惯将水文年划分为丰水期、平水期和枯水期，其中平水期为 3～6 月，丰水期为 7～10 月，枯水期为 11 月到次年 2 月。按水期–水期排频计算分水期设计流量的思路为选取某水文站的长系列月流量数据，先以各水文年各水期的平均流量为经验点，选用 *P*-Ⅲ型曲线配线，得到理论频率曲线，然后由该曲线得到不同设计频率下(如 90%、75%、50%)的流量。

例如，采用水期–水期排频计算渭河分水期设计流量，具体如下。

(1) 选取 1951～2010 年系列年逐月水文资料。

(2) 分别计算各水文年丰水期、平水期、枯水期的平均流量。

(3) 1951～2010 年丰水期平均流量为其中的经验点，将其点绘在海森概率格纸上可得经验频率曲线。

(4) 采用 *P*-Ⅲ型曲线进行配线，调节 CV 与 CS 得到理论频率曲线。

(5) 在理论频率曲线上可查得 90%、75%与 50%设计频率下丰水期的设计流量，平水期和枯水期的设计流量以此类推。

2. 设计流量结果

部分水文站水期-水期排频(丰水期、平水期、枯水期)设计流量如表 5.3～表 5.5 所示。

表 5.3　部分水文站水期–水期排频丰水期设计流量

水文站	集水面积/km^2	水期平均流量/(m^3/s)		
		90%设计频率	75%设计频率	50%设计频率
林家村站	30661	22.16	45.04	82.95
咸阳站	46827	70.70	105.93	178.08
华县站	106498	114.54	210.13	347.39

表 5.4　部分水文站水期–水期排频平水期设计流量

水文站	集水面积/km^2	水期平均流量/(m^3/s)		
		90%设计频率	75%设计频率	50%设计频率
林家村站	30661	5.85	14.29	30.47
咸阳站	46827	17.90	41.92	80.07
华县站	106498	45.98	78.31	130.85

表 5.5　部分水文站水期–水期排频枯水期设计流量

水文站	集水面积/km^2	水期平均流量/(m^3/s)		
		90%设计频率	75%设计频率	50%设计频率
林家村站	30661	1.92	5.61	14.36
咸阳站	46827	14.74	28.49	51.42
华县站	106498	33.70	53.70	85.95

5.2.2　按水期-典型年排频计算设计流量

1. 基本思路

按水期-典型年排频计算分水期设计流量的思路需先按通用方法选出典型年。其步骤为选取某水文站长系列的月流量数据，以水文年的年平均流量为经验点，选用 *P*-Ⅲ型曲线配线，得到理论频率曲线，然后由该曲线得到不同设计频率下(如 90%、75%、50%)的典型年设计流量。因此，设计频率为 90%的典型年(包括丰水期、平水期、枯水期)相应的平均流量，就是设计频率为 90%下的设计流量，其他设计流量以此类推。

以渭河为例，按水期-典型年排频计算分水期设计流量的具体计算过程如下。

(1) 选取 1951～2010 年系列年逐月水文资料。

(2) 分别计算各水文年的年平均流量。

(3) 以 1951～2010 年的年平均流量为经验点，绘制经验频率曲线。

(4) 采用 *P*-Ⅲ型曲线进行配线，调节 CV 与 CS 得到理论频率曲线。

(5) 在理论频率曲线上可查得 90%、75%与 50%设计频率下的流量，在已有的实测系列中选取与设计流量相近的年份作为典型年。

(6) 90%设计频率下，典型年对应的丰水期、平水期和枯水期的平均流量为该设计频率下的设计流量，其他设计频率各水期的设计流量计算以此类推。

2. 设计流量结果

部分水文站水期-典型年排频丰水期、平水期和枯水期设计流量分别如表 5.6～表 5.8 所示。

表 5.6　部分水文站水期-典型年排频丰水期设计流量

水文站	集水面积/km^2	水期平均流量/(m^3/s)		
		90%设计频率	75%设计频率	50%设计频率
林家村站	30661	21.32	22.27	65.95
咸阳站	46827	90.73	89.43	216.50
华县站	106498	102.37	210.48	302.41

表 5.7　部分水文站水期-典型年排频平水期设计流量

水文站	集水面积/km^2	水期平均流量/(m^3/s)		
		90%设计频率	75%设计频率	50%设计频率
林家村站	30661	7.64	53.00	48.03
咸阳站	46827	22.03	45.65	71.28
华县站	106498	115.77	98.91	192.70

表 5.8　部分水文站水期–典型年排频枯水期设计流量

水文站	集水面积/km²	水期平均流量/(m³/s)		
		90%设计频率	75%设计频率	50%设计频率
林家村站	30661	3.79	3.02	8.25
咸阳站	46827	26.53	36.07	40.38
华县站	106498	36.11	78.56	88.83

5.3　月尺度设计流量

5.3.1　按月–月排频计算设计流量

1. 基本思路

月–月排频法计算月尺度下的设计流量具体过程如下：选取一个水文站的长系列月流量，把各个水文年的月平均流量分类取出(按 1～12 月)，分别作为经验点，选用 *P*-Ⅲ型曲线配线，选出与经验点匹配程度最高的理想频率曲线，则可得出不同频率(如 90%、75%、50%设计频率)下的月设计流量。

例如，采用月–月排频计算渭河月尺度下 1 月的设计流量，详细过程如下。

(1) 选取 1951～2010 年系列年逐月水文资料。

(2) 选取 1951～2010 年 1 月份的平均流量为经验点，绘制经验频率曲线。

(3) 采用 *P*-Ⅲ型曲线进行配线，调节 CV 与 CS 得到理论频率曲线。

(4) 在理论频率曲线上可查得 90%、75%与 50%设计频率下 1 月份的设计流量，其他月份各频率的设计流量计算以此类推。

2. 设计流量结果

不同水文站月–月排频各月设计流量如表 5.9～表 5.11 所示。

表 5.9　林家村站月–月排频各月设计流量

月份	月平均流量/(m³/s)		
	90%设计频率	75%设计频率	50%设计频率
1 月	0.54	2.17	7.39
2 月	0.66	2.65	9.01
3 月	1.87	5.87	15.38
4 月	4.19	11.08	25.90

续表

月份	月平均流量/(m³/s)		
	90%设计频率	75%设计频率	50%设计频率
5 月	5.23	14.09	34.93
6 月	3.76	12.60	32.87
7 月	14.94	33.55	69.21
8 月	6.74	20.33	59.95
9 月	9.88	30.49	79.98
10 月	6.45	22.69	58.76
11 月	3.69	11.48	28.27
12 月	1.52	4.74	6.53

表 5.10　咸阳站月–月排频各月设计流量

月份	月平均流量/(m³/s)		
	90%设计频率	75%设计频率	50%设计频率
1 月	10.73	19.07	33.38
2 月	10.45	20.32	36.06
3 月	11.38	23.33	43.24
4 月	19.39	36.42	70.49
5 月	24.32	46.20	93.42
6 月	16.52	32.00	70.19
7 月	26.18	60.39	138.87
8 月	24.79	60.75	138.37
9 月	44.65	89.05	197.27
10 月	39.04	71.41	151.26
11 月	26.63	51.66	92.02
12 月	14.09	22.34	40.57

表 5.11　华县站月–月排频各月设计流量

月份	月平均流量/(m³/s)		
	90%设计频率	75%设计频率	50%设计频率
1 月	25.43	38.26	56.54
2 月	25.32	40.98	63.65
3 月	18.82	37.94	71.93

续表

月份	月平均流量/(m³/s)		
	90%设计频率	75%设计频率	50%设计频率
4 月	43.55	72.34	123.52
5 月	48.23	87.22	161.79
6 月	27.26	51.25	110.44
7 月	70.57	159.00	299.44
8 月	84.95	142.50	269.7
9 月	94.21	181.86	353.18
10 月	81.86	133.68	261.50
11 月	69.64	104.64	163.37
12 月	19.86	34.79	64.66

5.3.2 按月-典型年排频计算设计流量

1. 基本思路

按典型年法计算月尺度下设计流量的思路为选取某水文站长系列的月流量数据，以年平均流量为经验点，采用 *P*-Ⅲ型曲线进行配线，得到理论频率曲线，则可按需要得出不同设计频率(90%、75%、50%)下的典型年设计流量。因此，设计频率为 90%的典型年相应的各月平均流量即为该设计频率相应的各月设计流量，其余设计频率以此类推。

以渭河为例，按月-典型年排频计算月尺度下设计流量的具体计算过程如下。

(1) 选取 1951～2010 年系列年逐月水文资料。

(2) 分别计算各水文年的年平均流量。

(3) 以 1951～2010 年的年平均流量为经验点，绘制经验频率曲线。

(4) 采用 *P*-Ⅲ型曲线进行配线，调节 CV 与 CS 得到理论频率曲线。

(5) 在理论频率曲线上可查得 90%、75%与 50%设计频率下的流量，在已有的实测系列中选取与设计流量相近的年份作为典型年。

(6) 90%设计频率下，典型年对应的各月的平均流量即该设计频率下各月的设计流量，其他设计频率各月的设计流量计算以此类推。

2. 设计流量结果

不同水文站月-典型年排频各月设计流量如表 5.12～表 5.14 所示。

表 5.12　林家村站月–典型年排频各月设计流量

月份	月平均流量/(m³/s)		
	90%设计频率	75%设计频率	50%设计频率
1 月	2.23	2.06	18.10
2 月	1.84	2.15	20.20
3 月	1.78	1.88	29.90
4 月	1.77	20.90	43.30
5 月	4.57	38.20	66.00
6 月	4.09	151.00	24.10
7 月	9.94	68.40	21.30
8 月	16.86	8.42	23.20
9 月	27.28	9.85	95.30
10 月	31.21	2.39	124.00
11 月	10.34	6.32	60.20
12 月	0.74	1.97	25.40

表 5.13　咸阳站月–典型年排频各月设计流量

月份	月平均流量/(m³/s)		
	90%设计频率	75%设计频率	50%设计频率
1 月	15.90	31.20	34.00
2 月	15.70	44.80	27.50
3 月	13.60	63.70	37.90
4 月	20.60	86.70	45.70
5 月	9.81	67.70	63.30
6 月	44.10	71.20	104.00
7 月	36.10	140.00	105.00
8 月	64.50	30.60	242.00
9 月	43.30	145.00	286.00
10 月	219.00	42.10	233.00
11 月	54.20	43.20	109.00
12 月	20.30	21.90	33.50

表 5.14　华县站月–典型年排频各月设计流量

月份	月平均流量/(m^3/s)		
	90%设计频率	75%设计频率	50%设计频率
1月	27.54	45.66	60.74
2月	48.19	47.10	101.33
3月	39.65	58.31	125.76
4月	52.05	51.01	202.85
5月	126.12	177.05	240.30
6月	245.27	109.27	201.87
7月	107.41	60.77	522.23
8月	156.03	250.87	289.68
9月	90.01	391.03	207.33
10月	56.02	139.23	190.41
11月	46.53	118.69	144.00
12月	22.16	102.80	49.25

第 6 章　不同时间尺度下的动态纳污能力计算

动态纳污能力计算按照时间尺度分为年尺度、分水期和月尺度的纳污能力计算，设计流量具体确定方法见第 5 章。

6.1　年尺度下纳污能力计算

年尺度下纳污能力计算按照排频方式不同可分为年-最枯月排频的纳污能力计算和年-所有月排频的纳污能力计算。本节介绍渭河各水功能区 COD 和 NH_3-N 在这两种排频方式，以及 90%、75%、50%三种设计频率下分别采用段首控制模型、国标模型和综合计算模型的年纳污能力计算结果。

6.1.1　基于年-最枯月排频的年纳污能力计算

年-最枯月排频三种设计频率下的三种模型 COD 和 NH_3-N 年纳污能力计算结果分别如图 6.1 和图 6.2 所示。分析图 6.1 和图 6.2 可知，对于三种模型计算出的渭河各水功能区纳污能力总和，COD 和 NH_3-N 的纳污能力在大多数情况下随着设计频率的减小而增大。这是由于设计频率越小，设计流量越大，在排污量相同的条件下，污染物浓度在一定范围内，纳污能力和设计流量成正比。

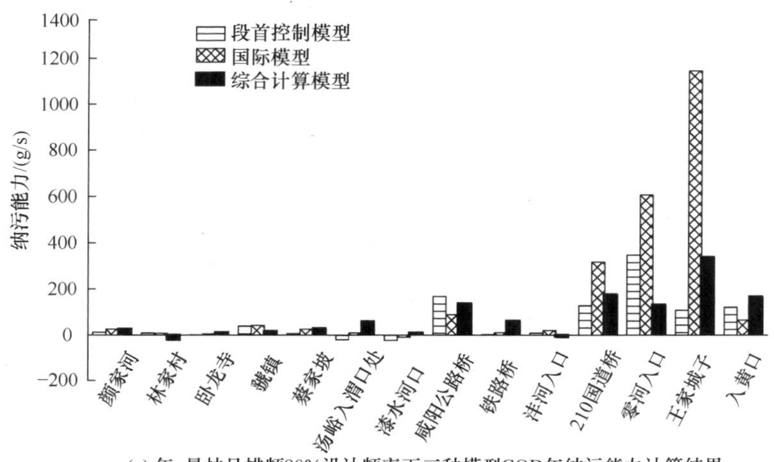

(a) 年-最枯月排频90%设计频率下三种模型COD年纳污能力计算结果

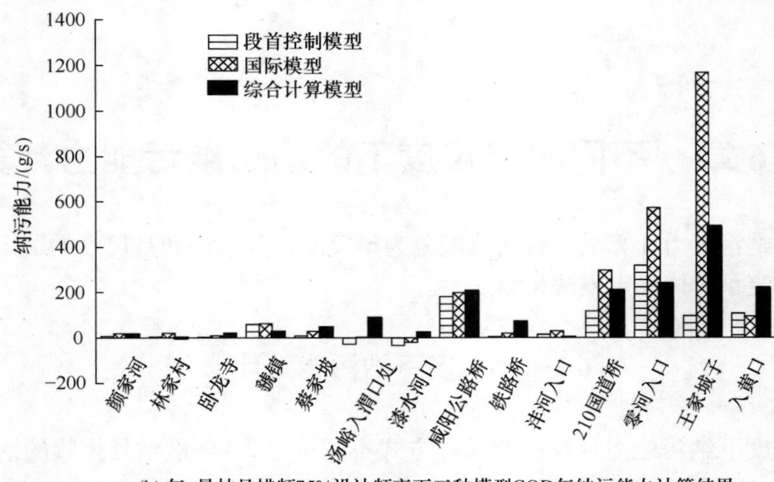

(b) 年-最枯月排频75%设计频率下三种模型COD年纳污能力计算结果

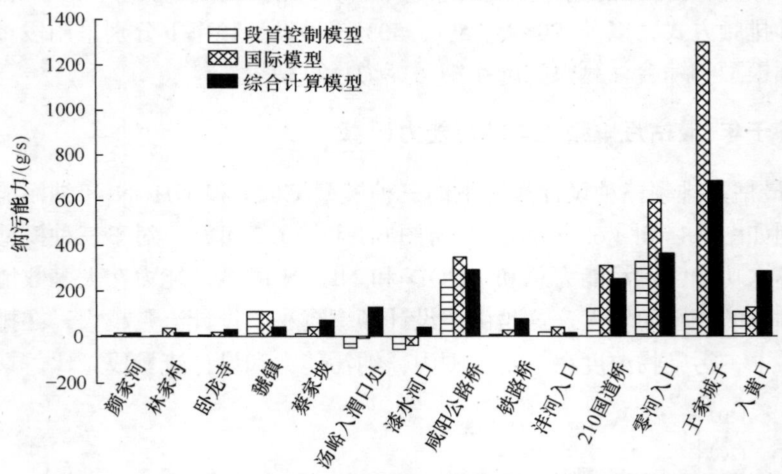

(c) 年-最枯月排频50%设计频率下三种模型COD年纳污能力计算结果

图 6.1 年-最枯月排频三种设计频率下三种模型 COD 年纳污能力计算结果

6.1.2 基于年-所有月排频的年纳污能力计算

年-所有月排频三种设计频率下三种模型 COD 和 NH_3-N 的年纳污能力计算结果见图 6.3 和图 6.4。分析图 6.3 和图 6.4 可知，当水文条件及设计频率相同时，三种模型计算的纳污能力各不相同。总体来看，大多数情况下段首控制模型计算得到的纳污能力最小，这是由于段首控制模型是一种较为严格的控制模型，它要求水功能区的各个排污口都达标才认定水功能区总体达标。

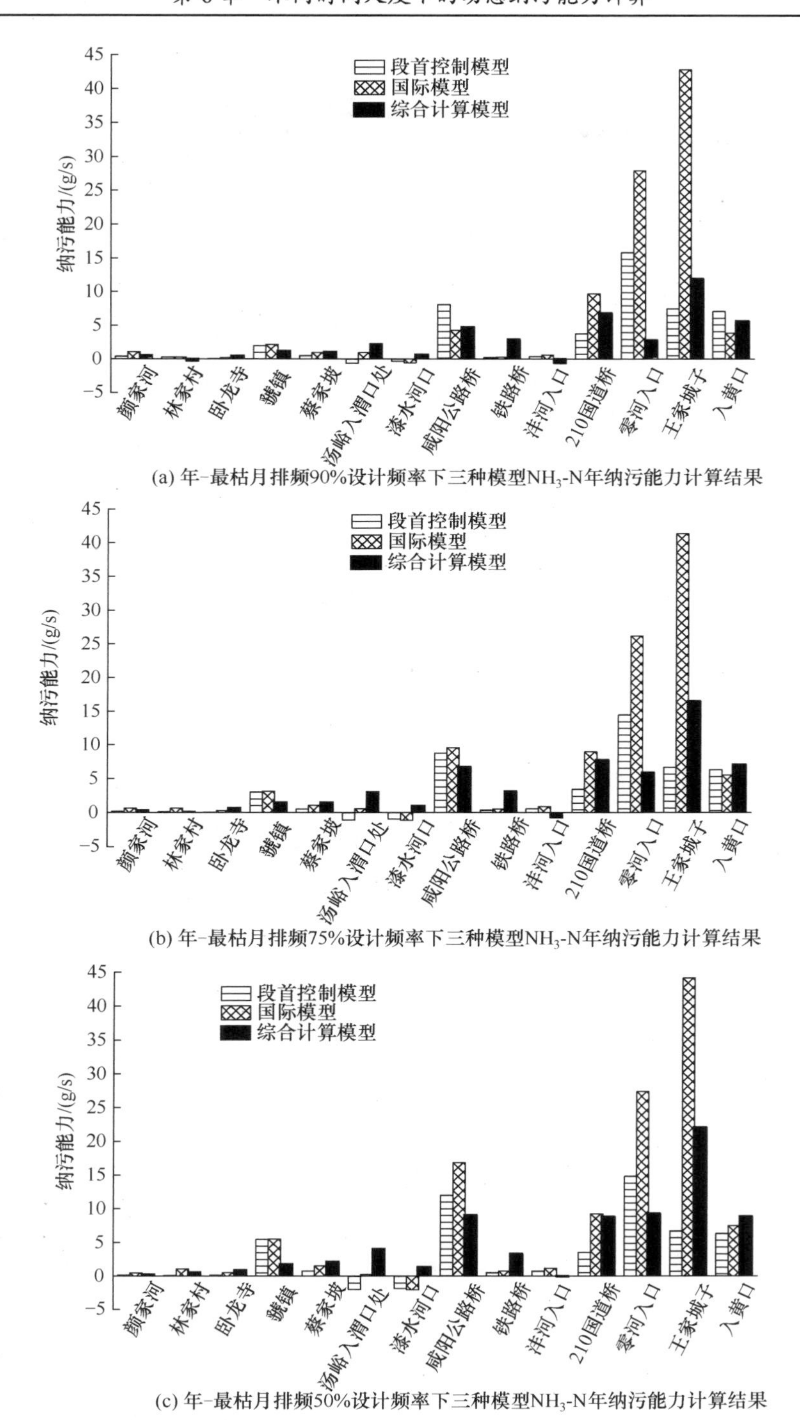

(a) 年–最枯月排频90%设计频率下三种模型NH_3-N年纳污能力计算结果

(b) 年–最枯月排频75%设计频率下三种模型NH_3-N年纳污能力计算结果

(c) 年–最枯月排频50%设计频率下三种模型NH_3-N年纳污能力计算结果

图 6.2　年–最枯月排频三种设计频率下三种模型 NH_3-N 年纳污能力计算结果

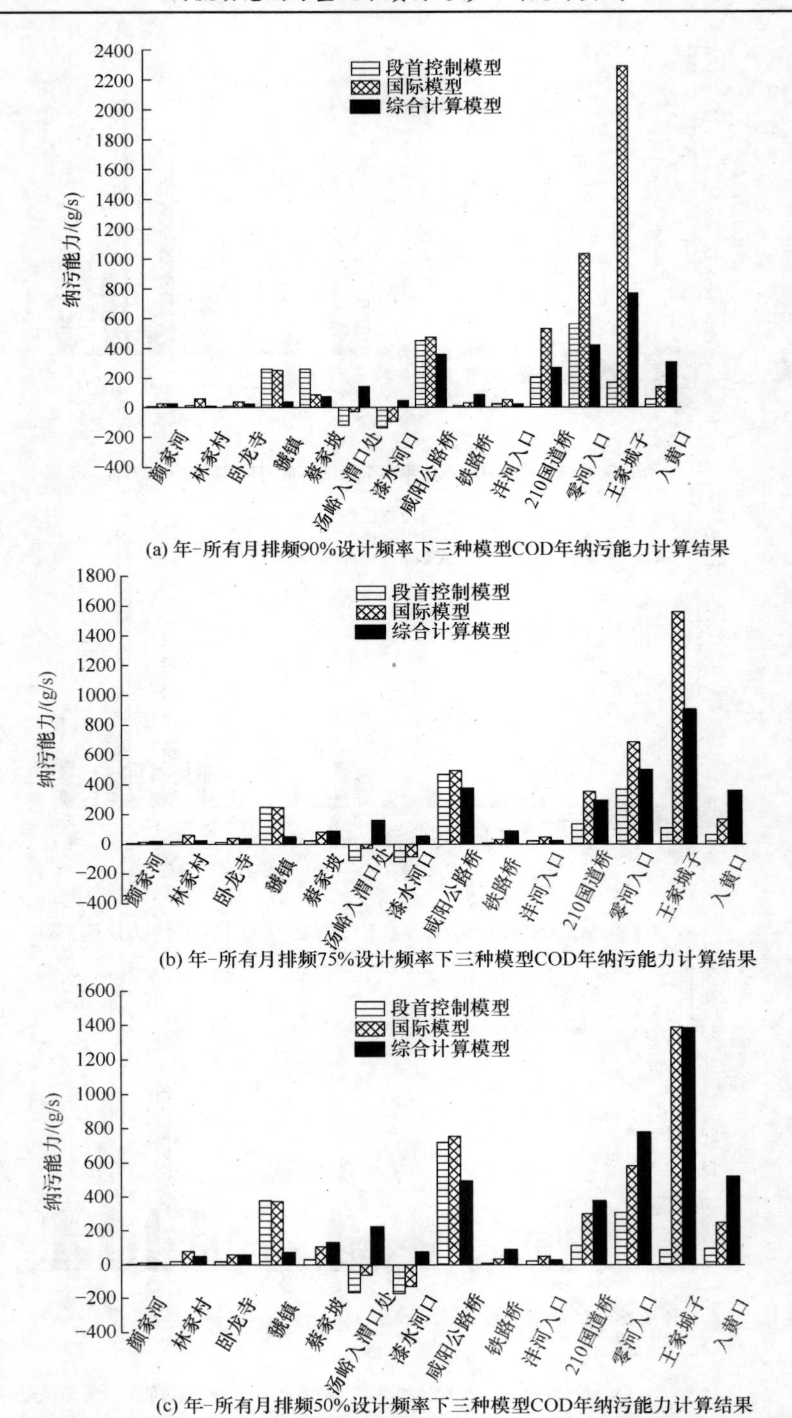

(a) 年-所有月排频90%设计频率下三种模型COD年纳污能力计算结果

(b) 年-所有月排频75%设计频率下三种模型COD年纳污能力计算结果

(c) 年-所有月排频50%设计频率下三种模型COD年纳污能力计算结果

图 6.3　年-所有月排频三种设计频率下不同模型 COD 年纳污能力计算结果

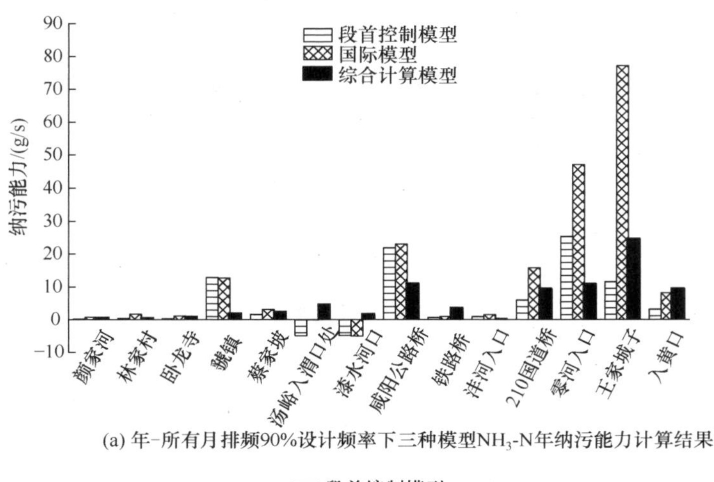

(a) 年–所有月排频90%设计频率下三种模型NH_3-N年纳污能力计算结果

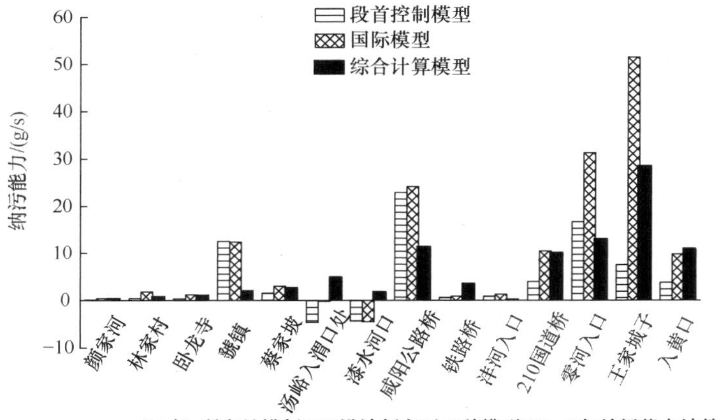

(b) 年–所有月排频75%设计频率下三种模型NH_3-N年纳污能力计算结果

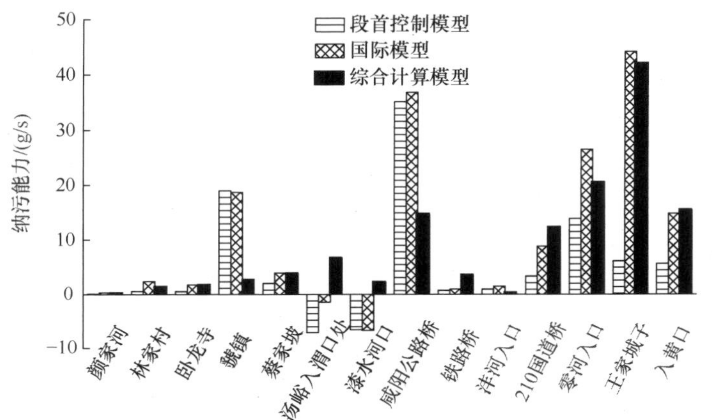

(c) 年–所有月排频50%设计频率下三种模型NH_3-N年纳污能力计算结果

图 6.4　年–所有月排频三种设计频率下不同模型 NH_3-N 年纳污能力计算结果

6.1.3　两种年排频方式年纳污能力计算结果比较

不同设计频率下两种年排频方式(年-最枯月排频和年-所有月排频)采用综合计算模型所得 COD 和 NH_3-N 年纳污能力计算结果分别如图 6.5 和图 6.6 所示。

在污染物及设计频率相同条件下，对同一种模型的年纳污能力计算结果进行分析，由图 6.5 和图 6.6 可知，年-最枯月排频比年-所有月排频纳污能力计算结果小。同一设计频率下，年-所有月排频的设计流量大于年-最枯月排频的设计流量，而纳污能力与流量成正比，因此年-所有月排频的年纳污能力计算结果大于年-最枯月排频的计算结果。

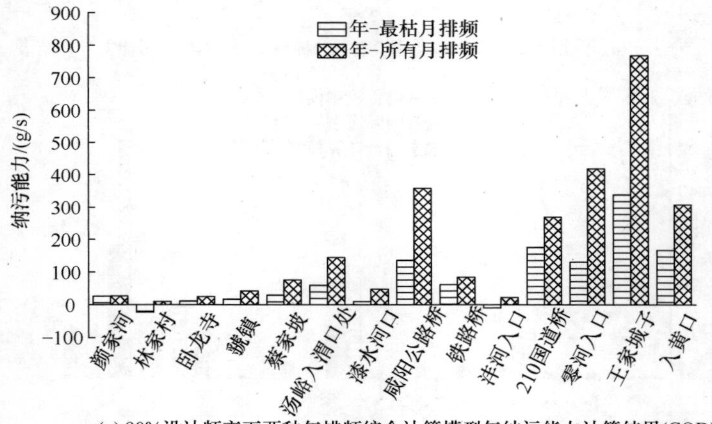

(a) 90%设计频率下两种年排频综合计算模型年纳污能力计算结果(COD)

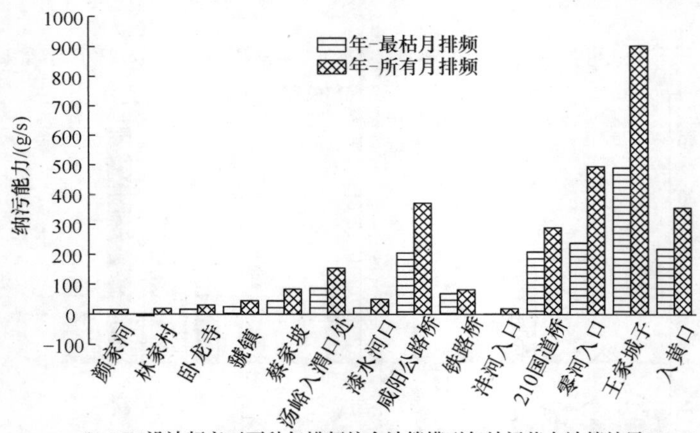

(b) 75%设计频率下两种年排频综合计算模型年纳污能力计算结果(COD)

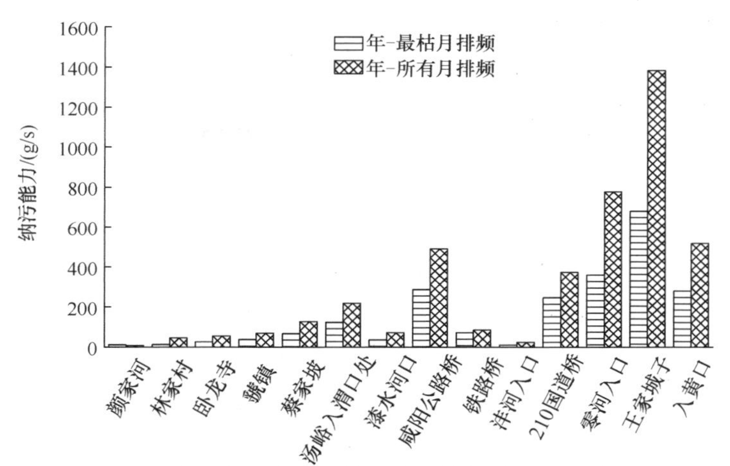

(c) 50%设计频率下两种年排频综合计算模型年纳污能力计算结果(COD)

图 6.5　不同设计频率下两种年排频综合计算模型 COD 年纳污能力计算结果

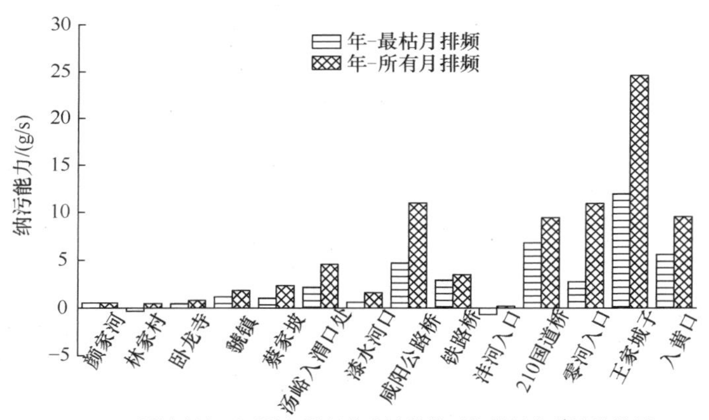

(a) 90%设计频率下两种年排频综合计算模型年纳污能力计算结果(NH_3-N)

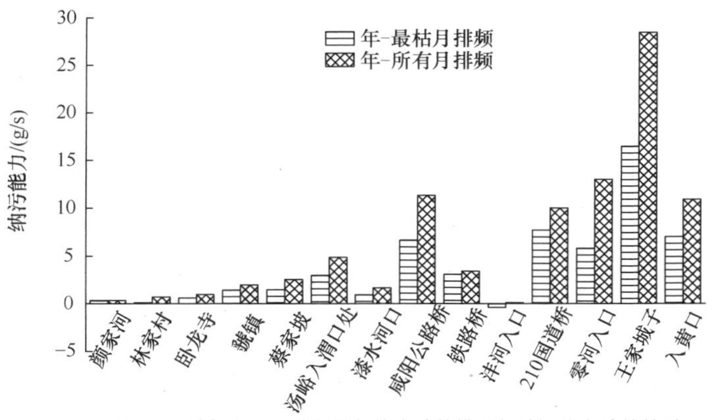

(b) 75%设计频率下两种年排频综合计算模型年纳污能力计算结果(NH_3-N)

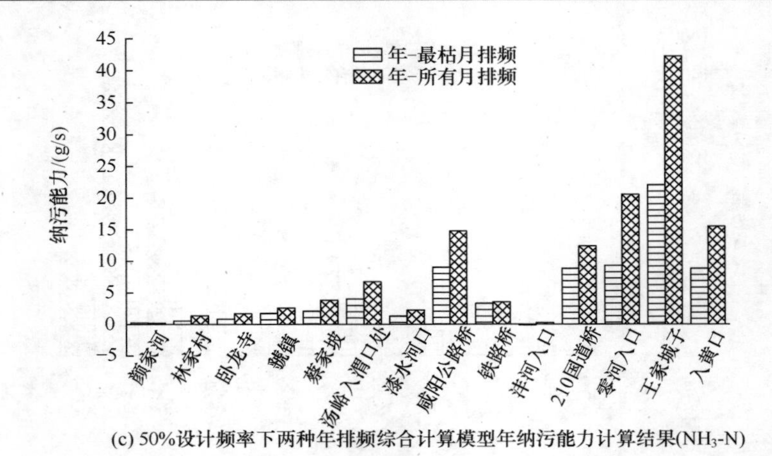

(c) 50%设计频率下两种年排频综合计算模型年纳污能力计算结果(NH_3-N)

图 6.6 不同设计频率下两种年排频综合计算模型 NH_3-N 年纳污能力计算结果

6.2 分水期纳污能力计算

把一年分为三个水期，分别是丰水高温期(丰水期)、枯水低温期(枯水期)和平水期。其中，7～10 月为丰水期，11 月至次年 2 月为枯水期，3～6 月为平水期。丰水期、平水期和枯水期分别采用 20℃、11℃和 7℃的平均水温，研究不同水期的纳污能力。

采用水期-水期排频和水期-典型年排频的方式进行 COD 和 NH_3-N 纳污能力计算，两种排频方式下分别含丰水期、平水期、枯水期三个水期，每个水期又分为 90%、75%、50%三种设计频率，则设计水文条件一共可划分为 36 种情景。分水期纳污能力计算情景划分如表 6.1 所示，每种情景中又采用不同计算模型。由于计算结果所占篇幅较大，本节仅对 90%设计频率下，采用综合计算模型的分水期不同排频方式纳污能力计算结果进行分析。

表 6.1 分水期纳污能力计算情景划分

污染物	排频方式	水期	设计频率/%
COD	水期-典型年排频	丰水期	90
			75
			50
		平水期	90
			75
			50

续表

污染物	排频方式	水期	设计频率/%
COD	水期-典型年排频	枯水期	90
			75
			50
	水期-水期排频	丰水期	90
			75
			50
		平水期	90
			75
			50
		枯水期	90
			75
			50
NH_3-N	水期-典型年排频	丰水期	90
			75
			50
		平水期	90
			75
			50
		枯水期	90
			75
			50
	水期-水期排频	丰水期	90
			75
			50
		平水期	90
			75
			50
		枯水期	90
			75
			50

90%设计频率下，采用综合计算模型的分水期两种排频方式对应 COD 和

NH_3-N 的纳污能力计算结果分别如图 6.7 和图 6.8 所示。大多数情况下，水期-典型年排频比水期-水期排频纳污能力计算结果大。三种水期中枯水期纳污能力较低，其次是平水期，丰水期纳污能力最高。由此表明，水温的变化对易降解污染物的降解能力影响较大，如果按照水期确定污染物总量控制，将对实际操作管理提出更高的要求。枯水期水温较低时，可以提出较为严格的限产限排要求，要求污染监控单位熟悉企业生产规模及排污动态变化，构建长时间序列的水质和污染源动态变化关系，对污染源实行动态监控，保证水质目标的实现。

三种水期中不同水功能区丰水期的纳污能力之和占全年的 55%左右，丰水期和平水期的纳污能力之和占全年的 81%左右。分水期排频计算纳污能力比只考虑一种来水情况的纳污能力计算结果更合理、准确。

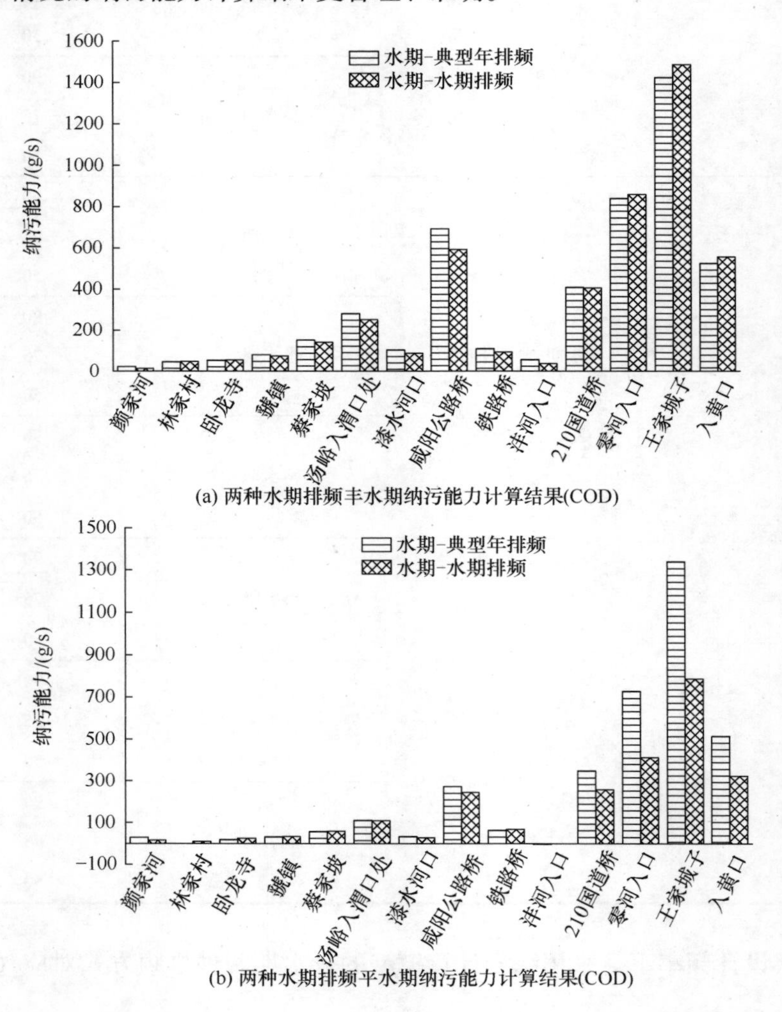

(a) 两种水期排频丰水期纳污能力计算结果(COD)

(b) 两种水期排频平水期纳污能力计算结果(COD)

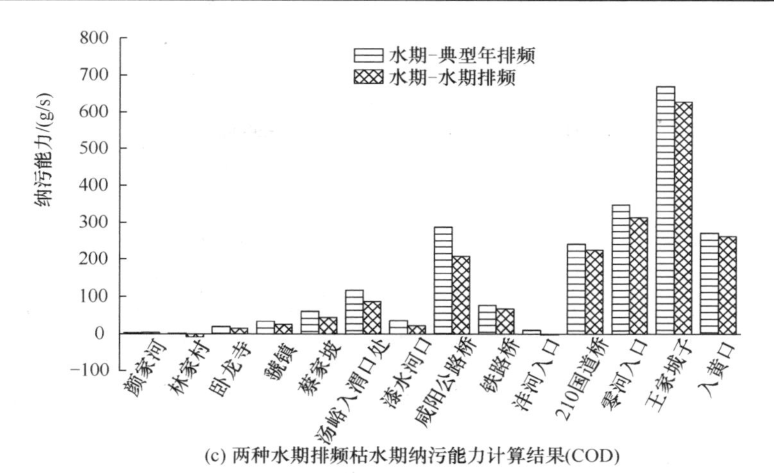

(c) 两种水期排频枯水期纳污能力计算结果(COD)

图 6.7 90%设计频率下分水期两种排频方式对应的COD纳污能力计算结果

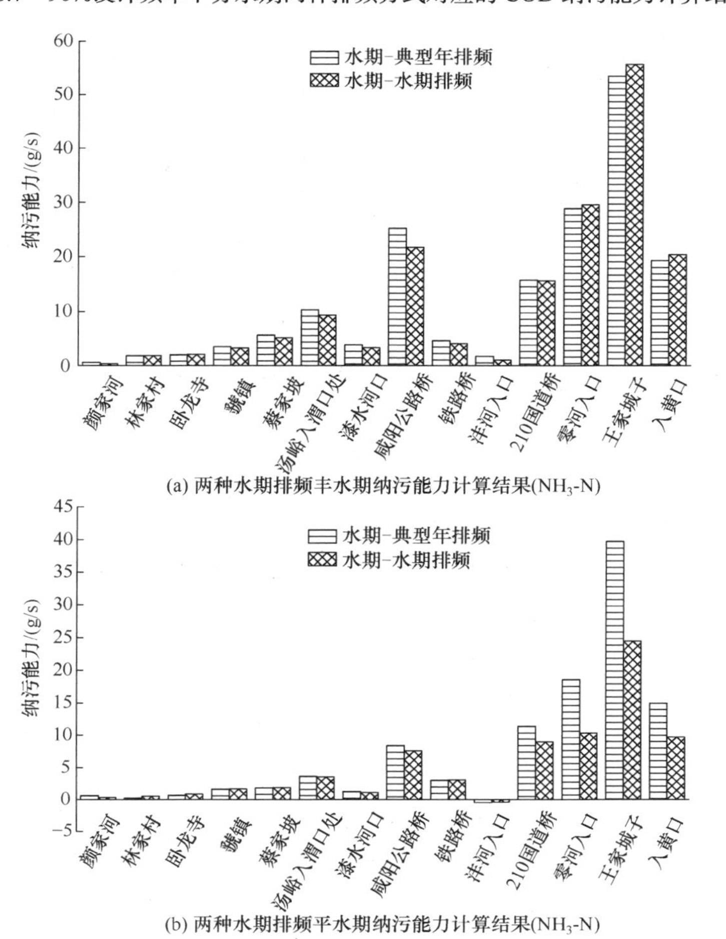

(a) 两种水期排频丰水期纳污能力计算结果(NH_3-N)

(b) 两种水期排频平水期纳污能力计算结果(NH_3-N)

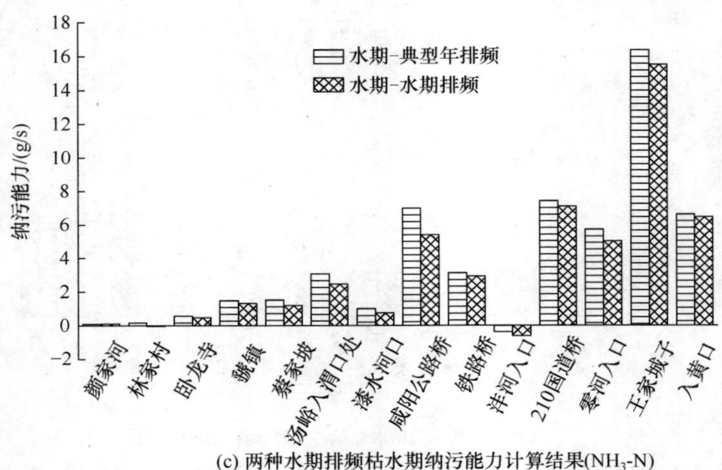

(c) 两种水期排频枯水期纳污能力计算结果(NH_3-N)

图 6.8　90%设计频率下分水期两种排频方式对应的 NH_3-N 纳污能力计算结果

综上所述，分水期排频得到的丰水期、平水期和枯水期的纳污能力与典型年排频得到三个水期的纳污能力有一定的差别，这是典型年内的流量分布导致的。例如，林家村站 75%设计频率下的典型年丰水期、平水期和枯水期的流量分别为 22.27m^3/s、53m^3/s 和 3.02m^3/s，即丰水期的流量小于平水期的流量，从而影响了纳污能力的年内分配。因此，在水文资料充足的情况下，选用各自水期的资料计算得到的纳污能力比按照典型年计算得到的水期纳污能力更合理。

6.3　月尺度下纳污能力计算

月尺度下纳污能力计算中，同样研究 COD 和 NH_3-N 两种污染物的纳污能力，每种污染物都采用月-典型年排频和月-月排频两种方式进行纳污能力计算。每种排频方式下含 12 个月，每个月又分为 90%、75%、50%三种设计频率，则设计水文条件一共可划分为 144 种情景，每种情景中又采用不同计算模型。由于篇幅有限，本节只选取月尺度纳污能力计算中代表平水期的 5 月在综合计算模型条件下，对不同污染物、不同设计频率的两种月排频方式计算结果进行对比分析。

月尺度两种排频方式不同设计频率下 5 月 COD 和 NH_3-N 纳污能力计算结果如图 6.9 和图 6.10 所示。大多数情况下，月-月排频纳污能力计算结果小于月-典型年纳污能力计算结果。河流水文条件和其他自然条件的动态变化是河流纳污能力具有动态特征的基础，采用月尺度计算得到各个月份的纳污能力随时间动态变化。该方法得到的纳污能力能够适用于大部分的水文年型，可以作为环境管理的依据。

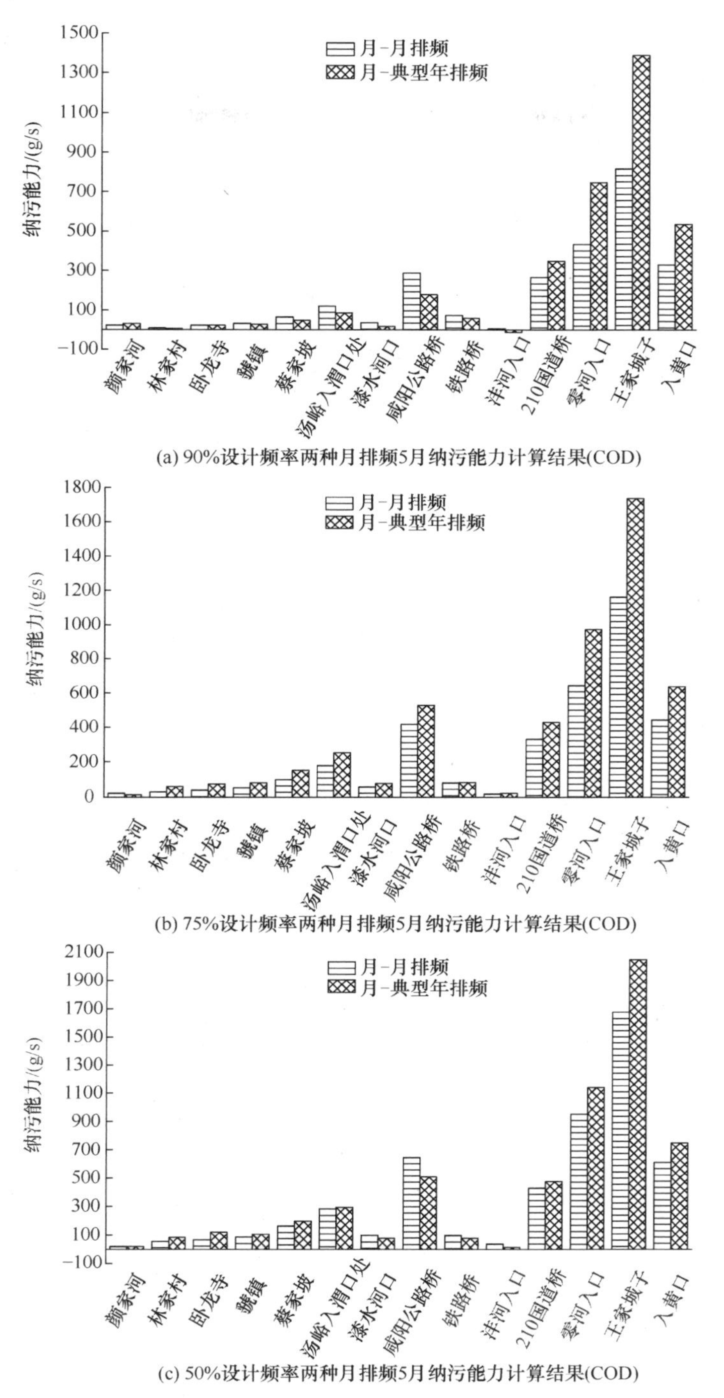

(a) 90%设计频率两种月排频5月纳污能力计算结果(COD)

(b) 75%设计频率两种月排频5月纳污能力计算结果(COD)

(c) 50%设计频率两种月排频5月纳污能力计算结果(COD)

图 6.9　月尺度两种排频方式不同设计频率下 5 月 COD 纳污能力计算结果

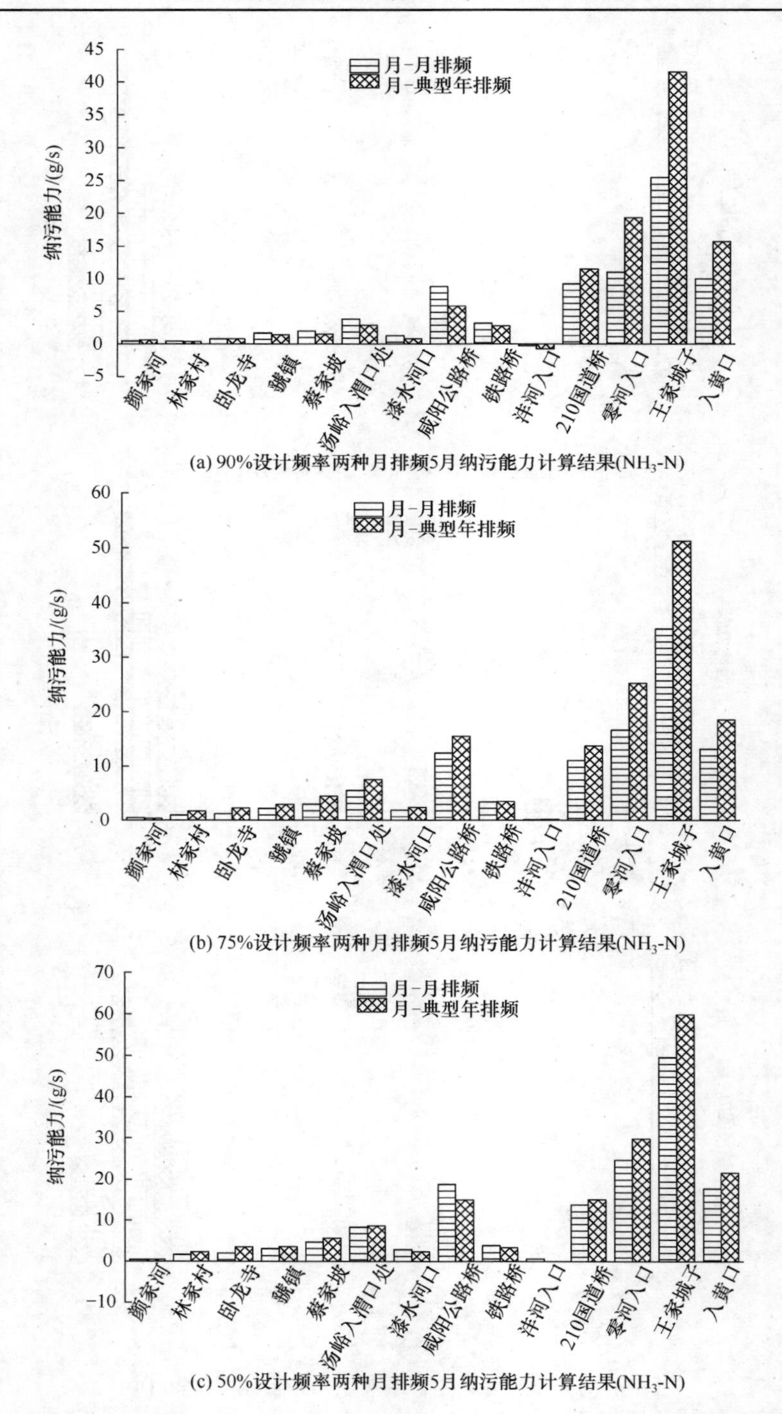

(a) 90%设计频率两种月排频5月纳污能力计算结果(NH_3-N)

(b) 75%设计频率两种月排频5月纳污能力计算结果(NH_3-N)

(c) 50%设计频率两种月排频5月纳污能力计算结果(NH_3-N)

图 6.10　月尺度两种排频方式不同设计频率下 5 月 NH_3-N 纳污能力计算结果

分析月-月排频计算的纳污能力和月-典型年计算的纳污能力可知，月-典型年计算的纳污能力并非严格按照逐月流量变化规律变化，而是按所选典型年的逐月流量变化而变化。因此，在条件允许的情况下，月-月排频得到的纳污能力比由月-典型年得到的纳污能力更具实用性。

6.4　动态纳污能力计算结果

分析六种不同水文条件下纳污能力的计算结果，可以得出以下规律。

(1) 纳污能力年际变化大。图 6.11 展示了综合计算模型六种水文条件下不同

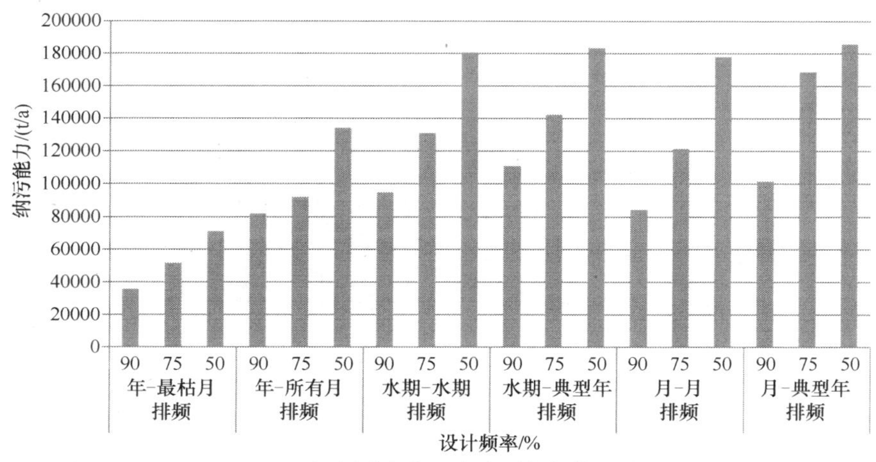

(a) 六种水文条件下不同设计频率纳污能力(COD)

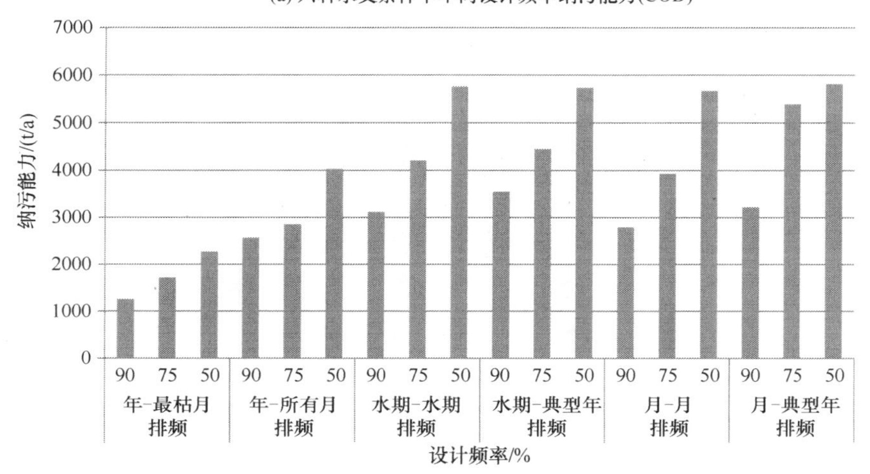

(b) 六种水文条件下不同设计频率纳污能力(NH_3-N)

图 6.11　综合计算模型六种水文条件下不同设计频率 COD 和 NH_3-N 纳污能力计算结果

设计频率 COD 和 NH_3-N 纳污能力计算结果，分析可知，75%设计频率水功能区纳污能力之和能够达到 90%设计频率的 1.4 倍左右；50%设计频率水功能区纳污能力之和是 75%设计频率的 1.4 倍左右。

(2) 年内分配集中。丰水期、平水期和枯水期纳污能力总和分别占全年的 50%、35%、15%左右(图 6.12)。分析流量年内分配发现，丰水期、平水期和枯水期流量分别占全年的 60%、25%和 15%左右(图 6.13 和图 6.14)，与纳污能力年内分配情况基本一致，说明年内流量是纳污能力年内分配集中的主要因素。

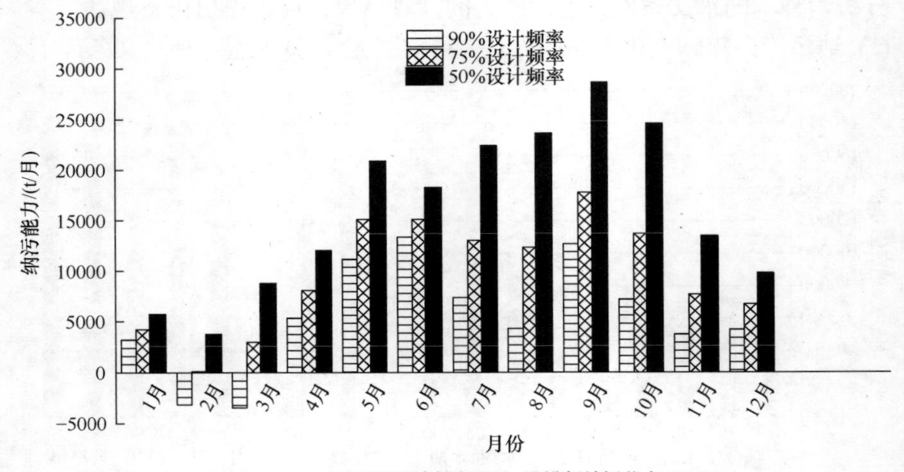

(a) 不同设计频率下月–月排频纳污能力(COD)

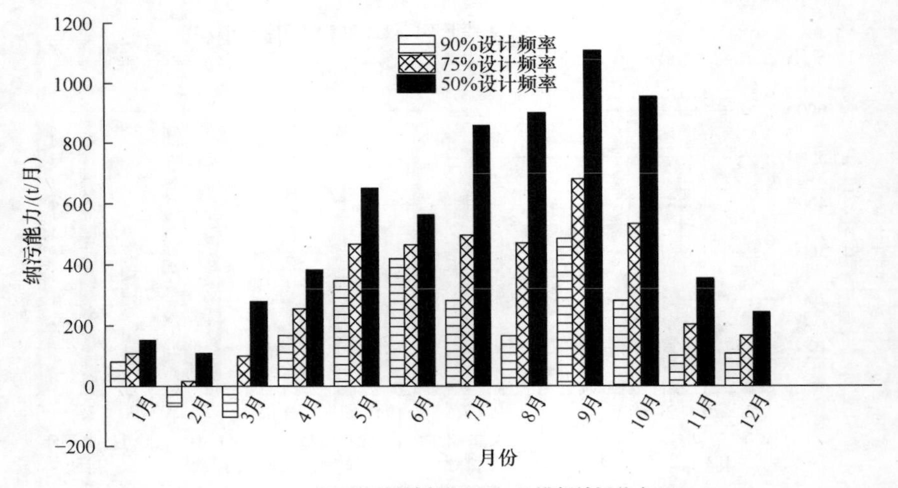

(b) 不同设计频率下月–月排频纳污能力(NH_3-N)

图 6.12　不同设计频率下月–月排频纳污能力对比

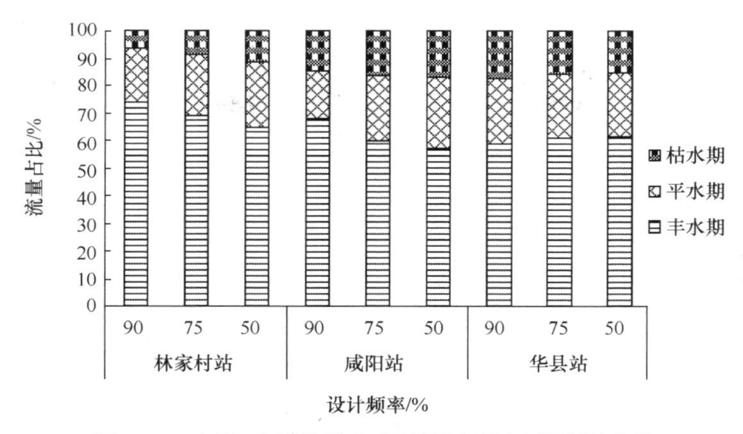

图 6.13　水期-水期排频方式下渭河不同水期流量占比

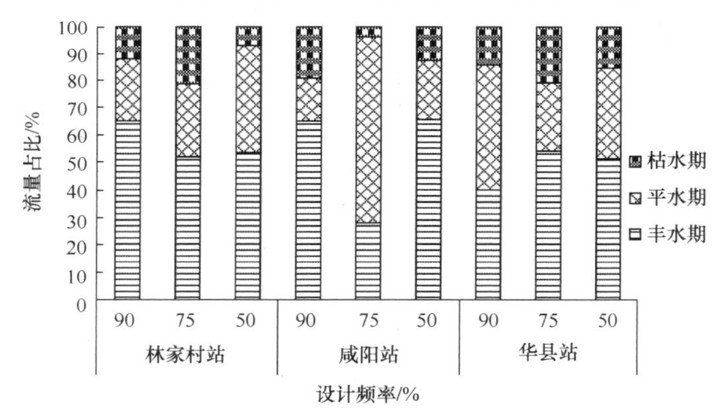

图 6.14　水期-典型年排频方式下渭河不同水期流量占比

(3) 采用综合计算模型比较六种水文条件水功能区 90%设计频率下的年纳污能力，如图 6.15 所示。对于大部分水功能区，六种设计水文条件计算出来的年纳污能力从大到小依次为水期-典型年排频、月-典型年排频、水期-水期排频、月-月排频、年-所有月排频和年-最枯月排频。

河流水文条件和其他自然条件的动态变化是河流纳污能力具有动态特征的基础，影响河流纳污能力的主要因素都随时间变化，因此河流纳污能力是一个动态变化的量。河流纳污能力可以分为稀释能力和自净能力两部分，受到降水和洪水的影响，河流的水位、流量和稀释能力在年内有明显变化，河流水温、水动力条件等因素在年内不同时间段具有较大差异，而这些因素直接影响着水体的自净能力。

仅按照一个确定的纳污能力作为控制标准，如果控制标准设置偏于安全，那么大多数时段的污染负荷会超过该标准，但是同期水质状况却未必都超标，这种控制标准对于管理工作也就失去了实际意义。因此，进行具有动态特征的纳污能

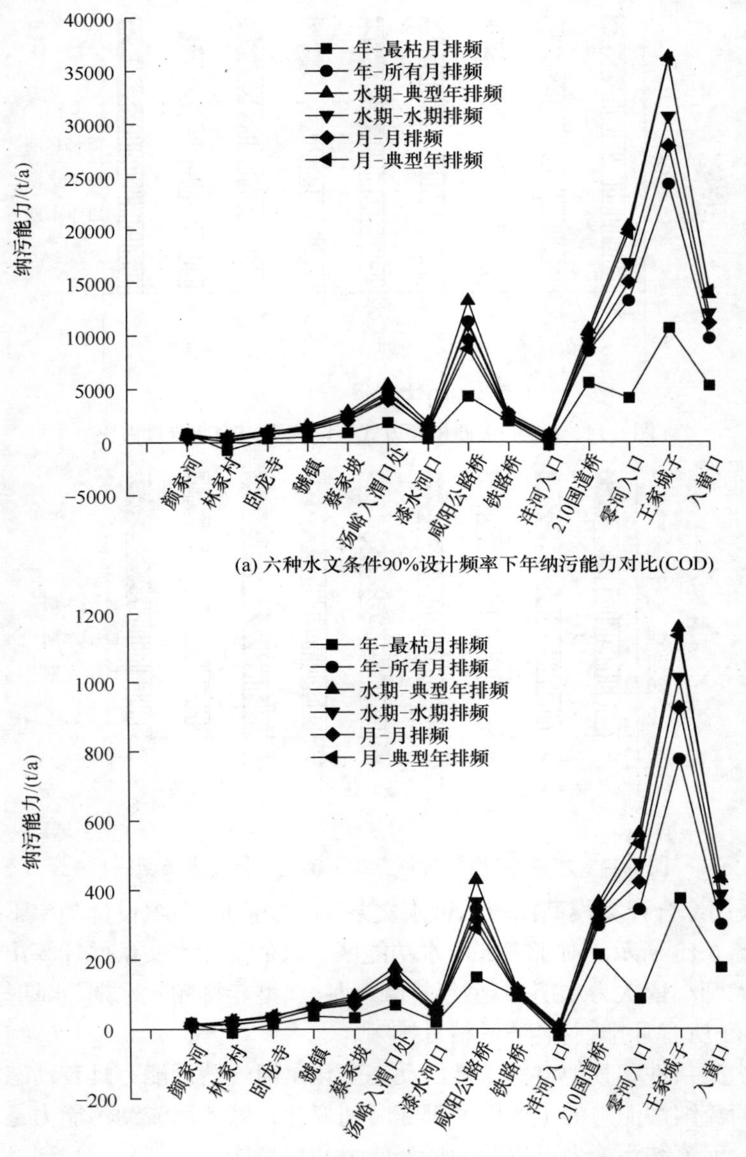

(a) 六种水文条件90%设计频率下年纳污能力对比(COD)

(b) 六种水文条件90%设计频率下年纳污能力对比(NH_3-N)

图 6.15　六种水文条件 90%设计频率下年纳污能力对比

力计算和分析，可为水污染控制和水环境管理工作提供更加全面的科学数据。

第 7 章　入河污染物总量控制及负荷分配

合理利用水资源，控制和减少环境污染已成为我国经济及发展面临的主要问题之一[10]。同时，2011 年中央一号文件明确提出实行最严格的水资源管理制度，“确立明确水功能区限制纳污红线，严控排污总量”是“三条红线”之一。严控排污总量，要先计算水功能区限制纳污红线，确定入河排污总量。然后基于水环境容量，开展污染物总量控制。

7.1　污染物总量控制

污染物总量控制是指在一个流域或者区域，为了实现既定的环境目标，根据该区域的实际情况，通过技术分析、经济可行性分析，得到污染物最大允许排放量，即污染物控制总量。它包含三个方面的内容，一是排放污染物的总量；二是排放污染物总量的地域范围；三是排放污染物的时间跨度。

1. *污染物总量控制类型*

按照总量确定的方法进行分类，污染物总量控制一般分为三个类型：目标总量控制法、容量总量控制法和行业总量控制法[134]。

1) 目标总量控制法

把允许排放的污染物总量控制在管理目标规定的污染负荷削减率范围内，这种总量控制方法称为目标总量控制法[6]。目标总量控制法是从污染源出发，规定排污削减率，再分配到污染源，定量化控制污染物的排放。该方法的特点是目标明确，通过行政干预，对控制区域内污染源治理水平的投入及效益进行技术、经济分析，以确定污染负荷的适宜削减率，并分配到污染源。该方法适用于污染物控制初期，或污染比较严重的区域，可行性较强。

2) 容量总量控制法

把允许排放的污染物总量控制在受纳水体水质目标的排放标准范围内，这种总量控制方法称为容量总量控制法，即受纳水体中的污染物总量不超过水质标准规定的排放限额。该方法的特点是把水污染控制管理目标与水质目标紧密联系在一起，将污染物总量控制在最大允许排污量范围内，并将其分配到污染控制区及污染源。该方法适用于水质较好或水质要求较高的区域，用于确定污染物控制的最终目标。

3) 行业总量控制法

从行业生产工艺着手,通过控制生产过程中资源和能源投入及污染物的产生,使排放的污染物总量在管理目标规定的限额之内，这种总量确定方法称为行业总量控制法。行业总量控制法的“总量”是基于资源、能源的利用水平及“少废”“无废”工艺的发展水平。该方法的特点是把污染控制与生产工艺的改革和资源、能源的利用紧密联系起来，通过行业总量控制逐步将污染物限制或消除在生产过程，并将允许排放的污染物总量分配到污染源。

另外，根据国家、地方及流域环境保护法规和政策，污染源应达标排放。当水污染物总量控制目标大于现状排污量时，将该现状排污量作为水功能区污染物控制总量，排污量维持现状不变；当水污染物总量控制目标小于或等于现状排污量时，将该总量控制目标作为水功能区污染物控制总量，并在排污口、支流达到相应控制要求的基础上进行污染物总量削减[6]。

2. 河流污染物削减总量确定

进行污染物总量控制研究首先需要确定河流污染物削减总量，可由污染物入河总量、河流纳污能力及安全余量三部分组成，具体计算公式如下：

河流污染物削减总量=污染物入河总量–河流纳污能力+安全余量

安全余量是美国《典型污染物最大日负荷量》中的基本要素之一，通常指基于谨慎性对纳污能力的预留部分，主要由污染负荷和河流、湖、水库水质之间关系的不确定性引起，一般为纳污能力的 5%～10%[135]。

7.2 污染负荷分配原则及基本方法

7.2.1 污染负荷分配原则

综合我国总量控制与负荷分配的研究和实践，污染负荷分配的原则主要包括可持续性、公平性、效益性、技术可行性和方案可操作性五个方面。由于负荷分配本质上是确定各排污者利用环境资源的权利和削减污染物的义务，在市场经济条件下，公平性原则是污染负荷分配中应遵循的首要原则，且是基于各污染源的贡献率、企业的经济能力、用水量、环保投资等因素的适度公平。现在排污权交易市场发展还不完善，因此效益性原则也是政府进行负荷分配时必须考虑的重要原则之一。目前，国外学者在负荷分配的研究过程中多采用效益性原则，这也是负荷分配研究的发展趋势。此外，负荷分配还应该兼顾可持续性、技术可行性和方案可操作性原则。

除了上述五个主要原则外，负荷分配还有非经济要素标准、清洁生产、先易后难、不重复削减、重点控制和集中控制等原则，这些原则也被广泛地应用于实际负荷分配的过程当中。

(1) 非经济要素标准原则。将人口、土地面积等非经济要素作为排污权免费分配的依据。

(2) 清洁生产原则。按照行业先进的生产标准设计排污指标，促使企业采用清洁生产技术。

(3) 先易后难原则。对水污染物浓度和行业总量未达标企业进行总量削减，在水污染物浓度达标排放的前提下，再对水污染物总量负荷的削减量进行分配。

(4) 不重复削减原则。对实施总量控制前已实施有效治理措施削减排污量的企业，再分配容量总量指标时，这些企业不应该承担重复削减责任。

(5) 重点控制原则。帕累托定律认为一个小而关键的诱因、投入和努力，通常可以得到大的结果、产出和酬劳。遵循帕累托定律，应当先对重点污染源进行容量总量控制。

(6) 集中控制原则。对于位置临近，污染物种类相同的污染源，先要考虑实行集中控制，然后再将排污量余量分配给其他污染源。

以上原则之间或多或少存在一定的联系，但是负荷分配过程中，在坚持公平性、效益性原则的前提下，应尽可能兼顾更多原则，力争分配方案的科学性与合理性。

7.2.2　污染负荷分配基本方法

污染负荷分配基本方法主要有以下几种：等比例分配法、按贡献率削减排污量分配法、费用最小化分配法和环境绩效分配法等[6]。

1. 等比例分配法

等比例分配法也被称为同等百分比削减分配方法、一般等比例分配方法或比例分配方法等。具体指所有参与排污负荷分配的污染源，以现状排污为基础，按相同的削减比例分配其允许排污量。该方法以各污染源(或各区域)污染物排放强度在区域(或上一级区域)污染物总排放强度中所占的比例作为权重把污染物排放总量分配给各污染源(或各区域)。等比例分配法数据易获取且使用简单，能在一定程度上反映污染现状，从而促使排放强度大的污染源进行技术革新或加强治理来削减污染物。等比例分配法的适用范围较广，既可用于控制区域—污染源的污染负荷分配，又可用于流域—省级行政区域—地市区级行政区域的污染负荷分配。其分配模型如下：

$$P_i = m_{i0} \Big/ \sum m_{i0} \tag{7.1}$$

式中，P_i 为 i 污染源分配权重；m_{i0} 为控制区域内 i 污染源的现状排污总量(t/a)。

等比例分配法看似公平且符合水环境容量有效性，但各个排污企业的性质相差很大。等比例分配法没有考虑各个污染源的污染贡献率、行业属性、经济技术可行性等约束条件，只以现状排污量为基础，不能完全反映上下游之间的公平性原则，也无法与行政区的发展方向相匹配，缺乏科学性和公平性。因此，有关学者在等比例分配法的基础上，提出分区加权分配、排污标准加权分配等改进的等比例分配法，这些分配方法考虑了不同行业、不同区域之间的差异性，从行业差异和空间尺度出发，提高等比例分配法的公平性[136]。

(1) 分区加权分配。将所有参加排污负荷分配的污染源划分为若干控制区或控制单元，根据区域或单元相应的水环境目标要求，确定各区域或单元的削减权重，将排污总量按权重分配至各区域，区域内仍按等比例分配法将总量负荷指标分配到污染源。

(2) 排污标准加权分配。先进行行业加权分配，然后对同行业内的污染源采用等比例分配法或按污染负荷比加权分配。行业加权系数可以参考《污水综合排放标准》(GB 8978—1996)或地方排放标准中各行业污染物最高允许排放浓度的相对比例来确定，也可以用表征各种废水处理技术难易和代价大小的边际费用相对比例来确定。

2. 按贡献率削减排污量分配法

按贡献率削减排污量分配法又称按贡献率削减分配方法、影响系数分配方法或按影响比例分配方法等。该分配法是按各个点源对总量控制区域内水质影响程度和污染物浓度贡献率来削减污染负荷。对水质影响大的点源要多削减，反之则少削减。这种分配法在一定程度上体现了每个点源平等共享水环境容量资源，也平等承担超过允许负荷量责任的公平性。为了确定各污染源对控制断面的分担率，需要建立污染源与控制断面之间的输入响应关系，通常用 a_i 表示传输率。假设在河段内重点水污染物的降解速度处处相等，则可以由式(7.2)和式(7.3)分别求解各污染源的传输率和分配权重。

$$a_i = h_i / L \tag{7.2}$$

$$P_i = a_i \Big/ \sum a_i = h_i \Big/ \sum h_i \tag{7.3}$$

式中，a_i 为传输率，即污染源 i 排放的污染物对控制断面水质的影响；h_i 为污染源 i 排放口到末端控制断面的沿河长度(m)；L 为控制河段的总长度(m)；P_i 为分配权重。

按贡献率削减排污量分配法在一定程度上体现了公平性，但是该方法不涉及行业和治理费用的差异，在效益性上仍不公平，实际应用中也存在一定的困难和阻力。

3. 费用最小化分配法

费用最小化分配法是根据各污染源对某种污染物的投资费用函数不同来分配各污染源的污染物削减量，使得水功能区削减污染物投资费用最小。

假设水功能区内需实施总量控制的污染源有n个，费用最小化分配法模型为

$$\min Z(\Delta Q_i)=\sum_{i=1}^{n}C_i\cdot\Delta Q_i \qquad (0\leqslant\Delta Q_i\leqslant Q_{pi}\,,\ \ i=1,2,\cdots,n) \tag{7.4}$$

约束条件为

$$\sum_{i=1}^{n}\left(Q_{pi}-\Delta Q_i\right)\leqslant Q \tag{7.5}$$

式中，$\min Z(\Delta Q_i)$为水功能区削减水污染物最小总投资费用函数(万元)；C_i为污染源i削减水污染物投资费用函数(万元/t)；ΔQ_i为污染源i的污染物削减量(t/a)；Q_{pi}为污染源i的实际排污量(t/a)；Q为容量总量控制目标(t/a)。

由式(7.4)解得污染源i的污染物优化削减量ΔQ_i^*，则污染源i分配得到的容量总量Q'_{mi}为

$$Q'_{mi}=Q_{pi}-\Delta Q_i^* \tag{7.6}$$

综上所述，费用最小化分配法整体效益性很好，但单个污染源的污染负荷分配并不合理，不利于企业在平等的市场环境下竞争，束缚了企业提高生产率的积极性。

4. 环境绩效分配法

计算企业的单位万元产值耗水量、废水排放量和 COD 等，对企业进行环境绩效分析，按环境绩效对区域内的企业进行排序，确定不同企业的环境绩效调整系数。对环境绩效好的企业给予鼓励，环境绩效调整系数可大于 1，即企业排污量可在现状基础上有所增加；对环境绩效差的企业提出整改，环境绩效调整系数须小于 1，即企业排污量必须在现状基础上进行削减。

环境绩效分配法体现了循环经济的基本思路，即通过技术革新和工艺改进，提高资源和能源的利用率，实现污染物的“减量化、再利用、再循环”。

环境绩效分配法适用于区域污染源污染物排放总量的二次分配，且环境绩效计算指标的选择是一个难题，这只是一个定性的方法，还没有定量的计算公式。

7.2.3　污染负荷分配基本方法比较分析

(1) 从基点来看，这四种污染负荷分配方法是一致的。一是各分配方法都以现状排污量为基点，既承认污染现状，也承认经济活动与发展现状；二是各分配方法均应首先保证所有企业已按定额达标排放。污染物排放定额是在企业排放水质达标的基础上，按其生产规模确定的废水排放定额与国家(或行业)污水综合排放标准的乘积。

(2) 从数据来源来看，各污染负荷分配方法均一致，即污染现状数据以环境统计数据为准。环境统计数据是由中央及地方行政管理部门、企事业单位和个体工商户依照有关统计法律法规的规定，在环境统计机构依法统一管理下报送的。现行的管理制度下，环境统计数据存在信息不完全性和不对称性的问题，主要表现为政府对企业的实际排污量和污染物边际处理成本等信息了解不全面，使很多负荷分配方法在实际应用中出现问题。例如，污染源产生的排污量和治污单位成本均是公共信息，然而只有污染源最了解其排污量和治污单位成本。如果政府掌握的企业排污量有误，负荷分配结果将较大地偏离实际情况，无法体现公平性和合理性。

(3) 从分配对象来看，各污染负荷分配方法差异较大。等比例分配法的对象很宽泛，凡是可以进行比较的对象，如流域、行政区域和污染源等均可以等比例进行分配。贡献率反映污染源对水体污染造成危害的程度，因此按贡献率削减排污量分配法的分配对象是污染源，污染源可以是生活源、工业源，也可以是非点源。费用最小化分配法的对象可以是污染源，也可以是企业，其关键是费用函数。环境绩效可反映企业的污染源属性，环境绩效分配法的分配对象就是企业污染源。

(4) 从分配过程来看，各污染负荷分配方法基本上反映出一种观点，即现状污染物排放量大的污染源应承担较大的总量削减责任。各种方法考虑的着重点不同，等比例分配法是最简单易行的，看似比较公平，但实则没有考虑到各排污企业的性质差异，缺乏科学性。按贡献率削减排污量分配法只考虑了排污口距下断面的距离对水质的影响，而没有考虑排污量的影响，因此分配结果可能不合理，应对污染物排放强度大、污染贡献率高的污染源提出更为严格的要求。费用最小化分配法强调整体费用最小，主要考虑投资费用函数和相应的削减量，因此当整体费用最小时，分配的纳污量也可能存在不公平、不合理的现象。环境绩效分配法用环境绩效调整系数来反映总量削减责任，单位产值污染物排放量越大，环境绩效调整系数越小，所承担的总量削减任务越多，这在一定程度上体现了公平性，但评价指标的选取对分配结果的影响较大，数据的可靠性也有待提高。

7.2.2 小节所述四种方法虽然考虑的因素不太全面，但这些方法的共同优点是简单、可操作性强。目前，在污染负荷分配方法方面的研究成果很多，出现了诸多新的分配方法，如公平性占优的负荷分配方法、兼顾公平性与效益性的负荷分配方法、基于多目标决策的分配方法等，但这些方法的共同特点是影响因素多、模型复杂、数据及参数难以获取、缺乏实用性。

7.3　污染负荷分配层次模型

本节根据源头减排、过程控制和末端治理的全过程水污染防治思路，提出了河流污染负荷分配层次模型，将河流污染负荷分配分两层进行：一层分配是不同水功能区之间的分配，兼顾公平性和效益性原则，根据基尼系数，建立多目标分配模型。由于面源产生范围较广，控制难度较大，无法进一步分配，故本节只考虑点源的分配。二层分配主要针对各入河排污口，基于各水功能区的分配结果，以各水功能区内工业总产值最大为目标，进行入河排污口的污染负荷分配。

7.3.1　水功能区之间的分配

国内外的污染负荷分配方法大多基于公平性原则或者效益性原则，这样的分配方法在实际中是很难实施的。因此，建立一种兼顾公平性与效益性原则的负荷分配方法很有必要。在基于公平性原则污染负荷分配方法的基础上，考虑效益性原则，构建一个负荷分配的多目标决策模型，即兼顾公平性和效益性的污染负荷分配多目标优化模型。

1. 洛伦兹曲线和基尼系数

美国统计学家 Lorenz 将一个国家总人口按收入由低到高排序，并以收入累计百分比为纵坐标，以人口数目累计百分比为横坐标，绘制得到洛伦兹曲线(Lorenz curve)，如图 7.1 所示。该曲线主要用于分析一个国家收入分配的均衡程度。曲线越弯曲，表示均衡程度越低；反之，均衡程度则越高。

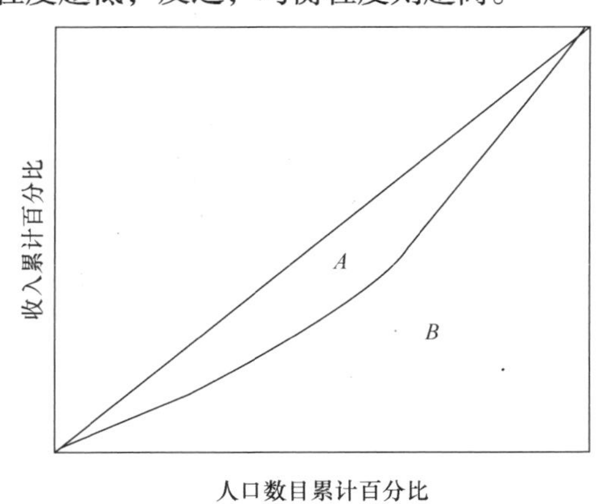

图 7.1　洛伦兹曲线示意图

20 世纪初期，意大利经济学家基尼根据洛伦兹曲线，提出了判断国民收入分配平等程度的指标——基尼系数。基尼系数是指面积 A 与面积 $A+B$ 之比(图 7.1)，是衡量一个国家贫富差距的标准。基尼系数法是基于分配平等的前提产生的理论方法，其主要目的是在现有的经济技术条件下，对已分配的总量进行尽可能公平的二次分配。

实际的基尼系数在 0～1，基尼系数越小，表明分配越平等。一般基尼系数低于 0.19，表示分配相当平均；基尼系数为 0.19～0.25，表示比较平均；基尼系数为 0.25～0.4，表示基本平均，能够接受；基尼系数大于 0.4，表示很不平均，容易引起社会动乱。因此，通常把基尼系数为 0.4 作为收入分配差距的警戒线，但这只能作为宏观参考，还要考虑实际情况和应用领域[6]。

2. 基于基尼系数进行负荷分配

2006 年，国内学者吴悦颖等[137]提出基于基尼系数的污染负荷分配方法，之后不断有学者将该方法应用于污染负荷分配中。2008 年，浙江省杭州市钱塘江流域水环境总量控制中，以水资源量和预测国内生产总值(gross domestic product，GDP)作为指标，得到反映流域各区域污染物允许排放量相对于各区域水资源量和经济发展水平的公平性环境基尼系数，并经过调整计算单元允许排污量，优化分配方案，得到了良好的应用效果，开创了我国水环境总量基尼系数法分配的先河[6]。

基尼系数法是在已有初始分配方案的基础上进行的二次分配，因此运用基尼系数进行负荷分配的前提是确定污染物控制总量，且已有初始分配方案，也就是现状基尼系数。

基尼系数的实质是对分配平等程度的一个量化，基于基尼系数的污染负荷分配，就是利用基尼系数反映公平程度的特性，作为修改分配方案的依据。一般的做法是先选取几个影响污染负荷分配的重要指标，如社会、经济、资源、环境等，分别建立其与污染物排放量的洛伦兹曲线，计算各指标对应的基尼系数(现状基尼系数)，按照基尼系数所处的区间，判定现状分配方案的公平程度；然后多次调整各计算单元的分配量，重新计算对应的基尼系数，使得所有基尼系数均小于或等于现状基尼系数，从而提高分配的公平程度，在实施中更容易被企业接受[6]。

3. 评价指标的选取

采用基尼系数进行污染负荷分配，选取对负荷分配影响最大的指标至关重要，这也是决定分配方案能否被接受的重要因素。因此，评价指标的选取应该全面考虑经济、社会、人口、资源和技术等，但是选取的指标也不宜过多，一般以 3～6 个为准。目前，大多数评价指标以 GDP、人口、资源为主，很少考虑技术水平和产业结构差异，导致清洁产业得不到鼓励，甚至遭受打击。环保投资也是一个重要指标，已经在污染物削减中投入大量资金，并取得效果的排污企业在再次分配中应该得到鼓励，即获得相应的允许排污量或者其他补偿。综上所述，选择以下6个评价指标来评判污染负荷分配的公平程度[6]。

(1) 人口：从人权的角度考虑，每个人应该享有平等排污量的使用权和占有权，人口-排污量的基尼系数反映了人均排污量的公平程度，因此人口作为污染负荷分配的一个重要指标很有必要。

(2) GDP：GDP是评判一个计算单元整体经济状况的重要指标，单位GDP所需的排污量越高，表明创造同等价值的经济利润时，该计算单元对生态环境的影响越大，应该承担越多的削减量，并进行内部产业结构调整，技术更新等；反之，则可以分配较多的允许排污量，鼓励其继续进行技术创新，节能生产。

(3) 用水量：水资源量作为环境资源是不可人为控制的，而用水量-排污量的基尼系数反映了单位用水量所负荷水污染物的差异，更能体现计算单元的用水效率，单位用水量所负荷的水污染物越少，表明该计算单元越环保，对生态环境的影响越小，应予以鼓励，分配更多的允许排污量。因此，用水量可代替水资源量作为评价指标。

(4) 工业产值：分配的允许排污量主要针对点源，而工业是点源污染的主要排放源，因此工业产值-污染物排放量的基尼系数更真实地反映了负荷分配的公平程度。

(5) 环保投资：单位环保投资负荷水污染物量反映了计算单元对环境保护的重视程度和治污的积极性，为了增强计算单元的环保意识，鼓励其治污积极性，单位环保投资下负荷水污染物少的计算单元应减少其削减量。

(6) 纳污能力：纳污能力是在考虑计算单元水质目标和水资源量的基础上，计算出来的该计算单元能够承受的最大排污量，在污染负荷分配中扮演着不可替代的角色，因此纳污能力大的计算单元应分配到更多的允许排污量[6]。

4. 指标权重的计算

信息论中，熵是对不确定性的一种度量，因此可采用熵计算各指标权重。信息量越大，不确定性就越小，熵也越小；信息量越小，不确定性越大，熵也越大。根据熵的特性，可以通过计算熵来判断一个事件的随机性及无序程度，也可以用熵来判断某个指标的离散程度，指标的离散程度越大，该指标对综合评价的影响越大，即权重越大。从污染负荷分配的角度来说，若某个指标的单位污染负荷在计算单元的差异性越大，则该指标对分配结果的影响越大，其权重也越大。以水功能区为计算单元，权重的具体计算方法如下。

假设 x_i 表示第 i 个水功能区内分配的污染物排放量(t/a)；z_{ij} 表示第 i 个水功能

区内第 j 个指标，则第 i 个水功能区第 j 个指标的单位负荷污染物量 y_{ij}(t/a) 为

$$y_{ij} = x_i / z_{ij} \tag{7.7}$$

第 i 个水功能区第 j 个指标在该指标所占的权重 p_{ij} 为

$$p_{ij} = y_{ij} \Big/ \sum_{i=1}^{n} y_{ij} \tag{7.8}$$

第 j 个指标单位负荷污染物量的信息熵 e_j 为

$$e_j = -\frac{1}{\ln n} \sum_{i=1}^{n} (p_{ij} \ln p_{ij}) \tag{7.9}$$

式中，n 为计算单元的个数。

各指标对应的权重 w_j 为

$$w_j = (1-e_j) \Big/ \sum_{j=1}^{m} (1-e_j) \tag{7.10}$$

式中，m 为评价指标的个数。

5. 模型建立

采用基尼系数进行污染负荷分配来实现公平性原则，并增加削减费用最小这个目标来实现效益性原则。

经济学上基尼系数不同范围代表的含义不能直接套用于污染负荷分配，需要考虑实际情况来确定合理的范围，这里以优化后的基尼系数均小于或等于现状基尼系数为约束，并参考李如忠等[138]提出的综合基尼系数(采用加权求和的方式综合所有指标基尼系数得到的综合值)，以综合基尼系数最小为目标。考虑到效益性原则与公平性原则同等重要，这里增加削减费用最小作为经济目标，构建一个多约束、多目标优化模型。

1) 目标函数

最小综合基尼系数为多目标优化模型的一种目标函数。

$$\min G(X_{ij}, Y_i) = \sum_{j=1}^{m} w_j G_j \tag{7.11}$$

$$G_j = 1 - \sum_{i=1}^{n} (X_{ij} - X_{i-1,j})(Y_i + Y_{i-1}) \tag{7.12}$$

式中，G_j 为各指标对应的基尼系数；$\min G(X_{ij}, Y_i)$ 为最小综合基尼系数；X_{ij} 为第 i 个水功能区第 j 个指标百分比的累计值；Y_i 为第 i 个水功能区现状排污量或负

荷分配量百分比的累计值。

另一种目标函数是以万元投资污染物削减率为基础，计算削减费用，使得削减费用最小

$$\min F(x_i)=\sum_{i=1}^{n} Z_i / \mathrm{WXJ}_i \tag{7.13}$$

$$Z_i=\frac{x_{(0)i}-x_i}{x_{(0)i}} \tag{7.14}$$

式中，$\min F(x_i)$ 为最小削减费用函数(万元)；Z_i 为第 i 个水功能区对应的削减率；WXJ_i 为第 i 个水功能区对应的万元投资污染物削减率；$x_{(0)i}$ 为现状排污量(t/a)。

2) 约束条件

(1) 公平性约束。为确保优化后的基尼系数不会比现状基尼系数更差，使公平性有所增加。对于较小的现状基尼系数，可以采用弹性约束，即优化后的基尼系数近似小于现状基尼系数。

$$G_j \leqslant G_{0(j)} \tag{7.15}$$

式中，$G_{0(j)}$ 为第 j 个指标的现状基尼系数。

(2) 削减率约束。确定控制总量后，计算总的削减率，考虑到各水功能区的削减能力不同，确定一个削减率上下限 P_2 和 P_1，其范围可选择 10%～20%，可根据水功能区具体的排放情况及纳污能力进行调整。

$$P_1 \leqslant \frac{x_{(0)i}-x_i}{x_{(0)i}} \leqslant P_2 \tag{7.16}$$

(3) 总量控制约束。各分区分配的排污量之和应小于等于扣除安全余量后的纳污能力，即

$$\sum_{i=1}^{n} x_i \leqslant (1-\mu)M \tag{7.17}$$

式中，M 为纳污能力(t/a)；μ 为安全余量占纳污能力的百分比，一般取 5%～10%。

6. 模型求解

1) 多目标优化问题

从上述模型可以看出，污染负荷分配是一个多约束、多目标的优化问题，比单目标优化问题更复杂。在多目标优化问题中，约束各自独立，因此无法直接比较任意两个解的优劣。

(1) 多目标解集的相关概念。

最优解 X^*：在区间 D 中，X^* 的函数值比其他任何点的函数值都小，即 $f(X^*) \leqslant f(X)$，则 X^* 为优化问题的最优解。

劣解 X^*：在区间 D 中存在 X 使其函数值小于 X^* 的函数值，即 $f(X) \leqslant f(X^*)$，即存在比 X^* 更优的解。

非劣解 X^*：在区间 D 中不存在 X 使 $f(X)$ 全部小于 X^* 的函数值 $f(X^*)$。

非劣最优解 x_u：决策变量 $x_u \in R^n$ 称为多目标问题的非劣最优解，当且仅当不存在决策变量 $x_v \in R^n$，使得相应的目标向量 $v = f[x_v \in R^n] = [v_1, v_2, \cdots, v_n]$ 优于 $u = f[x_u \in R^n] = [u_1, u_2, \cdots, u_n]$，即 $v > u$。

多目标优化问题中，存在绝对最优解的可能性很小，而劣解没有意义，因此通常求其非劣最优解来解决问题。所有非劣最优解组成的集合称为多目标优化问题的最优解集，相应的非劣最优解的目标向量称为非占优的目标向量，所有非占优的目标向量构成多目标优化问题的非劣最优目标域，即帕累托前沿(Pareto front)。

(2) 多目标优化问题的传统求解方法。

多目标优化问题的求解方法分为直接法和间接法两类。直接法即先直接求出非劣解，然后再选择较好的解[6]。间接法即将多目标优化问题转化为单目标优化问题或将多目标优化问题转化为一系列单目标优化问题。

目前多目标优化问题的传统求解方法主要有以下五种。

主要目标法：选出几个目标函数中最重要的函数作为主要目标，其他目标函数作为约束条件，然后用单目标求解方法求解。本方法的关键是主要目标函数的选择，因此对决策者的专业要求较高。

线性加权法：顾名思义，该方法就是考虑各目标的重要程度，先赋予各目标函数不同的权重，将多目标问题转化为一个线性加权和函数，然后用单目标求解方法求解。该方法的关键是权重的确定。

理想点法：以各目标函数的非劣最优解作为理想点，不断向该点逼近。具体做法是先求出各目标函数的非劣最优解，然后构造各目标函数距离各自非劣最优解的距离作为一个新的单目标函数，求其非劣最优解。该方法的目标是希望每个目标函数都能达到最优。

功效系数法：该方法通过计算各目标函数的功效系数，并以其几何均值组成的目标函数作为评价函数。因此，功效函数的计算至关重要，且功效函数计算中的满意值和不允许值很难确定，不容易操作。而功效函数法有一个优点，只要有一个分目标不被接受，整个方案就排除了，比较简单直观。

分层序列法：按照目标函数的优先次序进行优化。先对目标函数的重要程度进行排序，求解第一个目标函数，然后在第一个目标函数的解集内，求第二个目标函数的最优解，依次求解至最后一个目标函数。

上述传统求解方法大多将多目标问题转化为单目标问题处理，要求决策者对问题本身有很强的先验认识，但这些方法计算效率较低，鲁棒性差，难以处理实际多目标优化问题。

(3) 进化算法。

进化算法的出现为多目标优化问题指出了一条新的道路。该方法是对生物进化过程的一种数字仿真，它模拟由个体组成的一个群体的集体学习过程。每个个体代表给定问题搜索空间中的一个点，通过随机选择、交叉和变异等过程，使群体进入搜索空间中越来越好的区域(越来越接近目标函数的位置)。

进化算法在求解多目标优化问题上有独特优点。首先，进化的操作规律是概率性的而非确定性的，在搜索过程中不易陷入局部最优；其次，由于进化算法有固定的并行性，进化结果不局限于单值解，非常适合求解复杂的多目标问题；最后，进化算法不需要其他先验性，能够解决实际多目标优化问题。

多目标进化算法分为两类，分别为基于帕累托定律和不基于帕累托定律的进化算法。所谓帕累托最优就是对于一个决策变量，不存在至少一个目标更好而其他目标不劣的其他决策变量。就所有目标而言，帕累托最优解中的元素两两之间不可比较，进化算法大多基于帕累托定律，已经应用于解决很多多目标优化问题，取得较好的效果[6]。

2) 带精英策略的快速非支配排序遗传算法

带精英策略的快速非支配排序遗传算法(non-dominated sorting genetic algorithm Ⅱ，NSGA-Ⅱ)是目前应用广泛的解决多目标优化问题的有效算法，它降低了非劣排序遗传算法的复杂性，具有运行速度快，解集收敛性好的优点，成为其他多目标优化算法性能的评价基准。该算法在生产调度、交通与物流优化、电力系统优化等领域有着广泛应用并取得良好效果，其在水利方面的应用主要体现在水库优化调度、水资源优化配置等方向。采用 NSGA-Ⅱ算法对模型进行求解，其求解流程如下[139]。

步骤 1：采用随机生成的方式初始化父种群，种群数目以 100 左右为宜。

步骤 2：对目标函数值进行排序并判断可行解，进行快速非支配分层排序。

步骤 3：对非支配排序后的初始种群进行选择、交叉、变异操作，生成第一代子种群 Q_t。

步骤 4：从第二代开始，将父种群与子种群合并为 R_t，进行快速非支配排序。

步骤 5：对每个非支配层中的个体进行拥挤度计算，根据非支配关系及个体的拥挤度选取合适的个体组成新的父种群。

步骤 6：达到满足程序结束的条件后，算法终止，否则返回步骤 2。

步骤 7：达到最大迭代次数后输出满足条件的解(100 个左右)，即两个目标函数值，以两个目标函数值分别为 x 轴和 y 轴绘制散点图，得到帕累托曲线。

具体的 NSGA-Ⅱ算法计算流程见图 7.2。

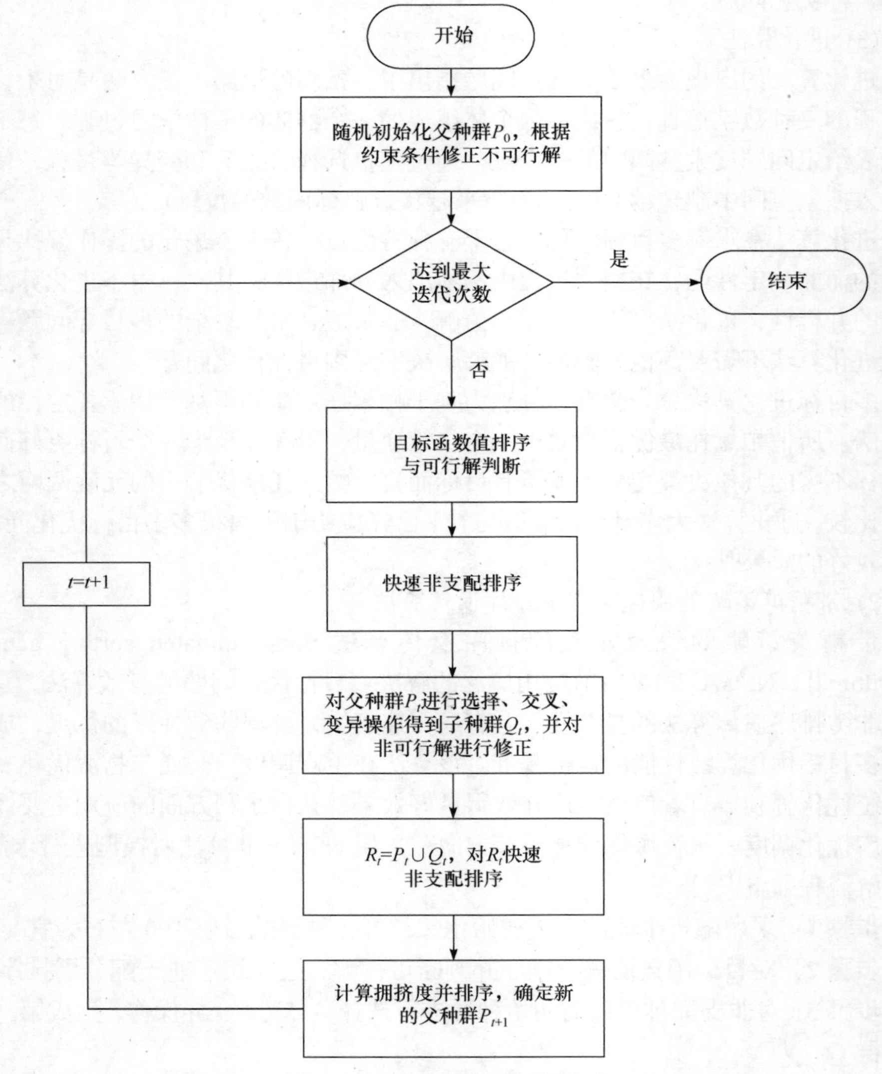

图 7.2　NSGA-Ⅱ算法计算流程

7.3.2　排污口之间的分配

计算出各水功能区的允许排污量后，需要继续对各水功能区内的排污口进行负荷分配。排污口点源层面的分配遵循效益性原则：当水功能区工业点源分配量有剩余时，在各排污口达标排放的情况下则维持现状；当水功能区工业点源分配量不足时，采用线性规划法，以水功能区的工业总产值最大为目标，得到各排污口的污染物分配方案如下。

1) 目标函数

$$\max f_i(x)=\sum_{j=1}^{n}C_{ij}x_{ij}\quad(j=1,2,3,\cdots,n) \tag{7.18}$$

式中，$\max f_i(x)$ 为第 i 个水功能区的最大工业总产值(万元)；C_{ij} 为第 i 个水功能区第 j 个入河排污口单位负荷量产生的 GDP[万元/(t/a)]；x_{ij} 为第 i 个水功能区中第 j 个排污口所分配的污染物排放量(t/a)[140]。

2) 约束条件

(1) 污染物总分配量约束。各排污口分配的排污量之和应小于或等于该水功能区分配的污染物排放量。

$$\sum_{j=1}^{n}x_{ij}L_{ij}(x)\leqslant x_i \tag{7.19}$$

式中，x_i 为第 i 个水功能区分配的污染物排放量(t/a)；$L_{ij}(x)$ 为第 i 个水功能区中第 j 个排污口的入河系数，由排污口位置与河流距离确定，一般为 0.8～1.0。

(2) 削减率约束。同水功能区之间的分配类似，考虑到各排污口的削减能力不同，确定削减率上下限分别为 P_2' 和 P_1'，范围一般在 10%～20%，可根据实际排污情况和技术情况进行弹性调整。

$$P_1'\leqslant\frac{x_{(0)ij}-x_{ij}}{x_{(0)ij}}\leqslant P_2' \tag{7.20}$$

式中，$x_{(0)ij}$ 为第 i 个水功能区中第 j 个排污口的现状排污量(t/a)。

7.4　污染负荷分配实例分析

以渭河干流陕西段为例验证兼顾公平性和效益性原则的污染负荷分配层次模型的实用性与合理性。首先，以污染物总量控制的技术流程和总量控制目标为原则确定渭河干流陕西段 2015 年 COD 和氨氮的总量控制目标；其次，分别采用传统的等比例分配法和污染负荷分配层次模型进行渭河干流陕西段污染负荷分配，得到不同的分配方案；最后，对比分析两种方法所得分配方案的差异，验证污染负荷分配层次模型的合理性和实用性[6]。

安全余量取纳污能力的 5%，纳污能力选取年-所有月排频综合计算模型在 90%设计频率下的计算结果，则渭河干流陕西段水污染物 COD 年总量控制目标为 77741.73t，NH_3-N 年总量控制目标为 2438.98t。

7.4.1　等比例分配法计算结果

基于等比例分配法的 COD 和 NH_3-N 负荷分配结果分别见表 7.1 和表 7.2。

表 7.1　基于等比例分配法的 COD 年负荷分配结果　　(单位：t)

水功能区名称	水功能区分配总量	排污口名称	排污口允许排污量	排污口削减量
甘陕缓冲区	390.12	天水制药厂排污口	65.86	36.55
		天水卷烟厂排污口	36.46	20.24
		小水河	43.63	24.21
		峡石河	69.35	38.49
		塔梢河	152.99	84.91
		宝氮北	21.83	12.12
宝鸡农用用水区	189.02	福林堡	28.09	15.59
		钢管厂北	8.19	4.55
		新建路排污口	62.60	34.74
		三医院排污	22.20	12.32
		电厂北	67.94	37.71
宝鸡市景观区	532.34	老桥东	93.90	52.11
		新桥	75.43	41.87
		铁五处	166.41	92.35
		滨河路东	92.01	51.06
		金陵河	104.59	58.05
宝鸡市排污控制区	940.75	石坝河	162.75	90.32
		石油厂南	255.13	141.59
		龙山河	234.26	130.01
		商校北	135.30	75.09
		103 仓库南	153.31	85.09

续表

水功能区名称	水功能区分配总量	排污口名称	排污口允许排污量	排污口削减量
宝鸡市过渡区	2015.25	变电站南	548.60	304.47
		电机段南	319.43	177.28
		棉纺厂南	491.50	272.77
		纤维板厂东	585.46	324.93
		清水河	70.26	38.99
宝眉工业、农业用水区	2348.40	姬家店	484.29	268.78
		应化厂	337.46	187.28
		马尾河	429.72	238.49
		市化工厂南	863.45	479.20
		清溪河	233.48	129.58
杨凌农业、景观用水	906.37	虢镇	169.86	94.27
		伐鱼河	191.20	106.11
		同新渠	74.36	41.27
		西荀村	287.01	159.29
		疙瘩沟	183.94	102.08
咸阳工业用水区	4638.22	瓮峪河	606.11	336.39
		同峪河	287.85	159.76
		黄家庙	730.64	405.50
		陕汽技校	1424.83	790.77
		龚刘西	734.44	407.60
		梅惠渠	854.35	474.16
咸阳市景观用水区	1681.53	霸王河	335.27	186.07
		西沙河	73.08	40.56
		普集	345.54	191.77
		阳化河	291.13	161.57
		兴平段家	429.16	238.18
		新河	207.35	115.08

续表

水功能区名称	水功能区分配总量	排污口名称	排污口允许排污量	排污口削减量
咸阳排污控制区	415.67	两寺渡	72.50	40.24
		彩电厂	100.95	56.02
		西防洪渠	87.73	48.69
		公路桥	30.03	16.67
		公园西	44.47	24.68
		公园东	79.99	44.39
咸阳西安过渡区	7016.27	果品公司	783.00	434.56
		铁路桥	869.72	482.69
		3503 厂	1462.42	811.63
		助剂厂	1996.40	1107.97
		皂河	429.16	238.18
		漕运渠	1475.57	818.93
临潼农业用水区	15975.65	华山分厂	4904.95	2722.19
		幸福渠	2991.96	1660.51
		临河	2165.26	1201.69
		新丰河	2813.32	1561.37
		陵雨干渠	3100.16	1720.56
渭南农业用水区	31492.89	化工厂	19063.72	10580.16
		赤水河	6839.11	3795.64
		石堤河	5590.06	3102.43
华阴入黄缓冲区	9199.23	方山河	4081.86	2265.39
		罗夫河	2874.01	1595.04
		潼关县	2243.36	1245.04

表 7.2　基于等比例分配法的 NH_3-N 年负荷分配结果　　(单位：t)

水功能区名称	水功能区分配总量	排污口名称	排污口允许排污量	排污口削减量
甘陕缓冲区	5.20	天水制药厂排污口	1.54	0.42
		天水卷烟厂排污口	1.31	0.36
		小水河	0.41	0.11
		峡石河	0.66	0.18
		塔梢河	0.71	0.19
		宝氮北	0.57	0.16

续表

水功能区名称	水功能区分配总量	排污口名称	排污口允许排污量	排污口削减量
宝鸡农用用水区	10.92	福林堡	2.06	0.57
		钢管厂北	1.29	0.35
		新建路排污口	0.81	0.22
		三医院排污	2.67	0.74
		电厂北	4.09	1.13
宝鸡市景观区	29.62	老桥东	8.34	2.30
		新桥	3.89	1.07
		铁五处	6.77	1.87
		滨河路东	3.95	1.09
		金陵河	6.67	1.84
宝鸡市排污控制区	49.29	石坝河	12.26	3.37
		石油厂南	6.60	1.82
		龙山河	10.99	3.03
		商校北	10.03	2.76
		103 仓库南	9.41	2.59
宝鸡市过渡区	75.82	变电站南	12.87	3.54
		电机段南	8.78	2.42
		棉纺厂南	23.24	6.40
		纤维板厂东	16.58	4.57
		清水河	14.35	3.95
宝眉工业、农业用水区	118.98	姬家店	21.77	6.00
		应化厂	19.12	5.26
		马尾河	12.07	3.32
		市化工厂南	52.39	14.42
		清溪河	13.63	3.75
杨凌农业、景观用水	30.89	虢镇	9.75	2.68
		伐鱼河	4.67	1.29
		同新渠	6.77	1.87
		西苟村	4.53	1.25
		疙瘩沟	5.17	1.42

续表

水功能区名称	水功能区分配总量	排污口名称	排污口允许排污量	排污口削减量
咸阳工业用水区	88.12	瓮峪河	14.20	3.91
		同峪河	16.52	4.55
		黄家庙	15.82	4.35
		陕汽技校	12.84	3.54
		龚刘西	9.36	2.58
		梅惠渠	19.38	5.34
咸阳市景观用水区	89.98	霸王河	15.40	4.24
		西沙河	8.81	2.43
		普集	18.58	5.11
		阳化河	18.94	5.22
		兴平段家	15.25	4.20
		新河	13.00	3.58
咸阳排污控制区	36.36	两寺渡	4.95	1.36
		彩电厂	7.48	2.06
		西防洪渠	3.23	0.89
		公路桥	8.70	2.39
		公园西	5.90	1.62
		公园东	6.10	1.68
咸阳西安过渡区	243.24	果品公司	41.25	11.36
		铁路桥	38.77	10.67
		3503 厂	15.26	4.20
		助剂厂	74.50	20.51
		皂河	41.27	11.37
		漕运渠	32.19	8.87
临潼农业用水区	346.55	华山分厂	132.94	36.61
		幸福渠	43.49	11.97
		临河	77.21	21.26
		新丰河	52.04	14.33
		陵雨干渠	40.87	11.25

续表

水功能区名称	水功能区分配总量	排污口名称	排污口允许排污量	排污口削减量
渭南农业用水区	918.26	化工厂	504.86	139.01
		赤水河	105.65	29.09
		石堤河	307.75	84.74
华阴入黄缓冲区	395.73	方山河	76.25	21.00
		罗夫河	210.96	58.09
		潼关县	108.52	29.88

7.4.2　污染负荷分配层次模型计算结果

1. 水功能区分配结果

采用 NSGA-Ⅱ对污染负荷分配层次模型进行求解，得到 COD 和 NH_3-N 的多目标分配帕累托曲线分别如图 7.3 和图 7.4 所示。

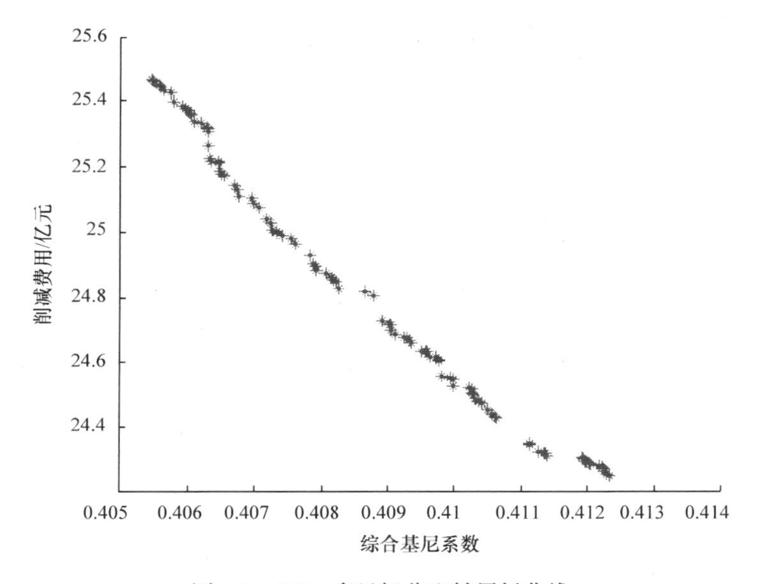

图 7.3　COD 多目标分配帕累托曲线

图 7.3 和图 7.4 中每一个点都是一个分配方案，每一个分配方案在同等条件下都是最优的，为决策者提供了可靠的方案集。

分别选取上述方案集中综合基尼系数最大和最小的两组结果，对比优化后的各指标基尼系数与现状基尼系数，如表 7.3 所示。

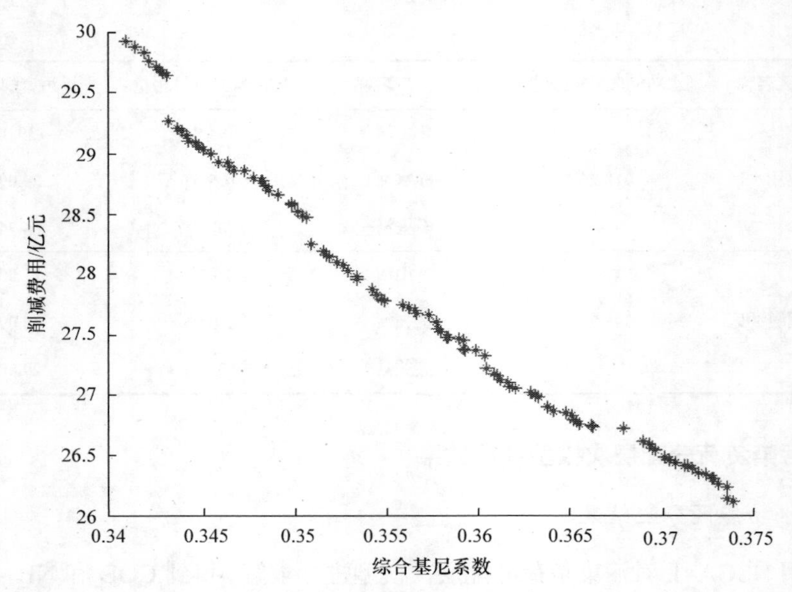

图 7.4　NH_3-N 多目标分配帕累托曲线

表 7.3　优化后各指标基尼系数与现状基尼系数对比

指标	COD					NH_3-N				
	现状基尼系数	综合基尼系数最小	减小幅度/%	综合基尼系数最大	减小幅度/%	现状基尼系数	综合基尼系数最小	减小幅度/%	综合基尼系数最大	减小幅度/%
人口	0.537	0.436	18.808	0.443	17.505	0.485	0.424	12.577	0.447	7.835
GDP	0.573	0.416	27.400	0.421	26.527	0.527	0.423	19.734	0.445	15.560
用水量	0.532	0.415	21.992	0.419	21.241	0.473	0.397	16.068	0.416	12.051
工业产值	0.552	0.436	21.014	0.441	20.109	0.506	0.415	17.984	0.437	13.636
环保投资	0.441	0.314	28.798	0.323	26.757	0.412	0.346	16.019	0.370	10.194
纳污能力	0.194	0.048	75.258	0.061	68.557	0.194	0.081	58.247	0.125	35.567
综合基尼系数	0.552	0.406	26.449	0.412	25.362	0.438	0.341	22.146	0.373	14.840

由表 7.3 可以看出，经优化后，各指标基尼系数比现状基尼系数小，表示分配结果基本能够被排污者接受。优化计算后各指标基尼系数均有不同幅度的降低，说明污染负荷分配的公平性得到了进一步提升。

选择综合基尼系数最大及最小的两组结果，其对应的 COD 和 NH_3-N 污染负荷分配方案，如分配量、削减率及削减量占总削减量百分比(削减量占比)分别见

表 7.4 和表 7.5。

表 7.4　渭河干流陕西段 COD 分配方案

序号	水功能区名称	综合基尼系数最小			综合基尼系数最大		
		分配量/t	削减率/%	削减量占比/%	分配量/t	削减率/%	削减量占比/%
1	甘陕缓冲区	606.63	0.00	0.00	606.63	0.00	0.00
2	宝鸡农用用水区	293.93	0.00	0.00	293.93	0.00	0.00
3	宝鸡市景观区	692.79	16.31	0.30	692.80	16.31	0.31
4	宝鸡市排污控制区	1273.53	12.94	0.43	1272.62	13.00	0.44
5	宝鸡市过渡区	2658.73	15.16	1.07	2658.47	15.17	1.10
6	宝眉工业、农业用水区	3651.74	0.00	0.00	3651.74	0.00	0.00
7	杨凌农业、景观用水	1409.40	0.00	0.00	1409.40	0.00	0.00
8	咸阳工业用水区	7212.39	0.00	0.00	7212.39	0.00	0.00
9	咸阳市景观用水区	2614.76	0.00	0.00	2614.76	0.00	0.00
10	咸阳排污控制区	646.37	0.00	0.00	646.37	0.00	0.00
11	咸阳西安过渡区	8184.91	24.98	6.13	8240.52	24.47	6.18
12	临潼农业用水区	13885.56	44.10	24.63	13707.31	44.82	25.76
13	渭南农业用水区	24091.84	50.80	55.95	24183.40	50.62	57.36
14	华阴入黄缓冲区	9194.18	35.73	11.49	10480.73	26.73	8.85

表 7.5　渭河干流陕西段 NH_3-N 分配方案

序号	水功能区名称	综合基尼系数最小			综合基尼系数最大		
		分配量/t	削减率/%	削减量占比/%	分配量/t	削减率/%	削减量占比/%
1	甘陕缓冲区	6.63	0.00	0.00	6.63	0.00	0.00
2	宝鸡农用用水区	13.93	0.00	0.00	13.93	0.00	0.00
3	宝鸡市景观区	28.56	24.40	1.06	29.41	22.15	1.17
4	宝鸡市排污控制区	53.70	14.57	1.06	54.56	13.20	1.16
5	宝鸡市过渡区	76.91	20.47	2.29	76.36	21.03	2.85
6	宝眉工业、农业用水区	130.71	13.86	2.43	129.77	14.48	3.07
7	杨凌农业、景观用水	39.40	0.00	0.00	39.40	0.00	0.00
8	咸阳工业用水区	112.39	0.00	0.00	112.39	0.00	0.00

续表

序号	水功能区名称	综合基尼系数最小			综合基尼系数最大		
		分配量/t	削减率/%	削减量占比/%	分配量/t	削减率/%	削减量占比/%
9	咸阳市景观用水区	101.08	11.92	1.58	101.11	11.89	1.91
10	咸阳排污控制区	36.97	20.27	1.09	37.08	20.03	1.30
11	咸阳西安过渡区	273.28	11.91	4.27	273.86	11.72	5.09
12	临潼农业用水区	344.51	22.05	11.25	344.63	22.02	13.62
13	渭南农业用水区	737.22	37.05	50.09	773.15	33.98	55.70
14	华阴入黄缓冲区	289.21	42.70	24.88	403.76	20.00	14.13

由计算结果可以看出，多目标负荷分配方案整体符合多排污多削减的思想，且下游区域削减率较大。其中，宝鸡市景观区、临潼农业用水区、渭南农业用水区和华阴入黄缓冲区的削减率较高，主要是因为这些水功能区单位用水量负荷水污染物量比其纳污能力大。华阴入黄缓冲区削减率较高的主要原因是其工业产值和环保投资百分比相对排污量更小，可能是技术落后导致的，应该改进技术，提高工业产值、增大环保投入。甘陕缓冲区、宝鸡农用用水区等水功能区的削减率为 0%，表示这些水功能区的现状排污量并未超过其纳污能力，因此按现状排放。此外，宝鸡市排污控制区，宝眉工业、农业用水区，咸阳市景观用水区和咸阳西安过渡区等水功能区削减量较小，这是因为其单位用水量负荷水污染物量小，且咸阳西安过渡区纳污能力较大。

多目标污染负荷分配方法考虑了不同计算单元社会、经济、资源等因素的差异，并在分配方案中体现出来，更容易被排污者接受。

2. 排污口分配结果

选取水功能区分配计算结果中基尼系数最大的 COD 和 NH_3-N 分配方案进行排污口的负荷分配。各排污口 COD 和 NH_3-N 的负荷分配结果分别见表 7.6 和表 7.7。

表 7.6　各排污口 COD 负荷分配结果　　(单位：t)

水功能区名称	水功能区分配总量	排污口名称	排污口允许排污量	排污口削减量
甘陕缓冲区	606.63	天水制药厂排污口	102.40	0.00
		天水卷烟厂排污口	56.70	0.00
		小水河	67.84	0.00
		峡石河	107.84	0.00
		塔梢河	237.90	0.00
		宝氮北	33.95	0.00

续表

水功能区名称	水功能区分配总量	排污口名称	排污口允许排污量	排污口削减量
宝鸡农用用水区	293.93	福林堡	43.68	0.00
		钢管厂北	12.74	0.00
		新建路排污口	97.34	0.00
		三医院排污	34.52	0.00
		电厂北	105.65	0.00
宝鸡市景观区	692.80	老桥东	119.39	26.62
		新桥	105.57	11.73
		铁五处	207.01	51.75
		滨河路东	114.45	28.61
		金陵河	146.38	16.26
宝鸡市排污控制区	1272.62	石坝河	227.76	25.31
		石油厂南	357.05	39.67
		龙山河	304.93	59.34
		商校北	168.31	42.08
		103 仓库南	214.57	23.84
宝鸡市过渡区	2658.47	变电站南	767.75	85.31
		电机段南	447.05	49.67
		棉纺厂南	611.42	152.85
		纤维板厂东	733.92	176.47
		清水河	98.33	10.93
宝眉工业、农业用水区	3651.74	姬家店	753.07	0.00
		应化厂	524.74	0.00
		马尾河	668.21	0.00
		市化工厂南	1342.65	0.00
		清溪河	363.07	0.00
杨凌农业、景观用水	1409.40	虢镇	264.13	0.00
		伐鱼河	297.31	0.00
		同新渠	115.63	0.00
		西荀村	446.31	0.00
		疙瘩沟	286.02	0.00

续表

水功能区名称	水功能区分配总量	排污口名称	排污口允许排污量	排污口削减量
咸阳工业用水区	7212.39	瓮峪河	942.50	0.00
		同峪河	447.61	0.00
		黄家庙	1136.14	0.00
		陕汽技校	2215.60	0.00
		龚刘西	1142.03	0.00
		梅惠渠	1328.51	0.00
咸阳市景观用水区	2614.76	霸王河	521.34	0.00
		西沙河	113.64	0.00
		普集	537.31	0.00
		阳化河	452.70	0.00
		兴平段家	667.34	0.00
		新河	322.43	0.00
咸阳排污控制区	646.37	两寺渡	112.74	0.00
		彩电厂	156.97	0.00
		西防洪渠	136.42	0.00
		公路桥	46.71	0.00
		公园西	69.15	0.00
		公园东	124.38	0.00
咸阳西安过渡区	8240.52	果品公司	852.28	365.27
		铁路桥	961.78	390.64
		3503 厂	2046.65	227.41
		助剂厂	2173.05	931.31
		皂河	600.61	66.73
		漕运渠	1606.15	688.35
临潼农业用水区	13707.31	华山分厂	5099.88	2527.25
		幸福渠	2326.24	2326.24
		临河	1683.48	1683.48
		新丰河	2187.35	2187.35
		陵雨干渠	2410.36	2410.36

续表

水功能区名称	水功能区分配总量	排污口名称	排污口允许排污量	排污口削减量
渭南农业用水区	24183.40	化工厂	11857.55	17786.32
		赤水河	4502.61	6132.14
		石堤河	7823.24	869.25
华阴入黄缓冲区	10480.73	方山河	4443.08	1904.18
		罗夫河	3128.34	1340.72
		潼关县	2909.32	579.08

表 7.7　各排污口 NH_3-N 负荷分配结果　(单位：t)

水功能区名称	水功能区分配总量	排污口名称	排污口允许排污量	排污口削减量
甘陕缓冲区	6.63	天水制药厂排污口	1.96	0.00
		天水卷烟厂排污口	1.67	0.00
		小水河	0.53	0.00
		峡石河	0.84	0.00
		塔梢河	0.90	0.00
		宝氮北	0.73	0.00
宝鸡农用用水区	13.93	福林堡	2.63	0.00
		钢管厂北	1.64	0.00
		新建路排污口	1.03	0.00
		三医院排污	3.41	0.00
		电厂北	5.22	0.00
宝鸡市景观区	29.41	老桥东	9.56	1.06
		新桥	3.47	1.49
		铁五处	6.05	2.59
		滨河路东	4.37	0.67
		金陵河	5.96	2.55
宝鸡市排污控制区	54.56	石坝河	14.07	1.56
		石油厂南	6.74	1.68
		龙山河	11.45	2.57
		商校北	11.51	1.28
		103 仓库南	10.79	1.20

续表

水功能区名称	水功能区分配总量	排污口名称	排污口允许排污量	排污口削减量
宝鸡市过渡区	76.36	变电站南	11.49	4.92
		电机段南	10.08	1.12
		棉纺厂南	23.52	6.12
		纤维板厂东	14.80	6.35
		清水河	16.47	1.83
宝眉工业、农业用水区	129.77	姬家店	22.22	5.55
		应化厂	21.94	2.44
		马尾河	12.31	3.08
		市化工厂南	57.65	9.16
		清溪河	15.65	1.74
杨凌农业、景观用水	39.40	虢镇	12.43	0.00
		伐鱼河	5.96	0.00
		同新渠	8.64	0.00
		西荀村	5.78	0.00
		疙瘩沟	6.59	0.00
咸阳工业用水区	112.39	瓮峪河	18.11	0.00
		同峪河	21.07	0.00
		黄家庙	20.17	0.00
		陕汽技校	16.38	0.00
		龚刘西	11.94	0.00
		梅惠渠	24.72	0.00
咸阳市景观用水区	101.11	霸王河	17.68	1.96
		西沙河	10.12	1.12
		普集	21.09	2.60
		阳化河	21.74	2.42
		兴平段家	15.56	3.89
		新河	14.92	1.66

续表

水功能区名称	水功能区分配总量	排污口名称	排污口允许排污量	排污口削减量
咸阳排污控制区	37.08	两寺渡	5.68	0.63
		彩电厂	6.68	2.86
		西防洪渠	2.88	1.24
		公路桥	9.56	1.53
		公园西	5.26	2.26
		公园东	7.02	0.78
咸阳西安过渡区	273.86	果品公司	43.19	9.42
		铁路桥	46.97	2.47
		3503 厂	18.49	0.97
		助剂厂	90.25	4.75
		皂河	42.11	10.53
		漕运渠	32.85	8.21
临潼农业用水区	344.63	华山分厂	118.69	50.87
		幸福渠	49.91	5.55
		临河	79.81	18.66
		新丰河	59.73	6.64
		陵雨干渠	36.49	15.64
渭南农业用水区	773.15	化工厂	386.32	257.55
		赤水河	80.85	53.90
		石堤河	305.98	86.51
华阴入黄缓冲区	403.76	方山河	68.07	29.18
		罗夫河	238.81	30.25
		潼关县	96.88	41.52

7.4.3　污染负荷分配结果分析

1) 水功能区分配结果

选取等比例分配法计算结果和污染负荷分配层次模型中的综合基尼系数最

小及最大两组计算结果。将三组结果对应的各水功能区削减率进行对比(图 7.5 和图 7.6)可以发现，不同于等比例分配法的每个水功能区都按相同比例进行削减，在污染负荷分配层次模型中，现状排污量未超过纳污能力的水功能区按现状进行排放，不需要进行削减。除此之外，相比等比例分配法的“一刀切”式削减，污染负荷分配层次模型的计算结果能结合各水功能区的实际情况，排污较多的地区，其削减率也较大，基本符合多排污多削减的思想，更能体现公平性。

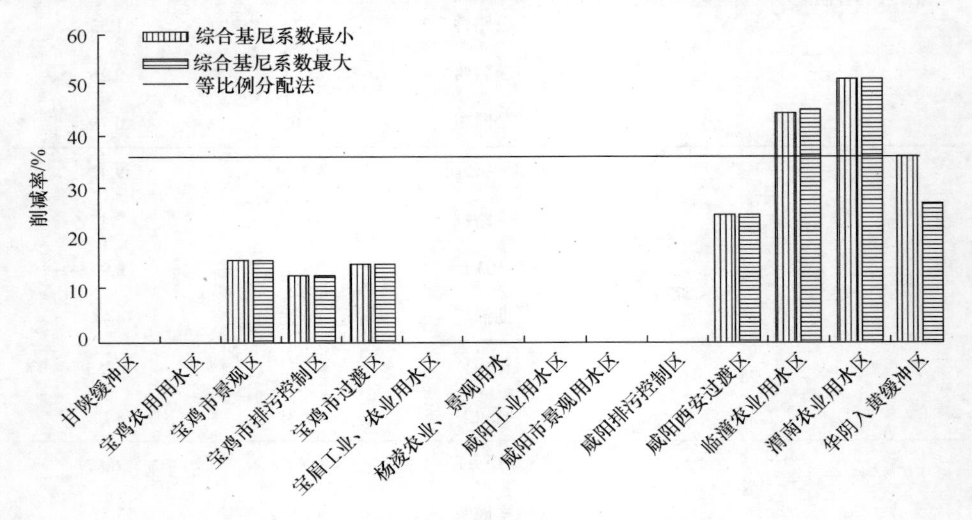

图 7.5　不同方法下各水功能区 COD 削减率

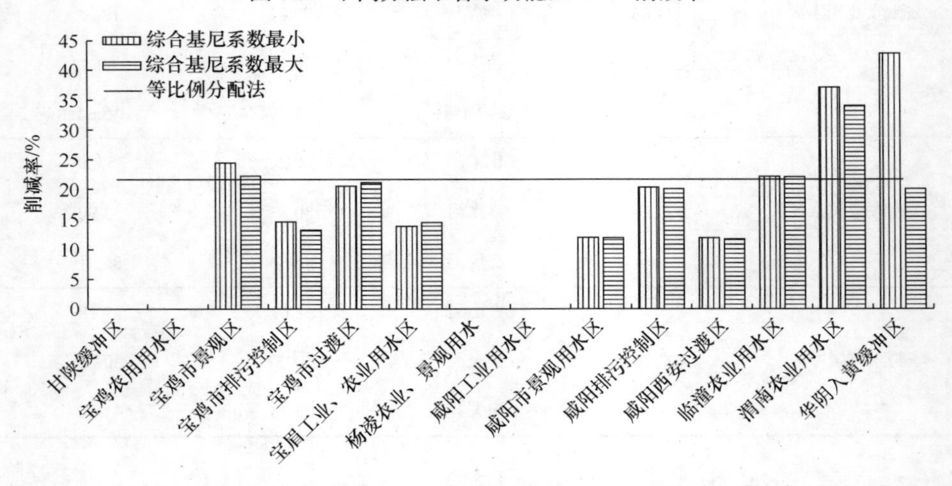

图 7.6　不同方法下各水功能区 NH_3-N 削减率

污染负荷分配层次模型各指标权重计算结果如表 7.8 所示。

表 7.8　污染负荷分配层次模型各指标权重计算结果

指标	COD			NH_3-N		
	现状基尼系数	综合基尼系数最小	综合基尼系数最大	现状基尼系数	综合基尼系数最小	综合基尼系数最大
人口	0.155	0.212	0.212	0.203	0.154	0.159
GDP	0.211	0.218	0.218	0.253	0.194	0.197
用水量	0.152	0.207	0.204	0.205	0.151	0.148
工业产值	0.189	0.196	0.200	0.213	0.170	0.184
环保投资	0.127	0.161	0.160	0.152	0.139	0.136
纳污能力	0.166	0.005	0.005	0.022	0.193	0.176

对比污染负荷分配层次模型优化后的各指标权重与现状权重可以看出，优化前后指标权重也发生了变化，但无论是优化前还是优化后，权重较大的指标为人口、GDP、用水量及工业产值四项，其中 GDP 所占权重最大。

2) 排污口分配结果

将污染负荷分配层次模型和等比例分配法计算出的各排污口削减率进行比较(图 7.7 和图 7.8)，在 COD 的负荷分配中，等比例分配法将所有排污口以 35.69% 的削减率进行削减，而污染负荷分配层次模型只对部分需要削减的排污口进行削减，除了下游咸阳西安过渡区、临潼农业用水区、渭南农业用水区和华阴入黄缓冲区四个水功能区中若干排污口削减率较大外，大部分需要削减的排污口削减率都在 10%～20%。在 NH_3-N 的负荷分配中，等比例分配法将所有排污口以 21.59% 的削减率进行削减，而污染负荷分配层次模型的计算结果中，大部分需要削减的排污口削减率也都在 10%～20%，其中宝鸡市景观区、宝鸡市过渡区、咸阳排污控制区、临潼农业用水区、渭南农业用水区和华阴入黄缓冲区这六个水功能区中有若干排污口削减率较大。

各水功能区 COD 和 NH_3-N 对应的工业产值在污染负荷分配层次模型与等比例分配法条件下的计算结果分别见图 7.9 和图 7.10。

对比图 7.9 和图 7.10 可知，污染负荷分配层次模型与等比例分配法条件下，各水功能区 COD 和 NH_3-N 对应的工业产值总体趋势一致。COD 对应的计算结果中，污染负荷分配层次模型分配结果计算的工业总产值为 713132.6 万元，等比例分配法为 679147.4 万元；NH_3-N 对应的计算结果中，污染负荷分配层次模型分配结果计算的工业总产值为 20395.07 万元，等比例分配法为 19925.08 万元。大多数水功能区污染负荷分配层次模型的分配结果对应的工业总产值大于等比例分配法，这也体现了污染负荷分配层次模型兼顾公平性与效益性的特点。

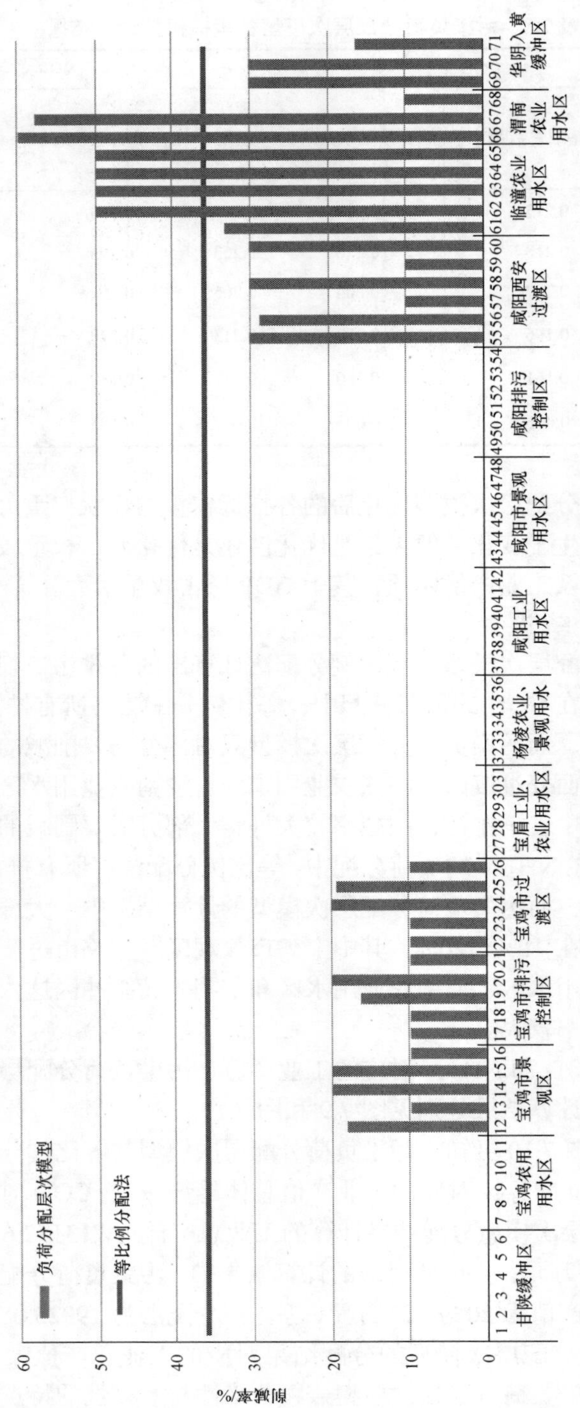

图7.7 不同方法下各排污口COD削减率

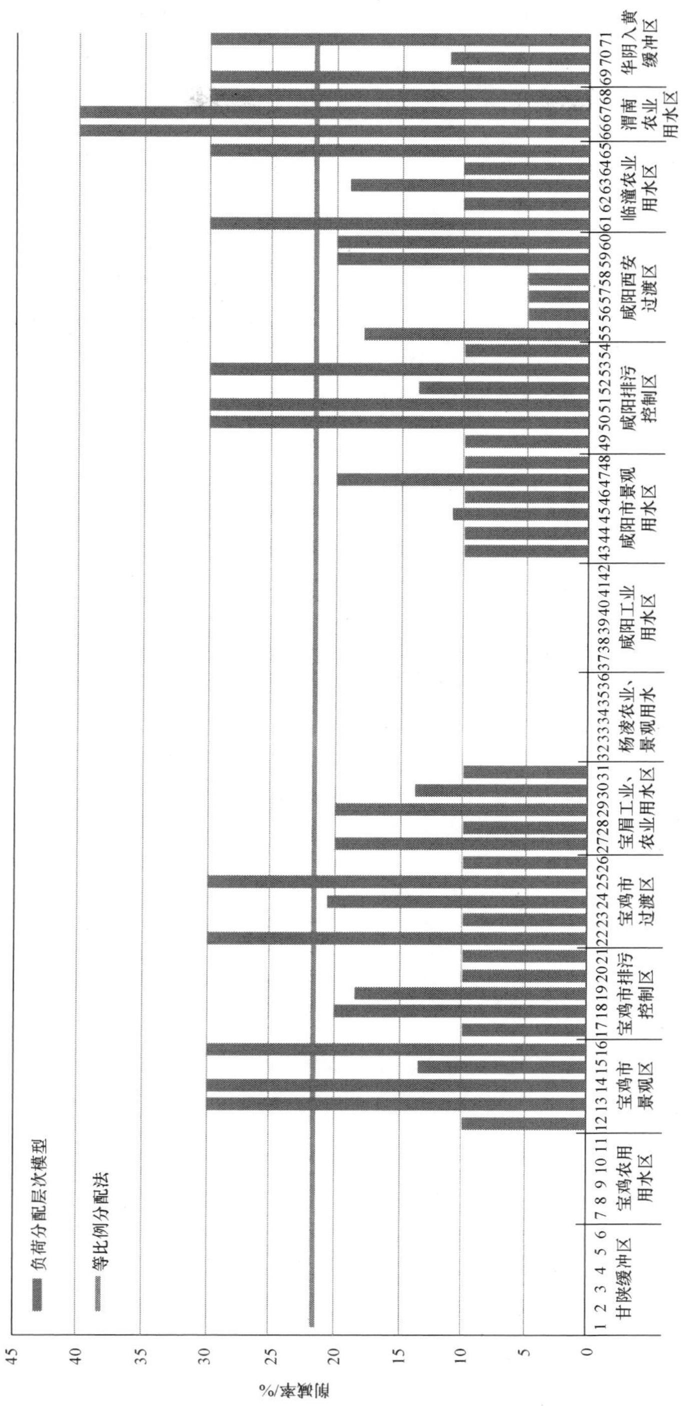

图7.8　不同方法下各排污口NH_3-N削减率

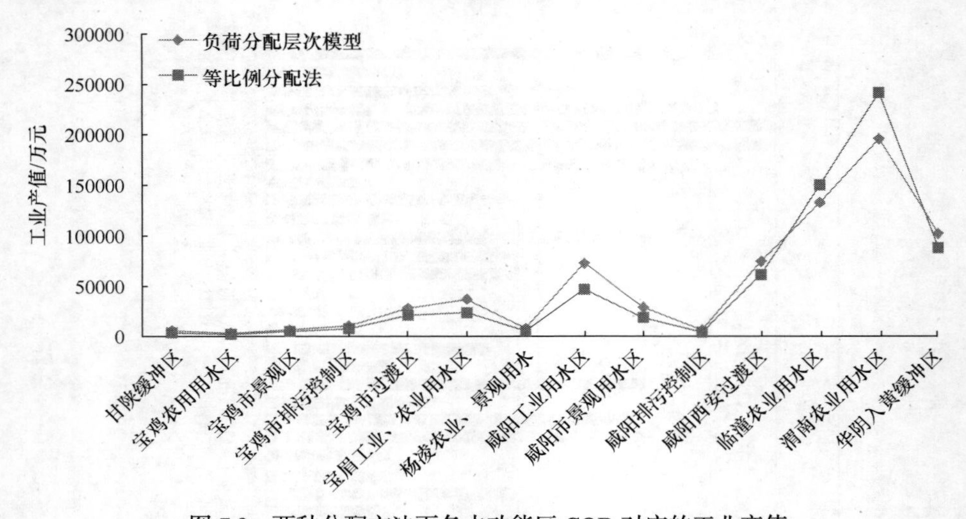

图 7.9　两种分配方法下各水功能区 COD 对应的工业产值

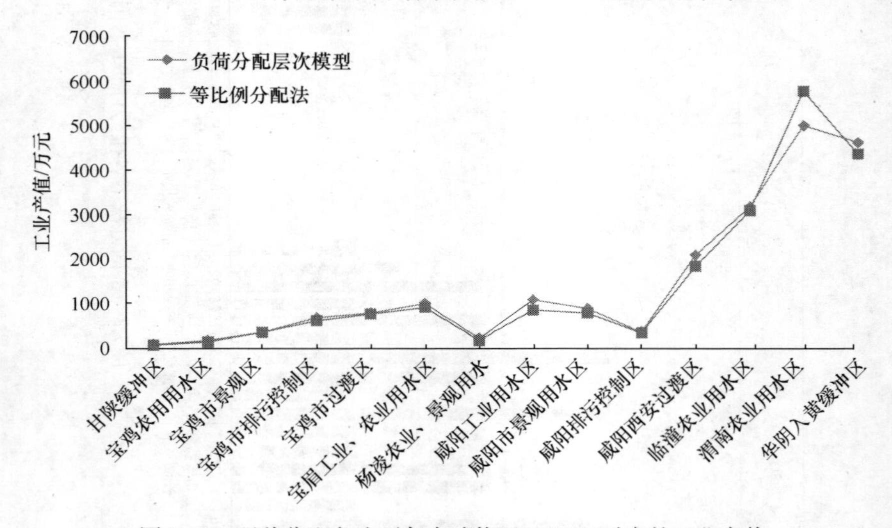

图 7.10　两种分配方法下各水功能区 NH_3-N 对应的工业产值

第 8 章　河流水功能区限制纳污考核管理

目前，水功能区考核以水质类别为标准进行达标评价，考核方式太过粗略，仅考核水质类别是否达标不足以实现最严格考核。有些水功能区可能存在考核时水质状况达标，但是其他时段水质并不达标，按照最严格的考核方式，这种情况下水质应该不达标，但在目前考核方式下却判定其水质达标。因此，在动态纳污能力研究的基础上，提出一种以纳污能力为依据的达标评价标准，并且可以根据纳污能力的动态变化实现考核的动态适应性。

8.1　水功能区动态考核体系构建

为了响应最严格水资源管理制度，确保水功能区限制纳污红线控制目标的实现，陕西省人民政府办公厅于 2013 年连续下发《陕西省人民政府关于实行最严格水资源管理制度的实施意见》(陕政发〔2013〕23 号)和《陕西省实行最严格水资源管理制度考核办法》(陕政办发〔2013〕77 号)，明确规定陕西省水资源管理考核工作的原则、组织机构、考核范围、考核内容、考核评定方法及分市区的六项指标，为陕西省水功能区考核工作的全面实施提供依据。考核指标的选取和结果直接反映该水功能区考核工作落实情况，是对该水功能区考核管理成效最直接的体现。因此，研究构建一套完善、合理的水功能区考核体系非常必要。

水功能区水质达标率是目前水功能区达标评价的主要指标，水功能区水质达标率指水质评价达标的水功能区数量占参与考核的水功能区总数量的百分比，计算公式如下：

$$\mathrm{FD}=\frac{\mathrm{FG}}{\mathrm{FN}}\times 100\% \tag{8.1}$$

式中，FD 为水功能区水质达标率(%)；FG 为达标的水功能区数量；FN 为参与考核的水功能区总数量。

影响水功能区水质达标率的因素很多，水功能区的自然属性和社会经济发展状况决定了水质状况是一个动态变化的量，因此指标选取、时间尺度和考核方式等直接影响着水质达标率的评价结果。

1) 考核指标动态

考核指标的选取直接影响水质达标率的结果，根据《地表水环境质量标准》(GB 3838—2002)，地表水基本监测项目有 24 项。考核指标动态表现在将所有的考核指标存于考核指标库中，用户可以根据水功能区实际情况选择一种指标进行考核，也可以选择几种指标组合进行考核，甚至可以选取全指标考核。当考核办法发生变化时，用户可以随时通过指标库管理功能增加新的考核指标或对现有考核指标进行调整。例如，考核渭河干流陕西段水功能区时，指标选取 COD、氨氮和高锰酸盐指数。在应用系统中可以选择对每个指标进行单独考核也可以选择 COD 和氨氮双指标、COD 和高锰酸盐指数双指标、氨氮和高锰酸盐指数双指标或是全指标考核。

2) 考核时间动态

水功能区考核一般是以水质达标率为年终考核指标，目前河流污染严重，只进行年终考核时间横向跨度较大，不利于水功能区的考核管理。因此，提出一种新的考核方式，以不同时间尺度下的河流纳污能力为考核指标。在水文数据允许的条件下，水环境保护部门可根据年纳污能力进行年终考核，水期纳污能力进行阶段考核，月纳污能力进行实时考核。

3) 考核方式动态

水功能区考核结果是一个动态变化的量，不同的考核方式得出的结果也可能不同，不同的达标评价方法也直接影响水功能区考核结果。水功能区的水质状况处于动态变化之中，对水功能区的考核也应该以动态变化而不是静态的方式。目前，主要以水质类别为依据对水功能区进行达标评价，这种考核方式不能满足动态考核需求，因此提出以纳污能力为指标的考核方式，以动态纳污能力计算模式对河流水功能区进行动态化考核。基于水质类别和纳污能力两种考核方式，给用户提供最终考核方式的决策空间。例如，两种考核方式只要任意一种考核通过即认定达标，或是两种方式都达标才认定达标，从而体现考核方式的动态化，为河流水功能区考核管理提供支撑和依据。

8.2　水功能区达标评价标准

水功能区达标评价是水功能区考核管理中一个重要环节，水功能区达标评价的方法和标准决定了水功能区考核的结果。本节运用水质类别和纳污能力两种评价方式和标准对渭河干流陕西段水功能区进行考核。其中，水质类别达标评价为目前陕西省水功能区考核的主要方式，在此基础上结合动态纳污能力计算模式提出以水功能区纳污能力为标准的新型考核方式，使水功能区考核管理与纳污能力直接联系，实现动态化的水功能区考核。

1. 水质类别达标评价

目前，水质类别达标评价主要是指以水功能区的水质类别为依据。首先，通过取样监测断面水质，分析得出水功能区监测断面实际污染物浓度。其次，以污染物在该水功能区的水质目标浓度为依据，评价该污染物在水功能区是否达标。评价标准采用《地表水环境质量标准》(GB 3838—2002)，以水功能区水质类别作为各个水功能区达标评价标准，水质类别优于或等于该水功能区的水质目标即为达标，否则不达标。当水功能区所有控制指标浓度都达标才认为该水功能区水质达标，只要有一项指标不达标则认为该水功能区水质不达标。最后，按照水质达标率模型统计出考核结果。这种考核方式以水功能区水质类别为达标评价的依据，通过水质评价方法分析得出水功能区监测断面水质浓度，从而判断该水功能区是否达标。

以水质类别作为污染物浓度达标与否的判断依据不够严谨，仅通过监测断面采样分析得到的污染物浓度与其水质类别标准比较，从而判断某项指标是否达标的评价方法过于简单，且从时间尺度上看，这种统计方式比较粗略。根据目前监测能力来看，难以实现全部连续监测和自动在线监测，仅以考核时监测断面的信息评价该水功能区某项指标是否达标不能真实客观地反映该水功能区水质状况。例如，可能在考核时段之外，该项指标在水功能区存在不达标状况，而考核时是达标的，或该项指标一直达标，仅在考核时段偶尔不达标，这些情况都是不得而知的。另外，根据河流水文特性和变化的自然特征来看，不同时间尺度、不同设计频率及不同达标评价方法都会影响水质考核结果，用固定的水质类别去考核变化条件下的水质达标状况，显然不够科学。因此，考虑一种更加全面、能够客观反映水质状况的达标评价方法显得更有必要。

2. 纳污能力达标评价

1) 纳污能力达标评价思想

根据水功能区限制纳污红线的内涵来看，其理论上监管的应当是水功能区的纳污总量，即水功能区考核管理应以水功能区纳污能力为考核标准。因此，提出一种新的水功能区达标评价办法，根据水功能区监测断面信息，利用一维水质模型将监测断面的污染物浓度换算为该水功能区实际纳污量，通过与相应时间尺度和设计频率下该水功能区的纳污能力比较，实现水功能区的动态适应性达标评价。例如，年度水功能区考核就以年尺度下的纳污能力作为考核标准，月度考核就以月尺度下的纳污能力为考核标准，不同设计频率下水功能区考核以对应设计频率下的纳污能力为考核标准。

2) 纳污能力达标评价模型

根据纳污能力达标评价方式，水质达标与否关键在于比较水功能区实际纳污量与纳污能力。用 S 表示水功能区纳污能力与实际纳污量的差，若水功能区实际纳污量小于或等于该水功能区的纳污能力 ($S \geqslant 0$)，则评定该水功能区水质为达标；若 $S<0$，则该水功能区水质不达标，提出如下计算模型：

$$S = M - M_t \tag{8.2}$$

式中，M 为水功能区纳污能力(g/s)，M_t 为该水功能区实际纳污量(g/s)。

其中，水功能区纳污能力 M 在第 2～6 章中做了详细介绍，本部分主要介绍水功能区实际纳污量 M_t 的计算思路和模型。基于纳污能力计算模型，考虑水功能区间支流汇入和取水因素。根据质量守恒原理，水功能区的实际纳污量，加上水功能区上断面经过降解后通过下断面的污染物量，再加上支流汇入和排污口的污染物到达下断面的污染物量，减去取水流量中通过自净达到下断面的污染物量，等于水功能区下断面通过的污染物总量[7]。水功能区实际纳污量计算说明如图 8.1 所示。

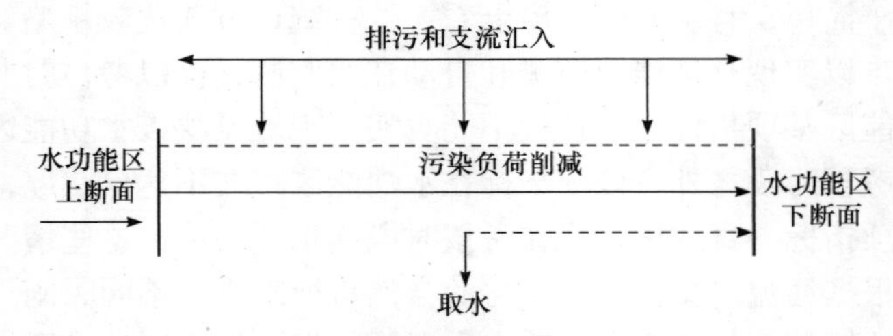

图 8.1 水功能区实际纳污量计算说明

水功能区上断面经过降解后通过下断面的污染物量为

$$C_0 Q_0 e^{-K\frac{L}{u}} \tag{8.3}$$

将支流汇入当作排污处理，则各排污口到达下断面时的污染物量为

$$\sum_i^n q_i c_i e^{-K\frac{x_i}{u}} \tag{8.4}$$

取水口的流量经过自净后到达水功能区下断面时的污染物量为

$$\sum_j^m Q_i C_i e^{-K\frac{y_j}{u}} \tag{8.5}$$

那么，根据质量守恒可得：

$$M_t + C_0 Q_0 e^{-K\frac{L}{u}} + \sum_i^n q_i c_i e^{-K\frac{x_i}{u}} - \sum_j^m Q_i C_i e^{-K\frac{y_j}{u}} = C_t Q_t \tag{8.6}$$

该水功能区的实际纳污量为

$$M_t = C_t Q_t - C_0 Q_0 e^{-K\frac{L}{u}} - \sum_i^n q_i c_i e^{-K\frac{x_i}{u}} + \sum_j^m Q_i C_i e^{-K\frac{y_j}{u}} \tag{8.7}$$

式中，Q_0为上断面河流流量(m^3/s)；C_0为初始污染物浓度(mg/L)；Q_t为监测断面的流量(m^3/s)；C_t为监测断面污染物浓度(mg/L)；q_i为第i个排污口排放或支流汇入的流量(m^3/s)；c_i为第i个排污口排放或支流汇入的污染物浓度(mg/L)；Q_i为取水口流量(m^3/s)；C_i为取水口的污染物浓度(mg/L)；x_i为第i个排污口或支流汇入口到下断面的长度(km)；y_j为第j个取水口到下断面的长度(km)；L为水功能区长度(km)；K为污染物综合衰减系数(s^{-1})；u为流速(m/s)。

8.3　水功能区达标评价结果

根据渭河陕西段水功能区 2015 年 4 月的单次监测信息，对考核指标 COD、氨氮和高锰酸盐指数分别进行水质类别和纳污能力达标评价。其污染物监测信息如表 8.1 所示。

表 8.1　2015 年 4 月渭河陕西段水功能区污染物监测信息 (单位：mg/L)

编号	水功能区名称	污染物浓度		
		COD	NH_3-N	高锰酸盐指数
1	甘陕缓冲区	13.00	0.14	1.36
2	宝鸡农用用水区	7.54	0.31	3.41
3	宝鸡市景观区	3.69	0.29	5.12
4	宝鸡市排污控制区	5.88	0.34	5.10
5	宝鸡市过渡区	2.46	0.58	2.01
6	宝眉工业、农业用水区	3.91	0.05	4.89
7	杨凌农业、景观用水	16.98	1.16	4.96
8	咸阳工业用水区	5.84	1.32	3.32
9	咸阳市景观用水区	12.61	1.13	5.63
10	咸阳排污控制区	5.45	0.22	5.78
11	咸阳西安过渡区	23.04	0.20	5.29
12	临潼农业用水区	2.31	0.19	4.23
13	渭南农业用水区	15.17	0.22	5.16
14	华阴入黄缓冲区	13.47	0.25	2.07

8.3.1　水质类别达标评价结果

根据以上对污染物考核指标的监测信息，按照各指标的水质目标进行达标评价，当全部指标都达标时认为该水功能区水质达标，有任何一个指标不达标则认为该水功能区水质不达标。2015 年 4 月，渭河干流陕西段水功能区 COD、NH_3-N 和高锰酸盐指数水质类别达标评价信息分别如表 8.2～表 8.4 所示。

表 8.2　2015 年 4 月渭河干流陕西段水功能区 COD 水质类别达标评价信息

编号	水功能区名称	水质目标	水质类别	达标评价
1	甘陕缓冲区	Ⅲ	Ⅰ	达标
2	宝鸡农用用水区	Ⅲ	Ⅱ	达标
3	宝鸡市景观区	Ⅲ	Ⅰ	达标
4	宝鸡市排污控制区	Ⅳ	Ⅰ	达标
5	宝鸡市过渡区	Ⅳ	Ⅰ	达标
6	宝眉工业、农业用水区	Ⅲ	Ⅰ	达标
7	杨凌农业、景观用水	Ⅲ	Ⅲ	达标
8	咸阳工业用水区	Ⅳ	Ⅰ	达标
9	咸阳市景观用水区	Ⅳ	Ⅱ	达标
10	咸阳排污控制区	Ⅳ	Ⅰ	达标
11	咸阳西安过渡区	Ⅳ	Ⅳ	达标
12	临潼农业用水区	Ⅳ	Ⅰ	达标
13	渭南农业用水区	Ⅳ	Ⅲ	达标
14	华阴入黄缓冲区	Ⅳ	Ⅱ	达标

表 8.3　2015 年 4 月渭河干流陕西段水功能区 NH_3-N 水质类别达标评价信息

编号	水功能区名称	水质目标	水质类别	达标评价
1	甘陕缓冲区	Ⅲ	Ⅰ	达标
2	宝鸡农用用水区	Ⅲ	Ⅱ	达标
3	宝鸡市景观区	Ⅲ	Ⅱ	达标
4	宝鸡市排污控制区	Ⅳ	Ⅱ	达标
5	宝鸡市过渡区	Ⅳ	Ⅲ	达标
6	宝眉工业、农业用水区	Ⅲ	Ⅰ	达标
7	杨凌农业、景观用水	Ⅲ	Ⅳ	不达标

续表

编号	水功能区名称	水质目标	水质类别	达标评价
8	咸阳工业用水区	Ⅳ	Ⅳ	达标
9	咸阳市景观用水区	Ⅳ	Ⅳ	达标
10	咸阳排污控制区	Ⅳ	Ⅱ	达标
11	咸阳西安过渡区	Ⅳ	Ⅱ	达标
12	临潼农业用水区	Ⅳ	Ⅱ	达标
13	渭南农业用水区	Ⅳ	Ⅱ	达标
14	华阴入黄缓冲区	Ⅳ	Ⅱ	达标

表 8.4　2015 年 4 月渭河干流陕西段水功能区高锰酸盐指数水质类别达标评价信息

编号	水功能区名称	水质目标	水质类别	达标评价
1	甘陕缓冲区	Ⅲ	Ⅰ	达标
2	宝鸡农用用水区	Ⅲ	Ⅱ	达标
3	宝鸡市景观区	Ⅲ	Ⅲ	达标
4	宝鸡市排污控制区	Ⅳ	Ⅲ	达标
5	宝鸡市过渡区	Ⅳ	Ⅱ	达标
6	宝眉工业、农业用水区	Ⅲ	Ⅲ	达标
7	杨凌农业、景观用水	Ⅲ	Ⅲ	达标
8	咸阳工业用水区	Ⅳ	Ⅱ	达标
9	咸阳市景观用水区	Ⅳ	Ⅲ	达标
10	咸阳排污控制区	Ⅳ	Ⅲ	达标
11	咸阳西安过渡区	Ⅳ	Ⅲ	达标
12	临潼农业用水区	Ⅳ	Ⅲ	达标
13	渭南农业用水区	Ⅳ	Ⅲ	达标
14	华阴入黄缓冲区	Ⅳ	Ⅱ	达标

将 COD、NH_3-N 和高锰酸盐指数都作为评价指标，根据以上各指标达标状况，以水质目标为标准对 2015 年 4 月渭河干流陕西段水功能区进行总体水质类别达标评价，结果如表 8.5 所示。

表 8.5　2015 年 4 月渭河干流陕西段水功能区水质类别达标评价结果

编号	水功能区名称	水质目标	水质类别	达标评价	超标项目
1	甘陕缓冲区	Ⅲ	Ⅰ	达标	—
2	宝鸡农用用水区	Ⅲ	Ⅱ	达标	—
3	宝鸡市景观区	Ⅲ	Ⅲ	达标	—
4	宝鸡市排污控制区	Ⅳ	Ⅲ	达标	—
5	宝鸡市过渡区	Ⅳ	Ⅲ	达标	—
6	宝眉工业、农业用水区	Ⅲ	Ⅲ	达标	—
7	杨凌农业、景观用水	Ⅲ	Ⅳ	不达标	NH_3-N(16%)[0.16]
8	咸阳工业用水区	Ⅳ	Ⅳ	达标	—
9	咸阳市景观用水区	Ⅳ	Ⅳ	达标	—
10	咸阳排污控制区	Ⅳ	Ⅲ	达标	—
11	咸阳西安过渡区	Ⅳ	Ⅲ	达标	—
12	临潼农业用水区	Ⅳ	Ⅲ	达标	—
13	渭南农业用水区	Ⅳ	Ⅲ	达标	—
14	华阴入黄缓冲区	Ⅳ	Ⅱ	达标	—

注：()内为超标项目超出浓度占水质目标浓度的百分比；[　]内为超标项目超出水质目标的浓度(mg/L)。

由表 8.5 可知，杨凌农业、景观用水污染物超标，超标项目为 NH_3-N，超标浓度占水质目标浓度的 16%，其他水功能区均达标。同理，根据监测时间不同，可以得出其他时间段渭河干流陕西段水功能区单次达标评价结果。全年的水功能区水质达标率以单个水功能区达标评价结果为基础，达标率控制目标为 80%，当水质达标率小于达标率控制目标时不达标，大于或等于达标率控制目标时达标。表 8.6 为 2015 年渭河干流陕西段水功能区水质类别达标评价统计结果。

表 8.6　2015 年渭河干流陕西段水功能区水质类别达标评价统计结果

水功能区名称	水质目标	水质类别	监测次数	达标次数	达标率/%	达标评价	超标项目
甘陕缓冲区	Ⅲ	Ⅰ	12	12	100	达标	—
宝鸡农用用水区	Ⅲ	Ⅳ	12	6	50.00	不达标	高锰酸盐指数(41.0%)
宝鸡市景观区	Ⅲ	Ⅳ	12	5	41.67	不达标	高锰酸盐指数(58.3%)
宝鸡市排污控制区	Ⅳ	Ⅲ	12	7	58.33	不达标	高锰酸盐指数(34.0%)
宝鸡市过渡区	Ⅳ	Ⅳ	12	5	41.67	不达标	高锰酸盐指数(33.3%)

续表

水功能区名称	水质目标	水质类别	监测次数	达标次数	达标率/%	达标评价	超标项目
宝眉工业、农业用水区	Ⅲ	Ⅲ	12	5	41.67	不达标	NH_3-N(33.3%)、高锰酸盐指数(33.3%)
杨凌农业、景观用水	Ⅲ	Ⅳ	12	4	33.33	不达标	NH_3-N(35.0%)、高锰酸盐指数(50.0%)
咸阳工业用水区	Ⅳ	Ⅳ	12	6	50.00	不达标	高锰酸盐指数(50.0%)
咸阳市景观用水区	Ⅳ	Ⅳ	12	10	83.33	达标	—
咸阳排污控制区	Ⅳ	Ⅳ	12	7	58.33	不达标	高锰酸盐指数(33.0%)
咸阳西安过渡区	Ⅳ	Ⅲ	12	10	83.33	达标	—
临潼农业用水区	Ⅳ	Ⅲ	12	11	91.67	达标	—
渭南农业用水区	Ⅳ	Ⅲ	12	8	66.67	不达标	高锰酸盐指数(33.3%)
华阴入黄缓冲区	Ⅳ	Ⅳ	12	8	66.67	不达标	高锰酸盐指数(18.0%)

8.3.2 纳污能力达标评价结果

根据第 5～6 章中纳污能力计算条件和计算结果可知，不同设计频率及不同模型计算出来的纳污能力有所差异，这里采取综合计算模型，选取 90%设计频率下最枯月平均流量，以 2015 年 4 月纳污能力计算结果为考核依据，对各项指标进行达标评价，结果如表 8.7～表 8.9 所示。

表 8.7　2015 年 4 月渭河干流陕西段水功能区 COD 纳污能力达标评价信息

编号	水功能区名称	纳污能力/(t/月)	实际纳污量/(t/月)	达标评价
1	甘陕缓冲区	66.43	24.15	达标
2	宝鸡农用用水区	–60.06	3.22	不达标
3	宝鸡市景观区	29.03	17.96	达标
4	宝鸡市排污控制区	43.42	20.43	达标
5	宝鸡市过渡区	74.62	44.76	达标
6	宝眉工业、农业用水区	153.55	56.49	达标
7	杨凌农业、景观用水	24.29	13.75	达标
8	咸阳工业用水区	352.28	148.54	达标
9	咸阳市景观用水区	160.37	39.58	达标
10	咸阳排污控制区	–24.34	5.19	不达标

续表

编号	水功能区名称	纳污能力/(t/月)	实际纳污量/(t/月)	达标评价
11	咸阳西安过渡区	454.74	362.23	达标
12	临潼农业用水区	338.05	318.71	达标
13	渭南农业用水区	875.66	636.26	达标
14	华阴入黄缓冲区	431.65	263.20	达标

表 8.8　2015 年 4 月渭河干流陕西段水功能区 NH_3-N 纳污能力达标评价信息

编号	水功能区名称	纳污能力/(t/月)	实际纳污量/(t/月)	达标评价
1	甘陕缓冲区	1.43	0.35	达标
2	宝鸡农用用水区	–0.93	0.15	不达标
3	宝鸡市景观区	1.17	0.30	达标
4	宝鸡市排污控制区	3.08	1.71	达标
5	宝鸡市过渡区	2.70	1.45	达标
6	宝眉工业、农业用水区	5.68	6.33	不达标
7	杨凌农业、景观用水	1.58	1.10	达标
8	咸阳工业用水区	12.21	11.75	达标
9	咸阳市景观用水区	7.57	4.21	达标
10	咸阳排污控制区	–1.76	0.63	不达标
11	咸阳西安过渡区	17.65	12.43	达标
12	临潼农业用水区	7.18	3.00	达标
13	渭南农业用水区	30.90	23.23	达标
14	华阴入黄缓冲区	14.54	12.50	达标

表 8.9　2015 年 4 月渭河干流陕西段水功能区高锰酸盐指数纳污能力达标评价信息

编号	水功能区名称	纳污能力/(t/月)	实际纳污量/(t/月)	达标评价
1	甘陕缓冲区	1.54	0.37	达标
2	宝鸡农用用水区	1.09	0.91	达标
3	宝鸡市景观区	1.92	1.66	达标
4	宝鸡市排污控制区	6.95	2.39	达标
5	宝鸡市过渡区	2.81	1.26	达标
6	宝眉工业、农业用水区	5.75	6.96	不达标
7	杨凌农业、景观用水	3.16	3.06	达标

续表

编号	水功能区名称	纳污能力/(t/月)	实际纳污量/(t/月)	达标评价
8	咸阳工业用水区	16.82	12.43	达标
9	咸阳市景观用水区	4.77	3.99	达标
10	咸阳排污控制区	6.65	4.25	达标
11	咸阳西安过渡区	38.52	30.94	达标
12	临潼农业用水区	19.26	6.52	达标
13	渭南农业用水区	56.73	41.23	达标
14	华阴入黄缓冲区	31.34	21.07	达标

根据以上各指标达标状况对 2015 年 4 月份的渭河干流陕西段各水功能区纳污能力进行单次断面达标评价，结果如表 8.10 所示。

表 8.10　2015 年 4 月渭河陕西段水功能区纳污能力达标评价信息

编号	水功能区名称	达标评价	超标项目[超标质量]
1	甘陕缓冲区	达标	—
2	宝鸡农用用水区	不达标	COD[63.27t]、NH_3-N[1.08 t]
3	宝鸡市景观区	达标	—
4	宝鸡市排污控制区	达标	—
5	宝鸡市过渡区	达标	—
6	宝眉工业、农业用水区	不达标	NH_3-N[0.65 t]、高锰酸盐指数[1.21t]
7	杨凌农业、景观用水	达标	—
8	咸阳工业用水区	达标	—
9	咸阳市景观用水区	达标	—
10	咸阳排污控制区	不达标	COD[29.53t]、NH_3-N[2.39 t]
11	咸阳西安过渡区	达标	—
12	临潼农业用水区	达标	—
13	渭南农业用水区	达标	—
14	华阴入黄缓冲区	达标	—

由表 8.10 可以看出，不达标的水功能区有三个，分别是宝鸡农用用水区，宝眉工业、农业用水区和咸阳排污控制区。其中，宝鸡农用用水区 COD 质量超标 63.27 t，NH_3-N 质量超标 1.08 t；宝眉工业、农业用水区 NH_3-N 质量超标 0.65 t，

高锰酸盐质量超标 1.21 t；咸阳市排污控制区 COD 质量超标 29.53 t，NH_3-N 质量超标 2.39 t；其他水功能区均达标。2015 年，渭河干流陕西段水功能区以纳污能力为考核标准时年度达标评价统计结果如表 8.11 所示。

表 8.11　2015 年渭河陕西段水功能区纳污能力达标评价统计结果

水功能区名称	监测次数	达标次数	达标率/%	达标评价	超标项目[超标质量]
甘陕缓冲区	12	12	100	达标	—
宝鸡农用用水区	12	7	58.33	不达标	COD[121.45t]、NH_3-N[6.37t]、高锰酸盐指数[2.16t]
宝鸡市景观区	12	4	33.33	不达标	高锰酸盐指数[13.49t]
宝鸡市排污控制区	12	8	66.67	不达标	高锰酸盐指数[9.62t]
宝鸡市过渡区	12	8	66.67	不达标	高锰酸盐指数[33.46t]
宝眉工业、农业用水区	12	6	50	不达标	NH_3-N[11.05t]、高锰酸盐指数[73.69t]
杨凌农业、景观用水	12	5	41.67	不达标	NH_3-N[3.76t]、高锰酸盐指数[75.04t]
咸阳工业用水区	12	5	41.67	不达标	高锰酸盐指数[67.28 t]
咸阳市景观用水区	12	8	66.67	不达标	高锰酸盐指数[61.93t]
咸阳排污控制区	12	7	58.33	不达标	COD[69.49t]、NH_3-N[7.87t]
咸阳西安过渡区	12	8	66.67	不达标	高锰酸盐指数[103.55t]
临潼农业用水区	12	11	91.67	达标	—
渭南农业用水区	12	10	83.33	达标	—
华阴入黄缓冲区	12	7	58.33	不达标	高锰酸盐指数[47.17 t]

对两种考核方式下 2015 年渭河水功能区达标率进行分析。根据表 8.6 和表 8.11 的统计结果，得到图 8.2 所示两种考核方式下水功能区达标率对比图。由图 8.2 可知，纳污能力评价结果和水质类别评价结果整体趋势相似，个别水功能区评价结果有所差异，由于考核量化标准不同，给水功能区考核管理提供了一个新角度和依据。

通过以上两种考核方式评价结果可得，以纳污能力为考核水功能区达标依据具有一定的可参考性和合理性。与水功能区的纳污能力直接联系，实现定量考核，并且可以根据纳污能力的动态化特征实现水功能区的动态化考核，实施最严格水资源管理。该方法能更好地响应水功能区限制纳污红线制度的内涵，为今后的水功能区考核提供一定的理论依据和参考[8]。

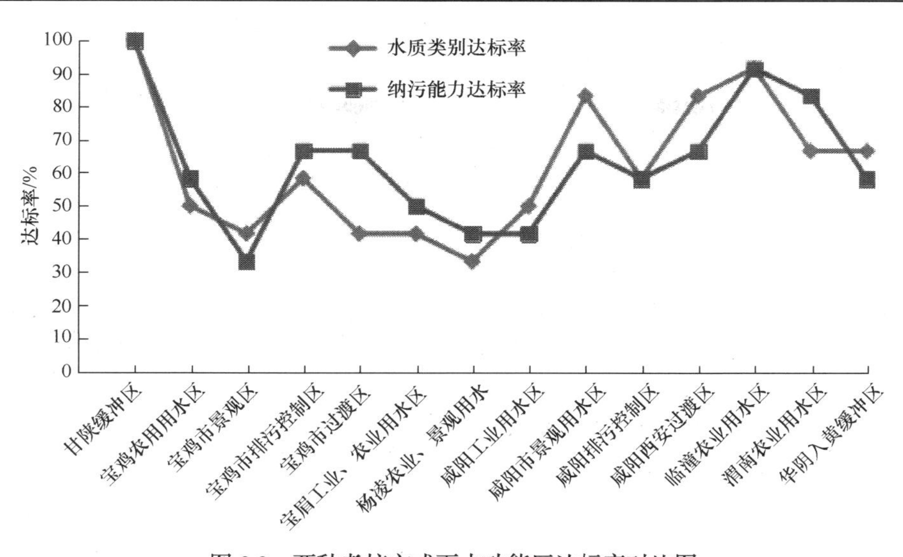

图 8.2　两种考核方式下水功能区达标率对比图

第 9 章　河流水质传递影响

解决划分跨界水污染责任、界定水污染损失是建立健全水生态补偿机制的关键问题。影响水质的主要因素包括区间污染物输入系统、污染物在水体中稀释扩散系统和污染物衰减系统等，一个河段水污染状况往往是相邻区域污染物输入及自身排污系统共同作用的结果。流域是一个空间整体性极强、关联度很高的区域，流域内各自然要素间联系极为密切，其上、中、下游之间，干、支流之间，各地区之间的相互制约与影响也极其显著。断面间水质传递影响关系尚不十分明确，上游取水、排污对下游造成的影响程度与范围难以估算，导致水污染责任难以划分。因此，探究上下游跨界断面间水质传递影响与区间排污、取水等因素的关系，建立水质传递影响模型，是界定跨界水污染损失或受益的重要基础。该模型为跨界水污染责任划分、明确利益相关方及各要素对水质目标的贡献或影响程度提供了依据，对跨界水污染问题的解决起到积极作用，对于探索建立水资源保护长效机制、积极落实最严格水资源管理制度等具有重要意义。

9.1　水质传递影响及模型描述

流域上游某地区造成的污染对下游一个甚至多个地区的水质都有影响，其影响是连续的，且具有传递性。通过上游到下游的递推计算来确定这种影响程度及范围的研究就是水质传递影响研究，其目的是探究跨界水污染责任划分，为水环境补偿相关损益核算提供定量化依据。

为了直观地理解水质传递效应，假设有一条跨界河流流经 n 个区域，被划分为 n 个计算单元(图 9.1)，取水和排污这两个因素影响着每个区域的河流水质。起始断面的流量为 Q_0 $(\mathrm{m^3/s})$，初始污染物浓度为 C_0 (mg/L)。断面 1 的流量为 Q_1 $(\mathrm{m^3/s})$，污染物浓度为 C_1 (mg/L)，区域 1 的排污流量为 q_{p1} $(\mathrm{m^3/s})$，取水流量为 q_{c1} $(\mathrm{m^3/s})$，以此类推。C_1 为 C_0 在区域 1 中经过衰减迁移，与区域 1 中取水和排污作用叠加的结果。将区域 1 的取水和排污所产生的浓度变化视为 ΔC_1，将 C_0 在区域 1 中经过衰减迁移的结果视为 C_0'，在区域 2 中衰减迁移的结果视为 C_0''，以此类推，C_1 可表示为

$$C_1 = C_0' + \Delta C_1 \tag{9.1}$$

其余断面浓度可表示如下：

$$C_2 = C_0'' + \Delta C_1' + \Delta C_2 \tag{9.2}$$

……

$$C_n = C_0^n + \Delta C_1^{(n-1)} + \cdots + \Delta C_{n-1}' + \Delta C_n \tag{9.3}$$

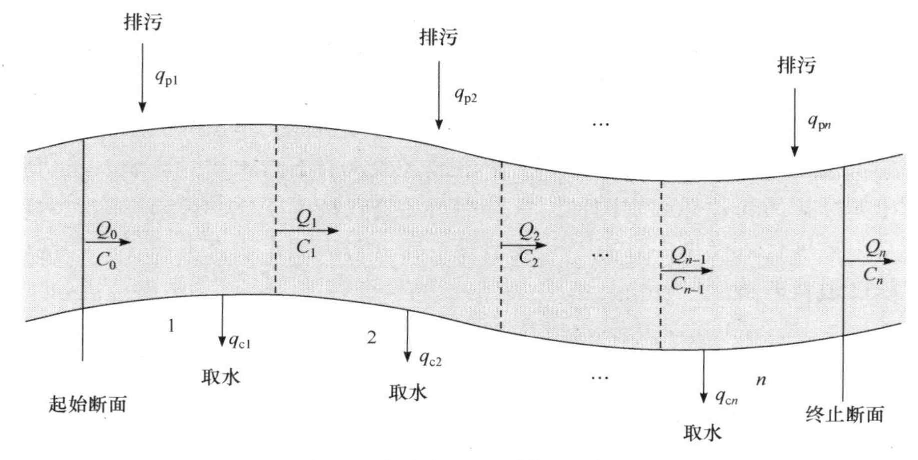

图 9.1　水质传递影响模型示意图

9.2　水质传递影响情景设置

为方便水质传递影响研究，可按照不同应用情况设置三种计算情景：基于实测浓度、基于水环境补偿和基于超标浓度的水质传递影响。

1. 基于实测浓度

假设不论断面水质是否达标，都会对下游水质产生一定影响。基于实测浓度考虑排污与取水两种因素共同作用对浓度变化的传递影响，将断面月实测污染物浓度或实测浓度年均值作为模型变量，计算各个地区对下游各断面的水质传递影响程度及范围。该情景主要针对不考虑断面是否达标的普遍情况。

2. 基于水环境补偿

水环境补偿标准计算不仅要考虑水污染损失补偿，也要考虑水污染受益补偿。基于水环境补偿情景中，将断面月实测浓度与水质目标浓度的差值作为变量代入模型进行计算，可以反映各地区对相应断面的浓度贡献。若浓度贡献为正，表示该地区加重水污染，应对下游进行损失补偿；若浓度贡献为负，表示该地区减轻水污染，则下游应对该地区给予受益补偿。

3. 基于超标浓度

在实际应用中，考虑考核管理的实施，为划分污染责任，界定水污染损失，确定受益补偿、损失补偿标准，也可把超标排污及超标取水引起的浓度变化作为模型中的变量，通过计算得到上游地区因超标排污或超标取水对下游地区的补偿比例。取水标准采用流域分水指标，排污标准为断面实测浓度，参考国家《地表水环境质量标准》(GB 3838—2002)判断断面污染物是否超标。超标取水及超标排污引起的浓度变化即超标浓度，若某断面水质考核达标，不追究该断面所在地区排污的责任；某地区取水达标，不追究该地区取水对下游水质的影响。该情景可以算出超标排污与超标取水两种因素分别对污染物浓度变化的传递影响，两者均需换算成浓度代入模型中计算[141]。该情景主要针对断面水质有考核任务并且只对超标浓度追责的情况。

9.3　水质传递影响模型

9.3.1　水质传递影响模型基础

1. 一维水质模型

污染物进入地表水流后，一方面与水混合随水流输移，在分子运动、水流紊动和剪切流作用下会发生浓度扩散和分散现象；另一方面在化学或生物化学条件下发生转化和降解，其综合作用的结果是使地表水中污染物浓度沿程发生改变。基于一维水质模型研究跨界断面的水质传递影响，假设污染物遵循一级衰减反应，使用均匀流水质模型的基本方程进行水质计算[8]。

对符合一级动力学降解规律的一般污染物，其一维水质模型如下

$$\frac{\partial C}{\partial t}+u\frac{\partial C}{\partial x}=E\frac{\partial^2 C}{\partial x^2}-KC \tag{9.4}$$

式中，C 为污染物浓度(mg/L)；t 为时间(s)；E 为纵向离散系数(m^2/s)；u 为河流平均流速(m/s)；K 为污染物综合衰减系数(s^{-1})；x 为污染物输移距离(m)。

对于不受潮汐影响的内陆河，河道离散作用对对流的影响不大。如果忽略扩散，一维水质模型在恒定流条件下的解析解为

$$C_x=C_0\exp\left(-K\frac{x}{u}\right) \tag{9.5}$$

式中，C_x 为排污口下游污染物浓度(mg/L)；C_0 为初始污染物浓度(mg/L)。

2. WASP 模型

水质分析模拟程序(water quality analysis simulation program，WASP)模型是由 USEPA 赞助开发的专业水质模拟软件，可以解决与水质有关的一系列问题，也可以解释和预测各种自然或人为污染导致的水质变化，帮助用户进行污染管理决策。该模型是一个箱式动力学模型，主要用于模拟河流、湖泊、池塘和人工水库等地表水的水质变化。WASP 模型可以模拟随时间变化的对流和扩散过程，考虑点源和非点源污染的输入，其模拟内容包括水动力学、一维、二维和三维水质问题，含各种常规水质指标(如 DO、COD、BOD 等)和有毒污染物(如重金属污染物、沉积物、有机物等)，因此该模型也被称为多用水质模型[142]。

WASP 模型水质模拟和水动力学模拟的基本原理都是质量守恒原理，要求将研究的任一水质组分的质量以一种或多种方式加以说明。WASP 模型可模拟每一水质组分从输入点到最终输出点的时空变化[142]。WASP 模型具有良好的灵活性，能与其他模型很好地耦合，进行二次开发，使水质模拟达到更加完善的效果[143]。

特定的输入数据与 WASP 模型基本的质量守恒方程及特定的化学动力学方程相结合，可确定一组特定的水质方程。WASP 模型将这组水质方程经过综合性数值模拟，某一水体内溶解组分的质量守恒方程必须考虑所有通过直接和间接扩散负荷，对流和离散运移，以及物理、化学和生物转化输入或输出的质量。x 轴和 y 轴在水平面上，z 轴在垂面上，质量守恒方程如下：

$$\begin{aligned}\frac{\partial C}{\partial t}=&-\frac{\partial}{\partial x}\left(U_x C\right)-\frac{\partial}{\partial y}\left(U_y C\right)-\frac{\partial}{\partial z}\left(U_z C\right)+\frac{\partial}{\partial x}\left(E_x\frac{\partial C}{\partial x}\right)\\&+\frac{\partial}{\partial y}\left(E_y\frac{\partial C}{\partial y}\right)+\frac{\partial}{\partial z}\left(E_z\frac{\partial C}{\partial z}\right)+S_{\mathrm{L}}+S_{\mathrm{B}}+S_{\mathrm{k}}\end{aligned}\tag{9.6}$$

式中，C 为污染物浓度(g/m^3)；t 表示时间(d)；U_x、U_y、U_z 分别表示纵向、横向、垂向对流速度(m/d)；E_x、E_y、E_z 表示纵向、横向、垂向扩散系数(m^2/d)；S_{L} 表示点源和面源 $[\mathrm{g}/(\mathrm{m}^3\cdot\mathrm{d})]$；$S_{\mathrm{B}}$ 表示边界负荷 $[\mathrm{g}/(\mathrm{m}^3\cdot\mathrm{d})]$；$S_{\mathrm{k}}$ 表示动力转换项 $[\mathrm{g}/(\mathrm{m}^3\cdot\mathrm{d})]$。

对于可以概化为一维水质模型的河流，可以将 WASP 模型质量守恒方程的横向和垂向作用忽略不计，假设污染物在这两个方向上是均匀分布的，将质量守恒方程简化为[142]

$$\frac{\partial C}{\partial t}=-\frac{\partial}{\partial x}\left(U_x C\right)+\frac{\partial}{\partial x}\left(E_x\frac{\partial C}{\partial x}\right)+S_{\mathrm{L}}+S_{\mathrm{B}}+S_{\mathrm{k}}\tag{9.7}$$

3. 河流综合水质模型

QUAL2E 是 USEPA 推出的一个综合性、多用途河流综合水质模型。20 世纪 60 年代，美国推出的 QUAL-I 经过几十年的多次修订和发展成为现在的 QUAL2E。QUAL2E 是一个基本的恒定态模型，在国外已被广泛应用于河流水质模拟及河流规划管理，但在国内应用的报道尚不多见[144]。

QUAL2E 是一个一维水质模型，适用于模拟完全混合的树枝状河流水质。作为恒定态模型，它可以计算达到期望溶解氧水平的稀释河流；可以研究污染负荷、污染发生地点和河流的水质；可以模拟任意组合的 15 种水质指标：溶解氧、生化需氧量、温度、叶绿素 a、有机氮、氨氮、亚硝氮、硝氮、有机磷、溶解性磷、大肠杆菌、任意一种非保守性物质、三种保守性物质[8]。

QUAL2E 假设存在主流输送机理，即平流与扩散混合都沿着河流的主流向，在河流的横向与垂向上水质组分是完全均匀混合的，允许河流沿程有多个污染源、取水口及支流汇入[144]。QUAL2E 的基本方程是一维平流-扩散质量迁移方程：

$$\frac{\partial m}{\partial t}=\frac{\partial\left(A_x D_L \dfrac{\partial C}{\partial x}\right)}{\partial x}\mathrm{d}x-\frac{\partial\left(A_x uC\right)}{\partial x}\mathrm{d}x+\left(A_x \mathrm{d}x\right)\frac{\mathrm{d}C}{\mathrm{d}t}+S \tag{9.8}$$

式中，m 表示河水中的污染物质量(mg)；x 表示污染物输移距离(m)；t 表示时间(s)；C 表示河水中的污染物浓度(mg/L)；A_x 表示距离为 x 处河流横截面积(m^2)；D_L 表示纵向扩散系数(m^2/s)；u 表示平均流速(m/s)；$\frac{\partial\left(A_x D_L \frac{\partial C}{\partial x}\right)}{\partial x}\mathrm{d}x$、$\frac{\partial\left(A_x uC\right)}{\partial x}\mathrm{d}x$、$\left(A_x \mathrm{d}x\right)\frac{\mathrm{d}C}{\mathrm{d}t}$ 和 S 分别表示扩散、平流、组分反应和组分外部的源和漏(mg/s)。

4. 弗-罗混合衰减模型

根据弗-罗混合衰减模型要求，某一断面上任意点的浓度与断面平均浓度之差小于平均浓度的 5%时，代表河流已完成横向混合，由排污口至该断面的距离称为完成横向混合所需的距离，河流完全混合长度公式如下：

$$L=\frac{(0.4B-0.6a)Bu}{(0.058H+0.00065B)\sqrt{gHI}} \tag{9.9}$$

式中，B 为河流平均宽度(m)；a 为排放口到岸边的距离(m)；u 为河流平均流速(m/s)；H 为河流平均水深(m)；g 为重力加速度(m/s^2)；I 为河床比降。

在弗-罗混合衰减模型中已考虑了初始浓度的叠加，弗-罗混合衰减模型为[110]

$$c_N=\left(\frac{c_{\mathrm{p}}}{N}+\frac{N-1}{N}c_{\mathrm{h}}\right)\exp\left(-K\frac{x}{86400u}\right) \tag{9.10}$$

令

$$N=\frac{\gamma Q_{\mathrm{h}}+Q_{\mathrm{p}}}{Q_{\mathrm{p}}}$$

$$\gamma=\frac{1-\exp(-\beta x^{1/3})}{1+\dfrac{Q_{\mathrm{h}}}{Q_{\mathrm{p}}}\exp(-\beta x^{1/3})}$$

$$\beta=0.604\varepsilon\left(\frac{Hun}{R^{1/6}}Q_{\mathrm{p}}\right)^{1/3}$$

式中，c_N为预测点污染物浓度(mg/L)；N为河床糙率；R为水力半径(m)；n为河岸的反射次数；ε为排污口系数，岸边排放取$\varepsilon=1.0$，河中心排放取$\varepsilon=1.5$，其他取$\varepsilon=1.0\sim1.5$；Q_{p}为污水流量($\mathrm{m^3/s}$)；c_{p}为污水中污染物的浓度(mg/L)；Q_{h}为河流流量($\mathrm{m^3/s}$)；c_{h}为河流上游污染物的浓度(mg/L)；K为河流中污染物综合衰减系数($\mathrm{d^{-1}}$)。

弗-罗混合衰减模型采用数值方法，预测精度较高，其水质模拟采用解析解，具有概念明确、方法简单、便于应用的特点。

5. 稀释倍数模型

稀释倍数模型是假设污染物完全混合情况下的水质模型，需要符合以下四个条件[145]。

(1) 河宽较小。

(2) 河道基本均直。

(3) 水文、水利条件沿纵向、横向均匀分布。

(4) 点源连续排放，不考虑衰减。

水质模型如下：

$$C(x)=\frac{Q_{\mathrm{E}}\left(C_{\mathrm{E}}-C_0\right)}{\gamma Q_0+Q_{\mathrm{E}}}+C_0 \tag{9.11}$$

令

$$\gamma=\frac{1-\exp\left(-\alpha X^{1/3}\right)}{1+\dfrac{Q_0}{Q_{\mathrm{E}}}\exp\left(-\alpha X^{1/3}\right)}\quad \alpha=\varepsilon\phi\left(D_y/Q_{\mathrm{E}}\right)^{1/3}$$

式中，X为排污口至计算断面的距离(m)；$C(x)$为计算断面x处的污染物浓度(mg/L)；C_0为上游来水的污染物浓度(mg/L)；C_{E}为排污口处污染物浓度(mg/L)；Q_{E}为排污口处污水排放量($\mathrm{m^3/s}$)；Q_0为河水流量($\mathrm{m^3/s}$)；ϕ为河道弯曲系数；D_y

为横向混合系数。$D_y = \alpha_y \cdot H \cdot U^*$，$H$ 为河流平均深度(m)，经验系数 α_y=0.6±0.3，河道极不规则取 α_y=0.9，反之 α_y=0.3；U^* 为剪切流速(m/s)，$U^* = \sqrt{g \cdot H_i}$，H_i 为水力坡降。

从模型的适用条件来看，一维水质模型适用于河流的充分混合段，且常应用于小河流水质研究，这是因为小河流的深度和宽度与其长度相比很小，垂向和横向上水质变化不大。对于一些中型河流，其长度远大于宽度和深度时，也可以使用一维水质模型进行分析。WASP 模型可模拟水文动力学、河流一维不稳定流、湖库、河口三维不稳定流、常规污染物和有毒污染物在水中的迁移、转化规律，主要用于描述水质状况，提供一般性特定位置的水质预测[113]。弗-罗混合衰减模型适用于河流混合过程断面的平均水质。稀释倍数模型一般用于水质色度检测，适用于污染较严重的地表水和工业废水。

考虑资料完整性、河道水情、解的易得性等方面，本节选取一维水质模型作为模拟河流水质传递影响模型的基础。

9.3.2　水质传递影响模型构建

1. 基于实测浓度

基于现有水质模型分析跨界断面水质传递影响，水质计算采用均匀流水质模型的基本方程，并假设污染物符合一级衰减反应。对符合一级动力学降解规律的一般污染物，不考虑离散作用，污染物输入响应模型可简化为

$$C_x = f\left(C_0, K, u, x, \cdots\right) \tag{9.12}$$

式中，C_x 为排污口下游污染物浓度(mg/L)；C_0 为初始污染物浓度(mg/L)；x 为污染物输移距离(m)；u 为河流平均流速(m/s)；K 为污染物综合衰减系数(d^{-1})。

计算基于实测浓度情景的水质传递影响时，初始计算单元的 C_0 可以使用断面的月实测浓度或年平均浓度。上一个计算单元的污染物浓度 C_x 作为下一个计算单元的初始污染物浓度 C_0。该模型用于计算水质传递影响，结果可以形成三角矩阵 A。

$$A = \begin{bmatrix} \alpha_{11} & 0 & 0 & \cdots & 0 \\ \alpha_{21} & \alpha_{22} & 0 & \cdots & 0 \\ \alpha_{31} & \alpha_{32} & \alpha_{33} & \cdots & 0 \\ \vdots & \vdots & \vdots & & \vdots \\ \alpha_{n1} & \alpha_{n2} & \alpha_{n3} & \cdots & \alpha_{nm} \end{bmatrix} \tag{9.13}$$

矩阵 A 中某一列的元素 α_{ij} 表示某一区域对下游区域的影响程度和范围，某

一行的元素 α_{ij} 表示某断面受到上游及本地区的影响。

每一行中，某地区对该断面的贡献率 b_{ij} 可用式(9.14)计算。

$$b_{ij} = \frac{\alpha_{ij}}{\sum_{j=1}^{n} \alpha_{ij}} (i = 1, 2, \cdots, n; j = 1, 2, \cdots, m) \tag{9.14}$$

2. 基于水环境补偿

跨界水环境补偿中，为了划分各断面水质损益情况，从受益补偿与损失补偿两个角度进行水污染贡献与责任的界定，可将断面月实测浓度与断面水质目标浓度的差作为变量代入模型。一般可按月计算各地区对下游的水质传递影响及贡献率，根据贡献率可得到每个月各地区的补偿标准，逐月求和得到年补偿标准。

基于水环境补偿的水质传递影响计算思路、模型与基于实测浓度情景一致，区别在于计算基于水环境补偿的水质传递影响时，断面实测浓度与断面水质目标浓度的差可能为正值也可能为负值，因此计算出矩阵 A 中的各元素也可能出现正、负两种情况。其中，正值表示该区域对此断面污染有所加重，该对此断面进行损失补偿；负值表示该区域对此断面的污染有缓解或减少，该获得受益补偿。

某地区对该断面的贡献率可用式(9.14)进行计算。需注意的是，当 α_{ij} 及 $\sum_{j=1}^{n} \alpha_{ij}$ 均为负值时，会使贡献率结果为正，这并不表示该地区对此断面污染有所缓解或该获得补偿，此现象并不影响补偿标准计算。

3. 基于超标浓度

实际考核管理实施中，为划分水污染责任，界定水污染损失，超过指标排污或指标取水引起的浓度变化也可作为模型中的变量，通过计算可以反映上游区产生的污染对下游的损失补偿比例或上游区保护环境获得的受益补偿比例。只考虑超标浓度的水质传递影响，假设跨界断面污染物达标，不追究上游地区排污的责任，在模型计算时，达标地区的初始污染物浓度 C_0 设为 0mg/L；某地区取水达标，不追究该地区取水对下游水质的影响，取水达标地区对水质影响的初始污染物浓度 C_0 设为 0mg/L，仅以超标取水、排污引起的浓度变化作为变量。

以一维水质模型为例，其解析解形式见式(9.5)，将 $C_0 = \frac{1}{1000}\frac{M_0}{Q}$ 代入式(9.5)可得

$$C_x = \frac{1}{1000}\frac{M_0}{Q}\exp\left(-K\frac{x}{u}\right) \tag{9.15}$$

式中，M_0 为跨界断面污染物背景通量(mg/s)；Q 为同一断面流量(m^3/s)。

以渭河为例，在实际应用中，渭河干流水功能区断面水质监测频次为每月 1 次，即每年 12 次。污染物月通量 M_s 由水质因子的月实测浓度 C 乘以同一断面的月平均流量 Q 确定，汇总每月的污染物通量可得到年通量，经单位换算后代入式(9.15)计算[141]。

C_0 与水质目标浓度 C_s 的差值 ΔC_0 可作为变量，求解水质超标量/达标量对下游地区的传递影响 ΔC_s，见式(9.16)。

$$\Delta C_s = (C_0 - C_s)\exp(-K\frac{x}{u}) = \Delta C_0 \exp(-K\frac{x}{u}) \tag{9.16}$$

河流水功能区水质达标评价原则上采用频次法。目前，渭河水功能区断面水质监测的频次满足每年 12 次，达标率大于或等于 80%的水功能区为达标水功能区。研究发现，某水功能区某年度水质评价结果为不达标，但汇总每月的污染物通量得到年通量，再除以流量得到年均浓度，会出现全年平均水质浓度达标的情况，无法追究达标率小于 80%月份的超标责任。本小节按照最严格水资源管理制度的要求，以大于或等于 3 个月超标月份的污染物月通量 M_s 除以流量 Q，得到超标月份的平均浓度 C，作为水污染责任划分时全年的追责浓度，见式(9.17)。

$$\Delta C_s = (C - C_s)\exp\left(-K\frac{x}{u}\right) = \left(\frac{\sum_{i=1}^{n} Q_i \times C_i}{\sum_{i=1}^{n} Q_i} - C_s\right)\exp\left(-K\frac{x}{u}\right) \quad (i = 1,2,\cdots,n;\quad 3 \leqslant n \leqslant 12) \tag{9.17}$$

两种因素可引起水体污染物浓度的改变：一是从外界排入水体的污染物；二是水体水量的变化，取水、水面蒸发、河道渗漏等都可影响水体水量。式(9.15)～式(9.17)为污染物输入响应模型，满足叠加原理，可以叠加计算不同部分的污染负荷。相比排污与取水，蒸发、渗漏引起水体污染物浓度的变化量很小，并且排污与取水是污染物浓度变化的人为因素。为便于跨界断面水污染考核及追责，主要考虑取水与排污对水质的影响[141]。

根据线性叠加原理，相同的水动力学场条件下，若干个污染源共同作用形成的平衡浓度场，可视为各个污染源单独影响浓度场的线性叠加。因此，可以先分别计算不同部分的污染负荷，然后进行叠加，取水、排污引起浓度的变化之和即两者共同作用造成的污染物浓度变化。

$$\Delta C_s = \Delta W_0 \exp\left(-K\frac{x}{u}\right) + \Delta w_0 \exp\left(-K\frac{x}{u}\right) \tag{9.18}$$

式中，ΔW_0 为上游超标排污引起的浓度变化(mg/L)；Δw_0 为上游超标取水引起的浓度变化(mg/L)。

由于污染物排放量难以统计，排污造成的影响较难衡量，理论上跨界断面超标浓度去除上游地区超标排污、取水及本地区超标取水的影响后，剩余的污染物浓度即本地区超标排污造成的影响。

其中，超标取水引起的浓度变化可采用式(9.19)计算：

$$\Delta w_0 = \frac{1}{1000}\left(\frac{M_s}{Q} - \frac{M_s}{Q+q}\right) \tag{9.19}$$

式中，q 为超标取水流量(m^3/s)。

矩阵 A 可表示为由排污和取水导致的浓度变化之和。

$$A = \begin{bmatrix} \alpha_{11} & 0 & 0 & \cdots & 0 \\ \alpha_{21} & \alpha_{22} & 0 & \cdots & 0 \\ \alpha_{31} & \alpha_{32} & \alpha_{33} & \cdots & 0 \\ \vdots & \vdots & \vdots & & \vdots \\ \alpha_{n1} & \alpha_{n2} & \alpha_{n3} & \cdots & \alpha_{nm} \end{bmatrix}_{\text{取水}} + \begin{bmatrix} \alpha_{11} & 0 & 0 & \cdots & 0 \\ \alpha_{21} & \alpha_{22} & 0 & \cdots & 0 \\ \alpha_{31} & \alpha_{32} & \alpha_{33} & \cdots & 0 \\ \vdots & \vdots & \vdots & & \vdots \\ \alpha_{n1} & \alpha_{n2} & \alpha_{n3} & \cdots & \alpha_{nm} \end{bmatrix}_{\text{排污}} \tag{9.20}$$

与基于水环境补偿情景不同，基于超标浓度情景中，矩阵 A 中的每个元素都大于或等于 0。对矩阵 A 每行的元素求和，再将这一行的每个元素都除以该行各元素之和，得到某地区排污、取水引起浓度传输变化对断面水质的浓度贡献率。

$$b_{ij,\text{取水}} = \frac{\alpha_{ij,\text{取水}}}{\sum_{j=1}^{n} \alpha_{ij}} (i = 1, 2, \cdots, n;\ j = 1, 2, \cdots, m) \tag{9.21}$$

$$b_{ij,\text{排污}} = \frac{\alpha_{ij,\text{排污}}}{\sum_{j=1}^{n} \alpha_{ij}} (i = 1, 2, \cdots, n;\ j = 1, 2, \cdots, m) \tag{9.22}$$

9.4　模型计算条件

9.4.1　污染因子选取

水体污染因子众多，由于篇幅有限，本书筛选出 1～2 个具有代表性的污染因子进行研究，主要出于以下四个方面的考虑。

(1) 根据研究区域现有的水质监测数据，对主要污染物进行评价分析，根据评价结果对污染物进行筛选，当前研究区域水体主要超标污染物为 COD 和氨氮。

(2) 国务院在《“十三五”生态环境保护规划》中确定的重点控制污染物。《“十三五”生态环境保护规划》确定的重点控制污染物为 COD 和氨氮等。

(3) 研究区域重点污染行业排放的主要污染物。研究区域重点污染行业包括造纸、印染、纺织和食品加工。根据行业内重点企业排污数据可知，污染因子主要为 COD 和氨氮。

(4) 国家最严格水资源管理制度中，采用 COD 和氨氮作为水功能区达标考核的指标。

因此，本节选择 COD 和氨氮作为研究的主要污染因子，对研究区域进行水质传递影响研究，与其他污染因子的研究思路是一致的。

9.4.2 计算单元划分

对于非持久性污染物，合理选定河流控制断面非常重要，既要考虑污水在河流中的充分混合稀释和污染物的衰减，又要考虑对下游的影响。若起始断面至控制断面的距离过短，则不能充分利用河流的自净能力，导致水环境容量计算结果偏小；若距离过长，则被认定不达标的河段太长，不利于河流水质的控制。目前，计算单元的划分主要有以下两种。

(1) 以水环境功能区的划分为基础，兼顾行政区划，对污染源进行调查。结合污水流向及入河排污口分布等因素，形成包括水上水环境功能区和陆上污染源汇流区在内的水陆衔接控制单元，以此作为水环境容量计算的基础。所有水环境功能区基本被涵盖在划分的控制单元中[146]。

(2) 在进行水环境容量计算时，计算单元通常采用节点划分法，主要考虑工业企业生活区、重要工业区、取水饮水区和敏感区域或断面，将河道划分为较小的计算单元进行水环境容量计算。该划分法的水环境功能区划河段一般不太长，且在划分过程中考虑了各种用水和取水点，因此能够覆盖各种节点和控制点[147]。

本书针对渭河干流陕西省段跨界水污染问题开展水质传递影响研究。从渭河上游的宝鸡市到下游渭南市 5 市(示范区)递推水质传递影响，划分跨界污染责任。宝鸡市出境水质监测断面为汤峪入渭口处，以此断面作为计算背景断面，浓度沿程推算至渭南市出境断面入黄口为止，河道共计 432km，划分 5 个计算单元，河道计算单元划分如表 9.1 所示。

表 9.1　河道计算单元划分一览表

序号	河道断面名称	河道计算单元名称	河道长度/km
1	汤峪入渭口处	颜家河-汤峪入渭口处	141.9
2	漆水河口	汤峪入渭口处-漆水河口	16.0
3	铁路桥	漆水河口-铁路桥	66.8

续表

序号	河道断面名称	河道计算单元名称	河道长度/km
4	零河入口	铁路桥-零河入口	80.8
5	入黄口	零河入口-入黄口	126.5

9.4.3　模型参数确定

1. 计算单元初始污染物浓度

目前，初始污染物浓度(C_0)的确定还没有一定准则，有的用历年水质监测数据年最大值的平均值，有的采用近几年实测资料年均值的平均值，有的用规划的每类地表水标准浓度的上一级水质标准，有的用《地表水环境质量标准》(GB 3838—2002)的Ⅰ类或Ⅱ类水质标准。

因此，有必要对初始污染物浓度的选取做如下规定。

(1) 如果河段有例行监测数据且河段水质状况满足相应水功能区的要求，可取枯水期例行监测数据的平均值作为 C_0 。

(2) 如果河段无例行监测数据且现状监测值满足水环境功能区要求的情况下，可取现状监测枯水期污染物浓度的平均值作为 C_0 。若无枯水期监测数据，则根据上游水环境功能区要求和计算单元河段上游排污状况，结合丰水期监测的数据，合理确定 C_0 或选取比计算单元水功能区目标水质高一级别的水质标准作为初始污染物浓度[148]。

(3) 若河流污染控制浓度为零污染原理，则认为源头水符合地表水Ⅲ类标准[149]。

本书采取渭河干流汤峪入渭口处水质实测浓度作为初始污染物浓度，河道单元计算得到的断面水质目标浓度(C_s)将作为下一计算单元的初始污染物浓度。

2. 计算单元平均流速

通过流量-流速经验公式，即一维水质传递模型式(4.6)，可求得 2016～2017 年渭河干流主要水文断面流速。依此确定 5 个河道计算单元设计流量条件下的平均流速，见表 9.2。

表 9.2　渭河干流计算单元设计流量条件下平均流速　(单位：m/s)

河道计算单元名称	河段平均流速	
	2016 年	2017 年
颜家河-汤峪入渭口处	0.75	1.13
汤峪入渭口处-漆水河口	0.71	1.22

续表

河道计算单元名称	河段平均流速	
	2016 年	2017 年
漆水河口-铁路桥	0.58	0.75
铁路桥-零河入口	0.81	0.89
零河入口-入黄口	0.54	0.70

3. 污染物综合衰减系数

计算河段污染物综合衰减系数采用 4.2.4 小节纳污能力计算中渭河逐月污染物综合衰减系数(表 4.3)的平均值，作为计算水质传递影响的污染物综合衰减系数，COD 综合衰减系数为 $0.265d^{-1}$，NH_3-N 综合衰减系数为 $0.148d^{-1}$。

第 10 章 不同情景下的水质传递影响模拟

以渭河流域陕西段为例进行不同情景下的水质传递影响模拟，采用 2016～2017 年的水质实测数据。另外，对于分布在河流左右岸而非上下游的地区，可以根据一定比例将污染物传递对水质的影响分配至各地区。针对渭河流域各市(示范区)地理位置分布而言，宝鸡、渭南分别位于渭河干流的上、下游，以河流的横断面为市界；而杨凌与西安(汤峪入渭口处-漆水河口)，咸阳与西安(漆水河口-铁路桥)均以渭河干流左右岸为界。针对这种情况，污染物经上游市(示范区)传递至以左右岸为界的河段时，再按照一定比例(如排污比例)将上游传递至此河段的浓度分配至两地。例如，可将西安分为三段：汤峪入渭口处-漆水河口段(西安[1])、漆水河口-铁路桥段(西安[2])和铁路桥-零河入口段(西安[3])，按照每段的河长比例分配排污量，再按每段排污比例分配到左右岸。

10.1 基于实测浓度的水质传递影响模拟

基于实测浓度情景可以月或年为计算单位，以月为单位时将各断面月实测浓度作为变量代入模型进行计算，以年为单位时将各断面月实测浓度的年均值作为变量代入模型进行求解。本节以年为计算单位，在实测浓度情景下，对 2016～2017 年渭河跨界断面 COD 和 NH_3-N 的水质传递影响进行分析计算，结果分别如表 10.1～表 10.4 所示。表 10.1～表 10.4 中某列各项表示某地区对下游断面污染物的浓度贡献，某行各项表示上游和当地排污对该断面污染物的浓度贡献。

表 10.1 2016 年渭河跨界断面基于实测浓度的 COD 水质传递影响 (单位：mg/L)

河道断面名称	浓度贡献							断面实测浓度	水质目标浓度
	宝鸡	杨凌	西安[1]	咸阳	西安[2]	西安[3]	渭南		
汤峪入渭口处	17.11	—	—	—	—	—	—	17.11	20
漆水河口	15.97	0.54	0.74	—	—	—	—	17.25	20
铁路桥	11.19	0.38	0.52	6.02	1.00	—	—	19.11	30
零河入口	8.23	0.28	0.38	4.43	0.74	8.16	—	22.22	30
入黄口	4.02	0.14	0.19	2.16	0.36	3.98	8.04	18.89	30

表 10.2　2016 年渭河跨界断面基于实测浓度的 NH_3-N 水质传递影响（单位：mg/L）

河道断面名称	浓度贡献							断面实测浓度	水质目标浓度
	宝鸡	杨凌	西安[1]	咸阳	西安[2]	西安[3]	渭南		
汤峪入渭口处	0.2744	—	—	—	—	—	—	0.2744	1.0
漆水河口	0.2641	0.0698	0.2841	—	—	—	—	0.6180	1.0
铁路桥	0.2167	0.0572	0.2331	0.2300	0.0239	—	—	0.7609	1.5
零河入口	0.1827	0.0482	0.1965	0.1939	0.0201	0.8453	—	1.4867	1.5
入黄口	0.1225	0.0323	0.1318	0.1300	0.0135	0.4765	0.0000	0.9066	1.5

表 10.3　2017 年渭河跨界断面基于实测浓度的 COD 水质传递影响（单位：mg/L）

河道断面名称	浓度贡献							断面实测浓度	水质目标浓度
	宝鸡	杨凌	西安[1]	咸阳	西安[2]	西安[3]	渭南		
汤峪入渭口处	10.33	—	—	—	—	—	—	10.33	20
漆水河口	9.92	4.67	3.41	—	—	—	—	18.00	20
铁路桥	7.56	3.56	2.60	1.56	0.47	—	—	15.75	30
零河入口	5.72	2.69	1.97	1.18	0.36	3.16	—	15.08	30
入黄口	3.28	1.55	1.13	0.68	0.20	1.81	9.93	18.58	30

表 10.4　2017 年渭河跨界断面基于实测浓度的 NH_3-N 水质传递影响（单位：mg/L）

河道断面名称	浓度贡献							断面实测浓度	水质目标浓度
	宝鸡	杨凌	西安[1]	咸阳	西安[2]	西安[3]	渭南		
汤峪入渭口处	0.4900	—	—	—	—	—	—	0.49	1.0
漆水河口	0.4791	0.0503	0.0506	—	—	—	—	0.58	1.0
铁路桥	0.4118	0.0432	0.0435	0.1894	0.0521	—	—	0.74	1.5
零河入口	0.3526	0.0370	0.0372	0.1622	0.0447	0.8563	—	1.49	1.5
入黄口	0.2588	0.0272	0.0273	0.1191	0.0328	0.6285	0.0000	1.09	1.5

10.2　基于水环境补偿的水质传递影响模拟

基于水环境补偿的水质传递影响以月为时间尺度进行计算，以 2016 年 1 月和 9 月为例，COD 和 NH_3-N 基于水环境补偿情景下渭河跨界断面水质传递影响计算结果分别见表 10.5～表 10.8。

表 10.5　2016 年 1 月渭河跨界断面基于水环境补偿的 COD 水质传递影响(单位：mg/L)

河道断面名称	浓度贡献							断面超标浓度
	宝鸡	杨凌	西安[1]	咸阳	西安[2]	西安[3]	渭南	
汤峪入渭口处	–9.00	—	—	—	—	—	—	–9.00
漆水河口	–8.32	1.64	6.68	—	—	—	—	0.00

续表

河道断面名称	浓度贡献							断面超标浓度
	宝鸡	杨凌	西安[1]	咸阳	西安[2]	西安[3]	渭南	
铁路桥	–5.37	1.06	4.31	–13.59	–1.41	—	—	–15.00
零河入口	–3.75	0.74	3.01	–9.49	–0.98	1.49	—	–9.00
入黄口	–1.52	0.30	1.22	–3.84	–0.40	0.60	–1.36	–5.00

表 10.6　2016 年 1 月渭河跨界断面基于水环境补偿的 NH_3-N 水质传递影响(单位：mg/L)

河道断面名称	浓度贡献							断面超标浓度
	宝鸡	杨凌	西安[1]	咸阳	西安[2]	西安[3]	渭南	
汤峪入渭口处	–0.7980	—	—	—	—	—	—	–0.7980
漆水河口	–0.7641	0.0195	0.0796	—	—	—	—	–0.6650
铁路桥	–0.5986	0.0153	0.0623	1.2793	0.1327	—	—	0.8910
零河入口	–0.4902	0.0125	0.0510	1.0477	0.1087	–0.2227	—	0.5070
入黄口	–0.2960	0.0076	0.0308	0.6326	0.0656	–0.1345	0.0749	0.3810

表 10.7　2016 年 9 月渭河跨界断面基于水环境补偿的 COD 水质传递影响(单位：mg/L)

河道断面名称	浓度贡献							断面超标浓度
	宝鸡	杨凌	西安[1]	咸阳	西安[2]	西安[3]	渭南	
汤峪入渭口处	–2.00	—	—	—	—	—	—	–2.00
漆水河口	–1.88	0.37	1.51	—	—	—	—	0.00
铁路桥	–1.31	0.26	1.05	–10.87	–1.13	—	—	–12.00
零河入口	–0.96	0.19	0.77	–7.95	–0.82	–1.23	—	–10.00
入黄口	–0.44	0.09	0.35	–3.65	–0.38	–0.56	–15.41	–20.00

表 10.8　2016 年 9 月渭河跨界断面基于水环境补偿的 NH_3-N 水质传递影响(单位：mg/L)

河道断面名称	浓度贡献							断面超标浓度
	宝鸡	杨凌	西安[1]	咸阳	西安[2]	西安[3]	渭南	
汤峪入渭口处	–0.7990	—	—	—	—	—	—	–0.7990
漆水河口	–0.7729	0.0199	0.0810	—	—	—	—	–0.6720
铁路桥	–0.6310	0.0162	0.0661	–0.1634	–0.0169	—	—	–0.7290
零河入口	–0.5300	0.0136	0.0555	–0.1373	–0.0142	0.4024	—	–0.2100
入黄口	–0.3433	0.0088	0.0360	–0.0889	–0.0092	0.2606	–1.2480	–1.3840

10.3　基于超标浓度的水质传递影响模拟

基于超标浓度的水质传递影响以年为时间尺度进行计算，2016～2017 年 COD 和 NH_3-N 基于超标浓度情景下的渭河跨界断面水质传递影响计算结果分别见表 10.9～表 10.12。

表 10.9　2016 年渭河跨界断面基于超标浓度的 COD 水质传递影响　(单位：mg/L)

河道断面名称	不达标月份平均超标浓度	浓度贡献													
		宝鸡*	宝鸡#	杨凌*	杨凌#	西安1*	西安1#	咸阳*	咸阳#	西安2*	西安2#	西安3*	西安3#	渭南*	渭南#
汤峪入渭口处	—	0.00	0.00	—	—	—	—	—	—	—	—	—	—	—	—
漆水河口	—	0.00	0.00	0.00	0.00	0.00	0.00	—	—	—	—	—	—	—	—
铁路桥	—	0.00	0.00	0.00	0.00	0.00	0.00	0.07	0.00	0.00	0.00	—	—	—	—
零河入口	2.67	0.00	0.00	0.00	0.00	0.00	0.00	0.05	0.00	0.00	0.00	0.00	2.62	—	—
入黄口	—	0.00	0.00	0.00	0.00	0.00	0.00	0.02	0.00	0.00	0.00	0.00	1.28	0.00	0.00

注：*代表该地区耗水的浓度贡献，#代表该地区排污的浓度贡献。

表 10.10　2016 年渭河跨界断面基于超标浓度的 NH_3-N 水质传递影响　(单位：mg/L)

河道断面名称	不达标月份平均超标浓度	浓度贡献													
		宝鸡*	宝鸡#	杨凌*	杨凌#	西安1*	西安1#	咸阳*	咸阳#	西安2*	西安2#	西安3*	西安3#	渭南*	渭南#
汤峪入渭口处	—	0.0000	0.0000	—	—	—	—	—	—	—	—	—	—	—	—
漆水河口	—	0.0000	0.0000	0.0000	0.0000	0.0000	0.0000	—	—	—	—	—	—	—	—
铁路桥	0.6765	0.0000	0.0000	0.0000	0.0000	0.0000	0.0000	0.0127	0.5955	0.0072	0.0611	—	—	—	—
零河入口	0.7400	0.0000	0.0000	0.0000	0.0000	0.0000	0.0000	0.0107	0.5020	0.0060	0.0515	0.0002	0.1696	—	—
入黄口	—	0.0000	0.0000	0.0000	0.0000	0.0000	0.0000	0.0072	0.3366	0.0041	0.0345	0.0001	0.1137	0.0000	0.0000

表 10.11　2017 年渭河跨界断面基于超标浓度的 COD 水质传递影响　(单位：mg/L)

河道断面名称	不达标月份平均超标浓度	浓度贡献													
		宝鸡*	宝鸡#	杨凌*	杨凌#	西安 1*	西安 1#	咸阳*	咸阳#	西安 2*	西安 2#	西安 3*	西安 3#	渭南*	渭南#
汤峪入渭口处	—	0.00	0.00	—	—	—	—	—	—	—	—	—	—	—	—
漆水河口	—	0.00	0.00	0.00	0.00	0.00	0.00	—	—	—	—	—	—	—	—
铁路桥	—	0.00	0.00	0.00	0.00	0.00	0.00	0.02	0.00	0.00	0.00	—	—	—	—
零河入口	—	0.00	0.00	0.00	0.00	0.00	0.00	0.02	0.00	0.00	0.00	0.00	0.00	—	—
入黄口	—	0.00	0.00	0.00	0.00	0.00	0.00	0.01	0.00	0.00	0.00	0.00	0.00	0.00	0.00

表 10.12　2017 年渭河跨界断面基于超标浓度的 NH_3-N 水质传递影响　(单位：mg/L)

河道断面名称	不达标月份平均超标浓度	浓度贡献													
		宝鸡*	宝鸡#	杨凌*	杨凌#	西安 1*	西安 1#	咸阳*	咸阳#	西安 2*	西安 2#	西安 3*	西安 3#	渭南*	渭南#
汤峪入渭口处	—	0.0000	0.0000	—	—	—	—	—	—	—	—	—	—	—	—
漆水河口	—	0.0000	0.0000	0.0000	0.0000	0.0000	0.0000	—	—	—	—	—	—	—	—
铁路桥	—	0.0000	0.0000	0.0000	0.0000	0.0000	0.0000	0.0014	0.0000	0.0000	0.0000	—	—	—	—
零河入口	0.6600	0.0000	0.0000	0.0000	0.0000	0.0000	0.0000	0.0012	0.0000	0.0000	0.0000	0.0000	0.6588	—	—
入黄口	—	0.0000	0.0000	0.0000	0.0000	0.0000	0.0000	0.0009	0.0000	0.0000	0.0000	0.0000	0.4835	0.0000	0.0000

10.4　水质传递影响模拟结果比较

1) 情景 1：基于实测浓度

以 2016 年计算结果为例，各市(示范区)COD 和 NH_3-N 浓度贡献沿程变化过程分别见图 10.1 和图 10.2，水质传递影响沿程大体呈衰减趋势。从图 10.1 和图 10.2 中可以看出，上游区域的污染物不仅会影响下游相邻区域的水质，甚至会影响后续几个区域的水质。此外，从表 10.1～表 10.4 可以看出，不同的污染水平对下游区域污染物浓度的程度和范围都有不同的影响，水质较差的地区对下游区域污染物的浓度贡献较大，污染物浓度越高，影响范围越大。

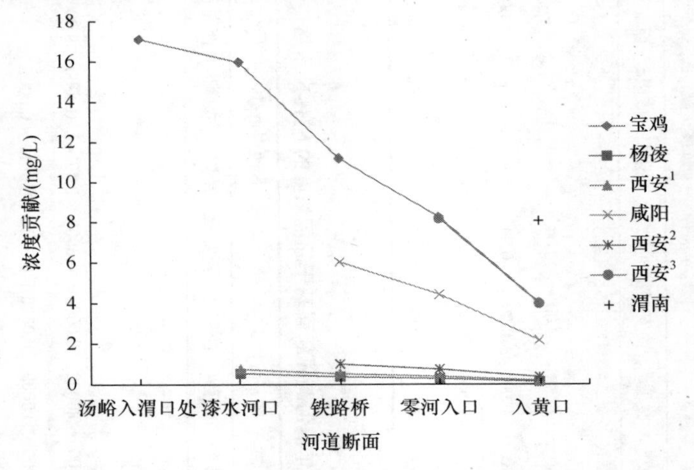

图 10.1　2016 年各市(示范区)COD 浓度贡献沿程变化过程

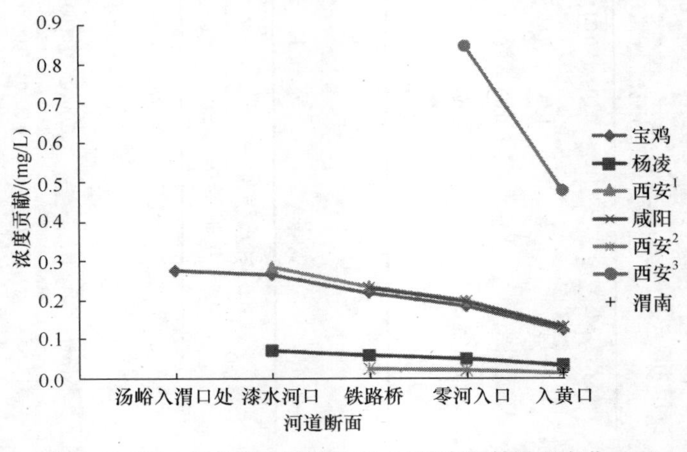

图 10.2　2016 年各市(示范区)NH_3-N 浓度贡献沿程变化过程

由表 10.1～表 10.4 中的断面实测浓度和水质目标浓度可知，2016～2017 年所有跨界断面的实测浓度年均值都满足了水质目标要求。

根据水质传递影响的计算结果及式(9.14)，可以算出各地区对各跨界断面污染物的浓度贡献率。由表 10.1 和表 10.2 可知，2016 年，COD 和 NH_3-N 浓度最高的断面为零河入口。图 10.3 为 2016 年各市(示范区)对西安–宝鸡的跨界断面零河入口的污染物浓度贡献率饼状图。由图 10.3(a)可知，COD 贡献率中宝鸡占比 37%，汤峪入渭口处–漆水河口(西安[1])占比 2%，咸阳占比 20%，杨凌占比 1%，漆水河口–铁路桥(西安[2])占比 3%，铁路桥–零河入口(西安[3])占比 37%，西安共占比 42%。图 10.3(b)为 NH_3-N 浓度贡献率，西安共占比 72%，咸阳占比 13%，宝鸡占 12%，杨

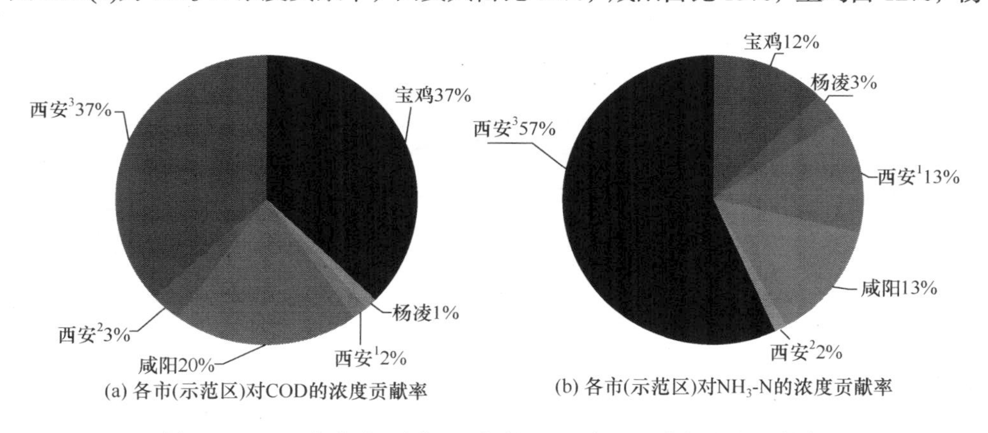

图 10.3　2016 年各市(示范区)对零河入口断面污染物浓度贡献率

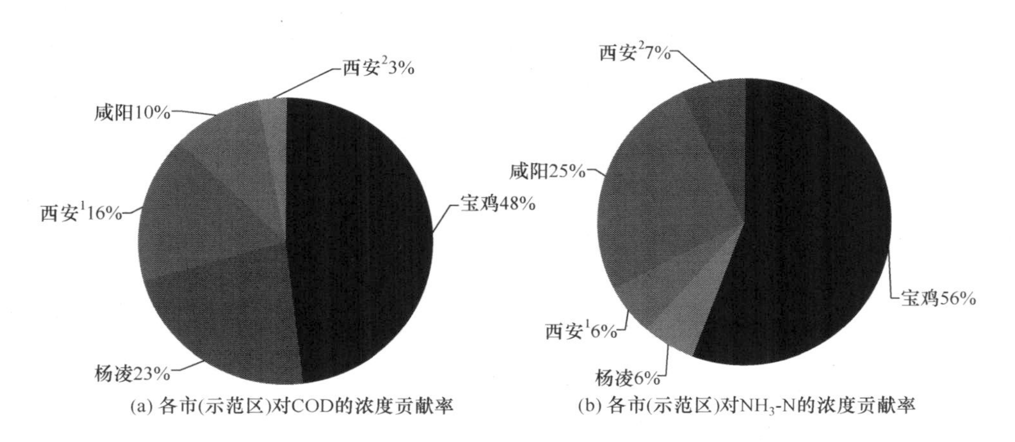

图 10.4　2017 年各市(示范区)对咸阳铁路桥断面污染物浓度贡献率

凌占比 3%。图 10.4 为 2017 年各市(示范区)对咸阳-西安跨界断面铁路桥的污染物浓度贡献率，图 10.4(a)为各市(示范区)对 COD 的浓度贡献率，图 10.4(b)为各市(示范区)对 NH_3-N 的浓度贡献率。

2) 情景 2：基于水环境补偿

以 2016 年 1 月和 9 月计算结果为例(表 10.5～表 10.8)，将各市(示范区)COD 和 NH_3-N 浓度贡献沿程变化过程绘制成折线图，分别如图 10.5～图 10.8 所示。浓度贡献为负代表某地区对某断面的水污染有缓解，并非污染物浓度为负值。从图 10.5～图 10.8 中可以看出，不论是某地区对下游水污染有缓解作用或者加重作用，其浓度贡献的绝对值沿程都趋于 0mg/L，表示随着水流降解、迁移、转化等作用，上游对下游的影响越来越小。

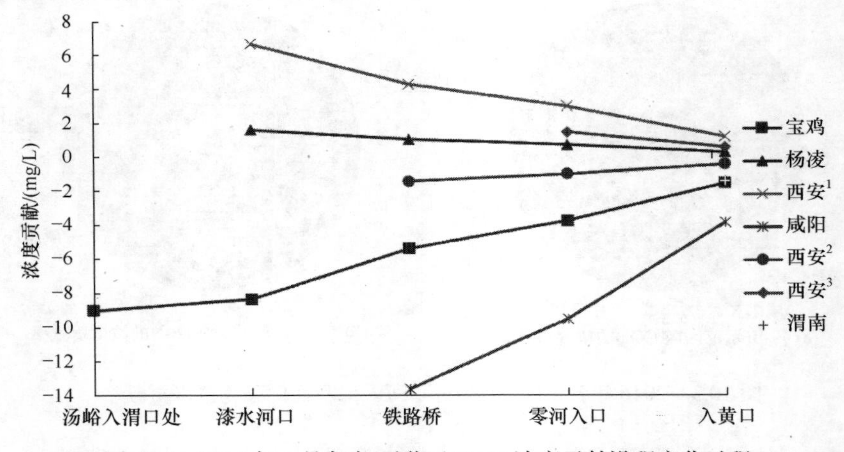

图 10.5 2016 年 1 月各市(示范区)COD 浓度贡献沿程变化过程

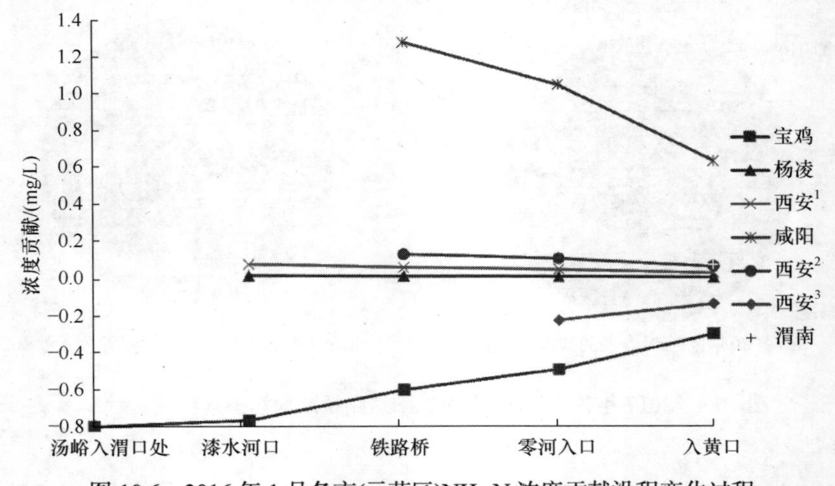

图 10.6 2016 年 1 月各市(示范区)NH_3-N 浓度贡献沿程变化过程

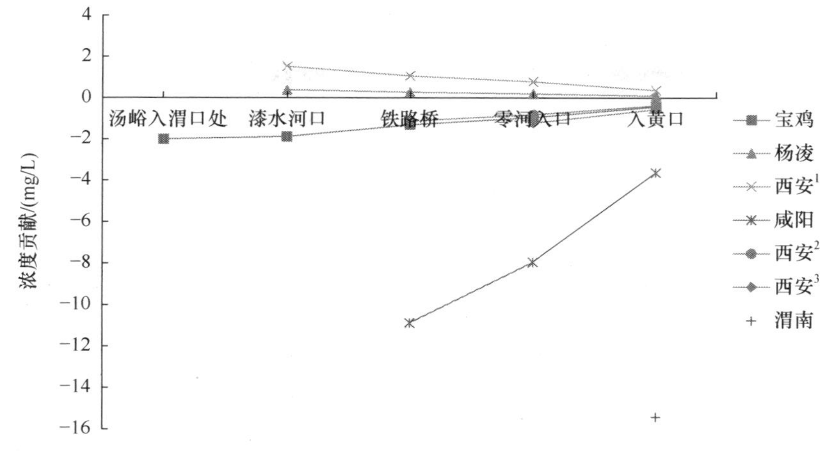

图 10.7　2016 年 9 月各市(示范区)COD 浓度贡献沿程变化过程

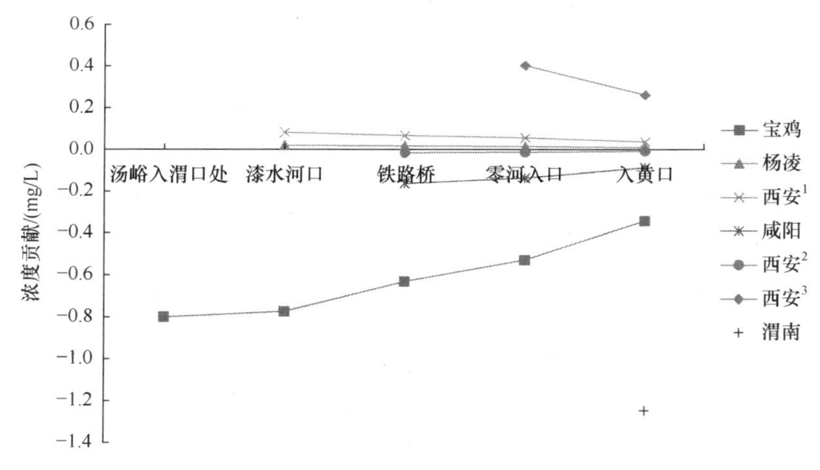

图 10.8　2016 年 9 月各市(示范区)NH_3-N 浓度贡献沿程变化过程

3) 情景 3：基于超标浓度

由表 10.9～表 10.12 可知，2016～2017 年陕西省各市(示范区)取水情况对于渭河水质的影响，其中咸阳因超标取水引起水质变化，而其他地区因超标取水引起的污染物浓度贡献很小或为 0mg/L。超标排污的计算结果表明，西安超标排污对水质影响的贡献率较大，而其他地区超标排污对水质影响的贡献率较小或为 0mg/L。

从表 10.9～表 10.12 中不达标月份平均超标浓度可以看出，基于超标浓度情景中 COD 和 NH_3-N 浓度不达标断面主要集中在中下游，造成这一现象的原因是西安超标排污。在基于实测浓度情景中，所有跨界断面的实测浓度年均值都在水质目标范围内，即全部达标。在基于超标浓度情景中，2016 年 COD 不达标的断面为零河入口，2017 年全部达标；2016 年 NH_3-N 浓度不达标的断面为铁路桥和零河入口，2017 年为零河入口。两种情景中不达标断面情况不一致，当断面年平均浓度达到标准时，也可能不满足水质考核要求的 80%年达标率，因此无法追究其水污染责任。

在基于超标浓度情景下，COD 和 NH_3-N 污染最严重的断面仍然为铁路桥和零河入口。与前两种情景不同的是，该情景可以将责任具体划分为每个市(示范区)的超标耗水与超标排污两个因素。根据式(9.21)、式(9.22)可以计算出相关市(示范区)对某断面污染物浓度贡献率。2016 年各市(示范区)对零河入口断面污染贡献率如图 10.9 所示，由图 10.9(a)可知，2016 年零河入口断面 COD 的污染贡献率中，铁路桥-零河入口(西安 ^{3})的排污占比 98%，咸阳耗水占比 2%。图 10.9(b)为各市(示范区)对 NH_3-N 的浓度贡献率，咸阳共占 69%，其中超标排污占 68%，超标耗水占 1%；西安市共占 31%，其中漆水河口-铁路桥(西安 ^{2})排污占比 7%，耗水占 1%；铁路桥-零河入口(西安 ^{3})排污占 23%。基于超标浓度情景下计算出的陕西省各地区对渭河干流各断面的污染物贡献率，不仅可以将补偿比例按区域划分，还可以得到超标耗水和超标排污两个影响因素下的责任比例。

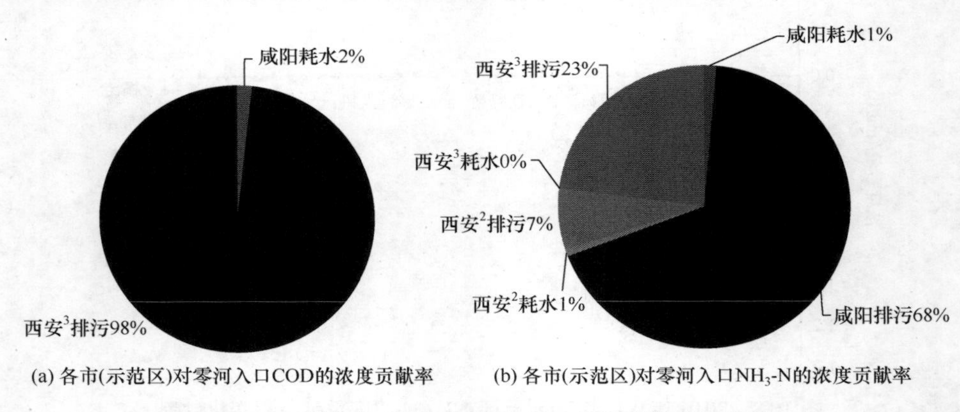

(a) 各市(示范区)对零河入口COD的浓度贡献率　　(b) 各市(示范区)对零河入口NH_3-N的浓度贡献率

图 10.9　2016 年各市(示范区)对零河入口断面污染物浓度贡献率

第 11 章　跨界水环境补偿标准

目前，我国对生态补偿的研究重点仍为生态补偿机制，对定量测算方法研究相对较少，也没有统一的标准，这是生态补偿实施中的一大难点。补偿标准制定是生态补偿的核心，关系到补偿效果和补偿者的承受能力。只有对生态资源作出科学、合理地评估，确定生态补偿标准，才能顺利构建生态补偿机制。

绝大多数的生态补偿标准从投入和效益两方面来测算。投入主要是指在水源地保护和生态建设方面投入成本或保护水源地造成的损失。效益主要是估算生态服务在经济社会和生态方面体现的价值。国外对于流域生态补偿的测算研究已形成了很多理论和方法，但仍没有统一的标准。在一些市场经济比较发达的国家和地区，政府在生态补偿中只起辅助作用，生态补偿需求通常由下游的私人机构提出和驱动，不适用于我国现状。

本章主要围绕河流纳污能力及水质传递影响两方面开展水环境补偿标准研究。

11.1　基于纳污能力的水环境补偿标准

11.1.1　计算方法

河流具有收纳大量污染物的特性，使得河流纳污能力成为一种自然资源。河流纳污能力兼具效用性和稀缺性，因此具有价值[150]。随着经济的发展，水环境问题日益突出，河流纳污能力资源的稀缺性也越来越明显。在可持续发展的价值观下，人们已经认识到河流纳污能力价值是自然资源价值和社会资源价值的统一。河流纳污能力利用、开发与补偿关系的确立，可以保证水环境系统功能持续正常发挥作用，防止水环境结构向不利于人类生存的方向改变，促进社会可持续发展[151]。

研究河流纳污能力价值，就是为了建立自然资源可持续利用的价值观，充分认识河流纳污能力作为一种自然资源的功能、价值及其利用、开发与补偿的关系。在保障现实或拟定的水环境结构不发生明显不利于人类生存的方向性改变，保证水环境系统功能可持续正常发挥作用的前提下，促进社会可持续发展[152]。

河流纳污能力价值的计算方法主要有四种：生态保护者的直接投入和机会成本、生态受益者的获利、生态破坏的恢复成本及生态系统服务的价值。

(1) 生态保护者的直接投入和机会成本计算。生态保护者为了保护生态环境，投入的人力、物力和财力应纳入补偿标准。同时，由于生态保护者要保护生态环境，牺牲了部分的发展权，这一部分机会成本也应纳入补偿标准。从理论上讲，直接投入与机会成本之和应该是生态补偿的最低标准。

(2) 生态受益者的获利计算。生态受益者没有为自身所享有的产品和服务付费，使得生态保护者的保护行为没有得到应有的回报，产生了正外部性。为使生态保护的正外部性内部化，需要生态受益者向生态保护者支付相关费用。因此，可通过产品或服务的市场交易价格和交易量来计算补偿标准，该方法简单易行，同时有利于激励生态保护者采用新技术来降低生态保护成本，促使生态保护不断发展。

(3) 生态破坏的恢复成本计算。资源开发活动会造成一定范围内的植被破坏、水土流失、水资源破坏和生物多样性减少等，直接影响到区域的水源涵养、水土保持、景观美化、气候调节和生物供养等生态服务功能。因此，按照谁破坏谁恢复的原则，需要核算环境治理与生态破坏的恢复成本作为生态补偿标准的参考。

(4) 生态系统服务的价值计算。生态系统服务的价值评估主要是针对生态保护或者环境友好型生产经营方式产生的水土保持、水源涵养、气候调节、生物多样性保护和景观美化等生态服务功能价值进行综合评估与核算。国内外已经对相关的评估方法进行了大量研究。目前，在指标选取、价值估算等方面尚缺乏统一标准，生态系统服务功能与现实的补偿能力方面有较大差距。因此，一般按照生态系统服务的价值计算出的补偿标准只能作为补偿的参考和理论上限值。

生态保护者的直接投入和机会成本计算的优点是以生态保护者为研究对象，且价值较容易量化，缺点是机会成本的研究还需加强。其他三种方法的优点是与生态联系较为密切，缺点是未以生态保护者为研究对象，且价值较难量化[151]。

以上四种方法中，最常见的是生态破坏的恢复成本计算。恢复成本是指恢复水质所需的费用，一般用污水处理厂的处理成本来确定水资源污染损失单价，恢复成本计算公式如下：

$$P_0 = 10^{-6} \times D\rho / \left(C_{\mathrm{I}} - C_{\mathrm{O}}\right) \tag{11.1}$$

式中，P_0 为恢复成本(元/t)；D 为污水治理成本(元/t)；ρ为水的密度(g/cm^3)，ρ=1g/cm^3；C_{I} 为进水的污染物浓度(mg/L)；C_{O} 为出水的污染物浓度(mg/L)。

我国主要城镇污水处理厂的治理成本为 1.29 元/t，进水 COD 为 253.79mg/L，出水 COD 为 22.03mg/L(2006 年《中国城镇污水处理厂汇编》主要城镇污水处理相关平均数据)。将数据代入式(11.1)得恢复成本 P_0 为 5570 元/t[153]。

基于河流纳污能力的生态补偿标准的计算公式为

$$P = P_0 \left(M - m_0 \right) \tag{11.2}$$

式中，P 为生态补偿标准(亿元/t)；M 为纳污能力(t/a)；m_0 为污染物排放量(t/a)，指污染源单位时间排入环境或其他设施的某种污染物的质量，一般来自实地调查的流域中工业生产废水、城镇生活污水等排放数据。

如果生态补偿标准是正值，也就是还有剩余纳污能力，下游应该因上游提供优良水质对其进行受益补偿；如果生态补偿标准是负值，也就是纳污能力没有剩余，代表上游来水没有达到规定的水质标准，下游需要进行水生态修复措施，才能达到水质标准，因此上游应该对下游进行损失补偿。如果来水水质浓度等于水质标准浓度，生态补偿标准为 0，则上下游之间不存在补偿。

11.1.2　实例研究

本小节以渭河干流陕西段宝鸡、杨凌、咸阳、西安和渭南 5 市(示范区)为实例，选择 COD 为研究因子，进行水环境补偿标准计算。与水质传递影响研究类似，以渭河干流左右岸不同的行政区，将研究区域划分为省界(甘)-汤峪入渭口处(宝鸡)、汤峪入渭口处-漆水河口(杨凌、西安)、漆水河口-铁路桥(咸阳、西安)、铁路桥-零河入口(西安)、零河入口-入黄口(渭南)5 个计算单元。纳污能力结果采用年-最枯月排频方式 90%设计频率下综合计算模型 COD 纳污能力的计算结果。对每个计算单元内水功能区纳污能力求和得到各计算单元的 COD 纳污能力，见图 11.1。

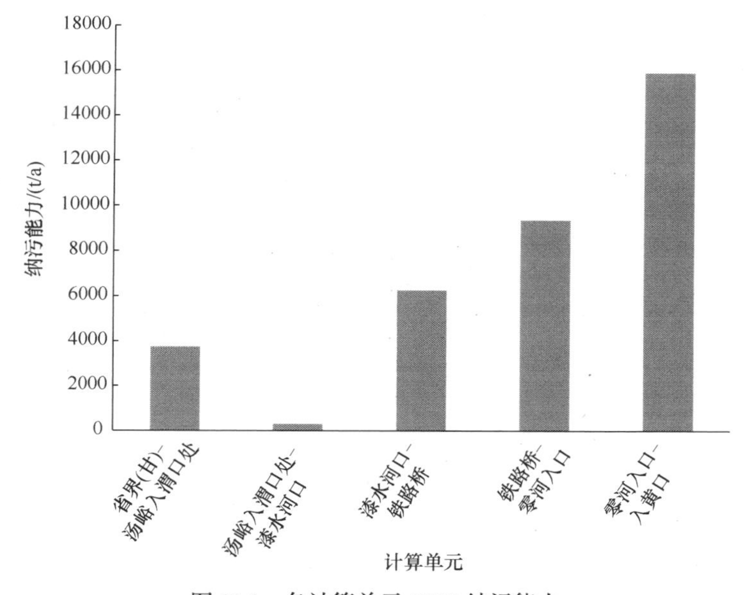

图 11.1　各计算单元 COD 纳污能力

经过实地调查与收集，得到各行政区 2016 年 COD 的实际排放量，由于西安涉及 3 个计算单元，则根据河长比例对各计算单元进行分配，最终得到 2016 年各计算单元 COD 的实际排放量，见图 11.2。

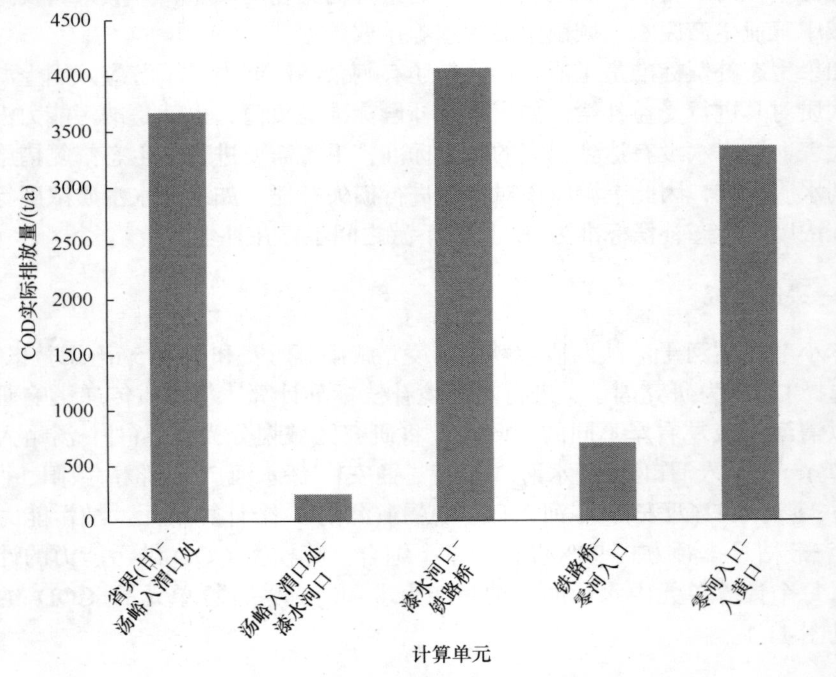

图 11.2　2016 年各计算单元 COD 的实际排放量

恢复成本 P_0 为 5570 元/t，将以上数据代入式(11.2)，得出各计算单元的水环境补偿标准，见表 11.1。

表 11.1　2016 年渭河干流各计算单元水环境补偿标准　(单位：万元)

序号	计算单元	补偿标准
1	省界(甘)-汤峪入渭口处	37.35
2	汤峪入渭口处-漆水河口	31.65
3	漆水河口-铁路桥	1214.42
4	铁路桥-零河入口	4818.28
5	零河入口-入黄口	6990.70

得到每个计算单元的水环境补偿标准后，还需要分配至每个行政区。省界(甘)-汤峪入渭口处、铁路桥-零河入口和零河入口-入黄口 3 个计算单元不涉及其他行政区，则宝鸡和渭南所获补偿标准分别为 37.35 万元和 6990.70 万元。汤峪入渭口处-漆水河口涉及杨凌与西安两个行政区，可根据其排污比例的反比，将该段补偿标准

分配至两个行政区。漆水河口–铁路桥段与之分配原则类似。最终，杨凌的补偿标准为 13.29 万元，咸阳的补偿标准为 1041.41 万元，西安的补偿标准为 5009.65 万元。

近年来，国内各地陆续实施的生态补偿案例中，凡是涉及不同的行政单元，大多是在上级部门的主导和指导下进行的。渭河干流涉及宝鸡、咸阳、西安、渭南和杨凌四市一示范区，均隶属于陕西省政府或流域管理机构，故渭河干流水环境补偿实施的主导部门应为陕西省政府或流域管理机构，负责其生态补偿资金专户管理和分配。各地补偿资金应从各级政府的税收、水资源利用附加费和排污费中筹集[109]。

11.2 基于水质传递影响的水环境补偿标准

11.2.1 计算方法

水环境补偿研究的主要内容包括补偿实施范围与主客体识别、补偿标准测算、补偿方式与资金筹集办法、补偿机制等。其中，主客体识别即补偿涉及利益相关者的合理界定。对于涉及多个行政区的流域来说，一般的方法都是按上下游划分出受益方与受损方。由于流域的整体性与污染物的传递性，难以判断某一区域对下游具体的影响程度及范围，而基于水质传递影响的水环境补偿标准研究则可以在确定补偿标准的同时界定损益责任关系。

(1) 采用水质传递影响中情景 2(基于水环境补偿)的补偿标准计算补偿金。断面 i 的总补偿金可以通过式(11.3)计算。

$$\mathrm{EC}_i = M_i \times R_\mathrm{c} = \sum_{n=1}^{12}\left[\left(C_{in} - C_{is}\right)\times Q_{in}\right]\times R_\mathrm{c} \tag{11.3}$$

式中，M_i 为流出断面 i 的污染物年通量(t/a)；C_{in} 为断面 i 第 n 个月水质监测浓度(mg/L)；C_{is} 为断面 i 水质目标浓度(mg/L)；Q_{in} 为断面 i 第 n 个月的径流量(m^3)；EC_i 为断面 i 所属区域获得总补偿金(元/a)；R_c 为单位污染物削减的处理成本或单位污染物削减带来的生态效益(元/t)。

得到每个断面所属区域理应获得的总补偿金，根据水质传递影响中基于水环境补偿情景的计算结果及式(9.14)，可得到区域 j 对断面 i 所属区域的补偿比例，再乘以 EC_i，即区域 j 对断面 i 所属区域的补偿金。

(2) 采用水质传递影响中情景 3(基于超标浓度)的补偿标准计算补偿金。根据流域交界断面水质考核要求，以其水质达标状况来确定该断面所属区域的总补偿金。断面 i 的总补偿金可以通过式(11.4)计算。

$$\mathrm{EC}_i = \frac{\sum_{k=1}^{m}\left(C_{ik} - C_{is}\right)}{m}\times Q_i \times R_\mathrm{c} \quad (k = 3,4,\cdots,m;\ \ 3 \leqslant m \leqslant 12) \tag{11.4}$$

式中，m 为断面 i 不达标月份总数(个)，根据水功能区考核达标率 80%的要求，$3 \leqslant m \leqslant 12$；$C_{ik}$ 为断面 i 第 k 个不达标月份的污染物实测浓度(mg/L)；Q_i 为断面 i 年径流量(m^3)。

根据超标浓度传递影响的计算结果及式(9.21)和式(9.22)，可得到涉及补偿的区域 j 排污及耗水对补偿的贡献率，区域 j 排污及耗水的贡献率相加，可得到区域 j 的补偿比例，再乘以 EC_i，即区域 j 对断面 i 所属区域的补偿金。

11.2.2　实例研究

(1) 根据水质传递影响情景 2 的模拟结果计算补偿金。本小节采用 2016 年 1 月的 COD 基于水环境补偿的水质传递影响计算结果(表 10.5)，可计算出 2016 年 1 月渭河跨界断面 COD 基于水环境补偿的污染物浓度贡献率，如表 11.2 所示。

表 11.2　2016 年 1 月渭河跨界断面 COD 基于水环境补偿的污染物浓度贡献率(单位：%)

河道断面名称	宝鸡	杨凌	西安[1]	咸阳	西安[2]	西安[3]	渭南
汤峪入渭口处	100	—	—	—	—	—	—
漆水河口	*	*	*	—	—	—	—
铁路桥	35.80	−7.06	−28.74	90.60	9.40	—	—
零河入口	41.69	−8.22	−33.47	105.50	10.94	−16.44	—
入黄口	30.33	−5.98	−24.35	76.75	7.96	−11.96	27.25

注：*表示计算贡献率时分母为 0。

根据各断面的 1 月实测 COD，代入式(11.3)，根据其贡献率，可得到 2016 年 1 月各地区应承担的 COD 补偿金，如表 11.3 所示。

表 11.3　2016 年 1 月各地区应承担的 COD 补偿金　(单位：万元)

河道断面名称	宝鸡	杨凌	西安[1]	咸阳	西安[2]	西安[3]	渭南	总补偿金
汤峪入渭口处	−197.50	—	—	—	—	—	—	−197.50
漆水河口	0	0	0	—	—	—	—	0
铁路桥	−151.96	29.95	122.01	−384.58	−39.88	—	—	−424.46
零河入口	−343.95	67.79	276.16	−870.47	−90.28	135.65	—	−825.10
入黄口	−116.02	22.87	93.16	−293.63	−30.45	45.76	−104.26	−382.57

表 11.3 中正值表示上游应给予下游损失补偿，负值表示上游应得到下游受益补偿，其中每一行的元素表示不同地区对该断面的补偿金。以渭南出境断面入黄口为例，2016 年 1 月应该获得的总补偿金为 382.57 万元，其中宝鸡应获得补偿金

116.02 万元，杨凌应赔付补偿金 22.87 万元，西安汤峪入渭口处-漆水河口应赔付补偿金 93.16 万元，咸阳应获得补偿金 293.63 万元，西安漆水河口-铁路桥应获得补偿金 30.45 万元，西安铁路桥-零河入口段应赔付补偿金 45.76 万元，则西安总共应赔付补偿金 108.47 万元，渭南应获得补偿金 104.26 万元。表中每一列表示该地区对下游相关断面应该赔付或获得的补偿金，如宝鸡 2016 年 1 月应获得的 COD 补偿金共计 809.43 万元。算出 2016 年各月的补偿金之后，将逐月的补偿金相加可得到 2016 年各地区应承担的 COD 补偿金，如表 11.4 所示。从结果可以看出，2016 年只有零河入口断面总补偿金为正值，即需要进行损失补偿，其余断面均为负值，即需要获得受益补偿。其中，西安共需赔偿 4550.81 万元，承担该断面补偿金的大部分。

表 11.4　2016 年各地区应承担的 COD 补偿金　　(单位：万元)

河道断面名称	宝鸡	杨凌	西安[1]	咸阳	西安[2]	西安[3]	渭南	总补偿金
汤峪入渭口处	−661.38	—	—	—	—	—	—	−661.38
漆水河口	−497.41	−48.17	−196.22	—	—	—	—	−741.80
铁路桥	−1013.77	−70.14	−285.73	1166.12	120.94	—	—	−82.58
零河入口	−2268.99	−79.94	−325.66	1661.28	172.29	4704.19	—	3863.17
入黄口	−960.08	−46.90	−191.05	639.71	66.34	2122.43	−2032.54	−402.08

(2) 根据水质传递影响情景 3 的模拟结果计算水污染补偿金。根据基于超标浓度的水质传递影响计算结果可以得到上游相关地区对每一断面污染物的浓度贡献率(图 10.9)。以 2016 年 COD 基于超标浓度的水质传递影响为例，2016 年 COD 不达标的断面为西安的出境断面零河入口，其中铁路桥-零河入口段的排污占比 98%，咸阳耗水占比 2%。零河入口断面 2016 年不达标月份平均超标浓度为 2.67mg/L，根据式(11.4)，可得该断面的总补偿金为 4827.34 万元，按照贡献比例，咸阳需补偿西安 87.78 万元，西安本地需承担补偿金为 4739.56 万元。

从补偿主客体的角度来看，咸阳为补偿主体，需要对西安进行损失补偿；西安既为补偿主体，也为补偿客体。

11.3　补偿标准计算方法比较

基于纳污能力的补偿标准计算是目前比较常用的一种计算方法，该方法的优点是通用性强，计算结果的正负可以体现补偿类型。其缺点是对于流经多个行政区的河流而言，各地区对下游造成影响的程度及范围难以确定，也就难以定量其补偿金。

基于水质传递影响中情景 2 的补偿标准计算方法优点是明确责任划分，根据利益相关方对水污染的缓解或加重程度及其影响范围，促进解决跨界水污染责任不明晰的问题。考虑损失补偿及受益补偿两方面，适用于需要进行水环境补偿的跨界断面。

基于水质传递影响中的情景 3 的补偿标准计算方法通用性强，计算过程简单清晰，明确利益相关方及相关各要素对水污染的贡献程度，涉及较多地区时，补偿主客体关系较为明确。然而，完整意义的水环境补偿包括了损失补偿和受益补偿。该方法较为严格，只反映了水污染损失补偿的分配，没有反映受益补偿的问题，适用于实施最严格水资源管理地区及河段的考核追责。

补偿标准确定往往涉及多个行政区的多个管理单位，需要考虑各地区的经济发展水平等相关因素。因此，进行河流水环境补偿时，可采用多种方法进行补偿标准计算，综合考虑不同方法的优缺点、适用性及多个方面的管理需求进行决策。因此，有必要建立一个基于信息技术的模拟系统，进行不同条件、不同模型、不同需求下的跨界水污染补偿标准计算。

第12章　仿真系统设计与实现

河流水质业务管理属于复杂的系统工程问题，涉及因素多，因此必须借助信息化技术，才能更好地解决。水环境信息化虽已引起相关部门重视，但在水环境信息化建设中问题依然明显。目前，信息的采集监测、通信网络等工程性建设投资很大，但应用系统的建设却相对滞后，且大多应用系统不能适应需求的变化，导致业务应用难以真正开展。因此，需要采用当前先进的信息技术、软件技术，构建河流水质业务管理系统，开展相关业务应用。本章采用知识图、组件等信息技术构建了河流动态纳污能力及水质传递影响仿真系统，有效支撑纳污能力计算及水质传递影响研究的落实及业务应用的开展。

12.1　仿真系统设计

1. 仿真系统总体框架

河流动态纳污能力及水质传递影响仿真系统总体框架如图12.1所示。

从层次结构上来看，河流动态纳污能力及水质传递影响仿真系统主要围绕数据库层、组件服务层、集成应用层3个层次进行设计，各个层次系统的功能模块与逻辑关系如下。

(1) 数据库层：主要建设河流动态纳污能力及水质传递影响仿真系统的基础数据库、模型参数库和决策支持库。内容主要有空间数据、水质数据、污染源数据、水文气象数据、决策支持数据及模型参数等。

(2) 组件服务层：①基础数据分析。一方面对不同的断面水质、水量状况和水质达标情况进行数据融合与处理分析，另一方面可查询流域内、区域内的污染源排放信息，为动态纳污能力计算和水质传递影响等业务提供基础数据。②纳污能力计算。根据不同的计算频率、设计水文条件、污染物类型，选择多种纳污能力计算模型进行动态模拟，为负荷分配、水功能区考核管理、水环境补偿等提供基础。③总量控制。根据不同的总量控制原则，确定污染物控制总量，采取多种负荷分配方法，实现水污染物总量控制。④水功能区考核。根据不同的水功能区达标评价标准，实现水功能区的动态考核管理。⑤水质传递影响。按照不同的需求，

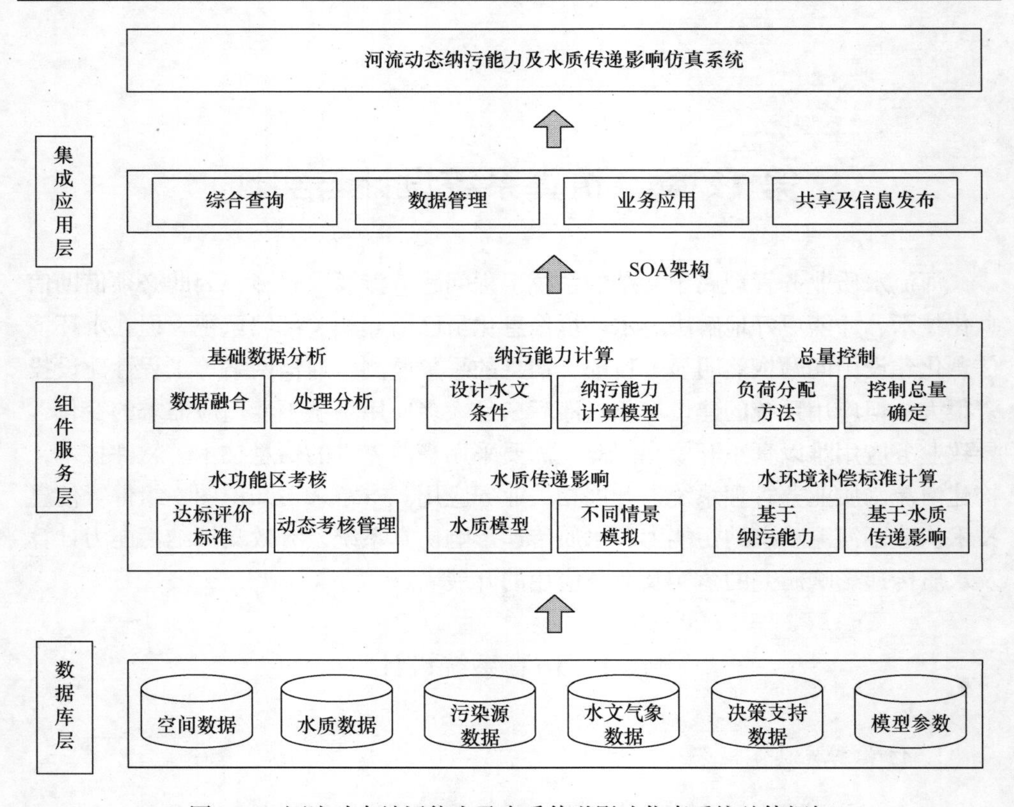

图 12.1 河流动态纳污能力及水质传递影响仿真系统总体框架

采取不同的水质模型实现不同情景下的水质传递影响模拟，为水环境补偿标准计算提供基础。⑥水环境补偿标准计算。实现基于纳污能力及基于水质传递影响的补偿标准计算。

(3) 集成应用层：划分为综合查询、数据管理、业务应用和共享及信息发布。

2. 仿真系统功能框架

河流动态纳污能力及水质传递影响仿真系统按功能可划分为业务管理和基础信息管理两大类，其中业务管理包括纳污能力计算、总量控制、水功能区考核、水质传递影响和水环境补偿标准计算；基础信息管理包括基础数据分析、综合查询、数据共享及信息发布和数据查询及管理。河流动态纳污能力及水质传递影响仿真系统功能模块划分如图 12.2 所示。

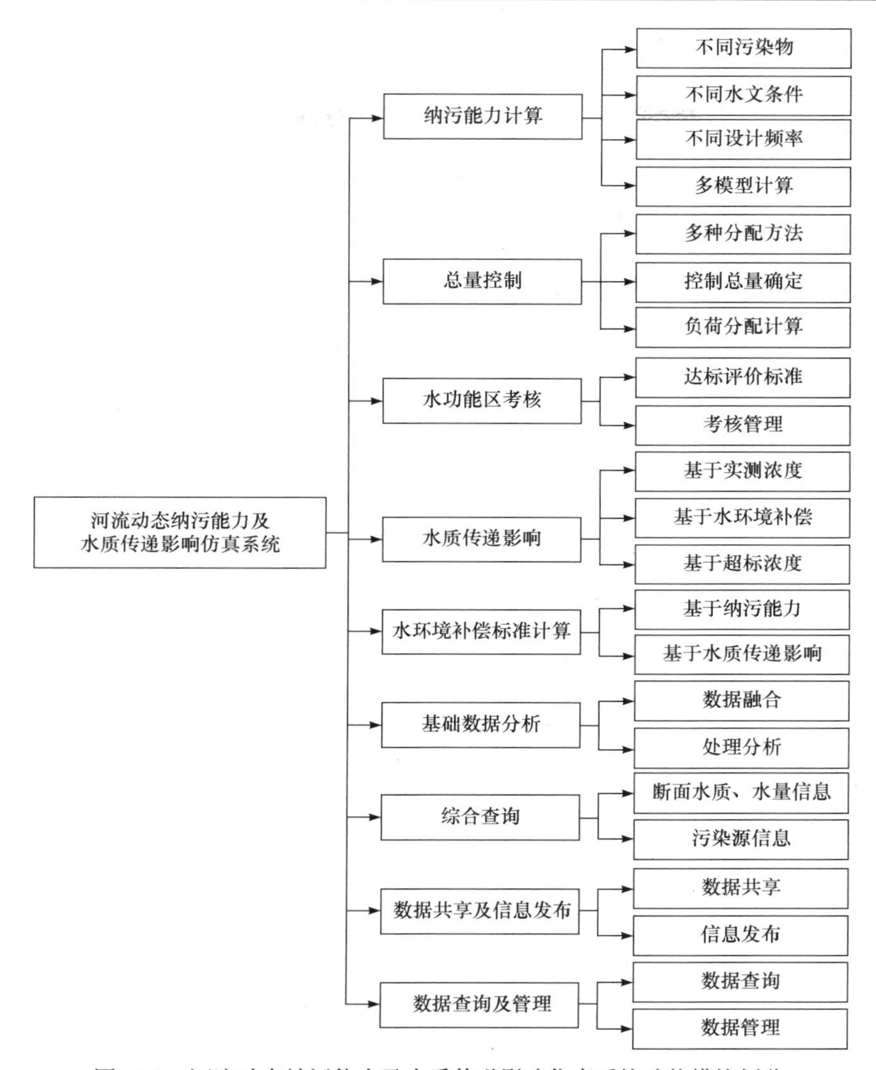

图 12.2　河流动态纳污能力及水质传递影响仿真系统功能模块划分

3. 仿真系统构建模式

河流动态纳污能力及水质传递影响仿真系统构建是以综合集成平台为基础的，由主题库、知识图库、组件库构成。建立业务数据库，为管理业务提供数据支持，确定业务主题，通过主题驱动的方式进行业务流程化分析。将业务流程概化为知识图，进行知识可视化描述，根据概化的业务流程划分业务组件，实现业务功能，完成业务管理流程化、可视化的应用。系统构建可具体分为组件划分与开发、服务发布、知识图绘制、业务组件定制、组件的添加及系统运行几个步骤。

(1) 组件通常按照业务流程进行划分，将业务中的每个部分分割为一个组件，通过编程实现其功能，每个组件可独立运算。

(2) 服务发布是将应用程序封装成 Web service 标准形式，然后将 Web service 部署到服务器，并在 JUDDI*上注册、发布。

(3) 知识图是一种知识管理方法，它可以将半结构化和非结构化这两类信息转化为结构化信息，以相关文章标注、链接和节点等对异构信息源的概念、联系及层次逻辑关系进行描述，并将其构建成一种知识和知识之间的关系网[117]。构建业务系统首先必须熟悉业务的基本流程，基于综合集成平台，采用知识图的方式绘制业务流程。

(4) 组件开发、服务发布之后即可进行业务组件定制，组件定制好后，只需将组件添加至知识图，系统即开始运行。

12.2 仿真系统实现的关键技术

12.2.1 综合集成平台

1. 综合集成平台的设计原则

综合集成平台是应用系统间的桥梁，是应用系统和数据库之间的纽带，构建综合集成平台的目的就是满足水利业务中水文预报、水库调度、水文统计、水资源配置、水功能区纳污能力计算与入河污染物总量控制分配等业务需求。该平台能够使水利业务系统具有灵活性、适应性，以应对外界条件的随机性和不确定性，同时使得系统具有可操作性和适应动态变化的能力。因此，平台在设计和实现时应满足下列基本要求[1]。

1) 资源整合

河流动态纳污能力及水质传递影响模拟需要各种数据及信息资源，这些数据及信息资源可能分布在不同地点、不同部门，数据的格式也不尽相同，有结构化的，也有非结构化的，因此综合集成平台应能实现各种资源的整合与重用。

2) 提供开发环境

综合集成平台的目的是为河流动态纳污能力及水质传递影响仿真系统的构建提供一个集成开发环境，快速构建出具有适应性的仿真系统。因此，综合集成平台应该提供统一的体系结构、风格和环境，能为不同的功能实体提供服务和支撑。

---

* Web service UDDI，指符合通用(universal)、描述(description)、发现(discovery)和集成(integration)规范的一个 Jave 实现，简称 JUDDI。

3) 基于松耦合的信息共享

基于综合集成平台构建河流动态纳污能力及水质传递影响仿真系统的优点是通过平台将业务逻辑与底层的数据分离，保证系统的灵活性和适应性。因此，平台应实现业务逻辑与公共服务的分离，保证信息服务的松耦合，以适应业务和环境的不断变化。

4) 可伸缩的配置

综合集成平台应能根据业务的特点进行不同级别的配置，以保证系统合理的规模和经济性。

5) 个性化的服务

综合集成平台能为不同的使用者提供按需而变的个性化服务，满足不同决策人员的需求。

6) 方便重构和扩展

在综合集成平台中，河流动态纳污能力及水质传递影响仿真系统能根据纳污能力计算的需求很容易地重构和扩展。

7) 提高应用系统开发效率

综合集成平台力求提高河流动态纳污能力及水质传递影响仿真系统的开发效率，使系统具有一定的鲁棒性。应通过组件搭建的方式灵活构建应用系统，并能够通过简捷的方式增加、修改或删除系统的业务功能。

2. 综合集成平台的技术模型

采用 SOA、软件即服务(software as a service，SaaS)和平台即服务(platform as a service，PaaS)等面向服务的信息化整合技术，对信息服务、决策服务实施有机集成，在计算服务的支持下构建综合集成平台，为整个信息化系统提供一体化的服务模型和操作接口，并实现远程及分布式结构的服务框架，可为多层次、多方面的决策和管理操作提供方便、快捷的途径[154]。综合集成平台的技术模型如图 12.3 所示。

综合集成平台的技术模型主要包括：应用服务控制层、人机交互服务层、业务逻辑服务层、外部应用服务层、服务访问接口、人机交互访问接口、业务逻辑访问接口和外部应用访问接口。外部应用服务层和外部应用访问接口可根据用户需要确定是否归为综合集成平台的一部分。

3. 综合集成平台功能设计

为了快速灵活构建河流动态纳污能力及水质传递影响仿真系统，满足业务管理需求，综合集成平台的主要功能包括知识图绘制与管理、服务定制与关联、多元信息展示和平台管理 4 大类，其功能模块如图 12.4 所示。

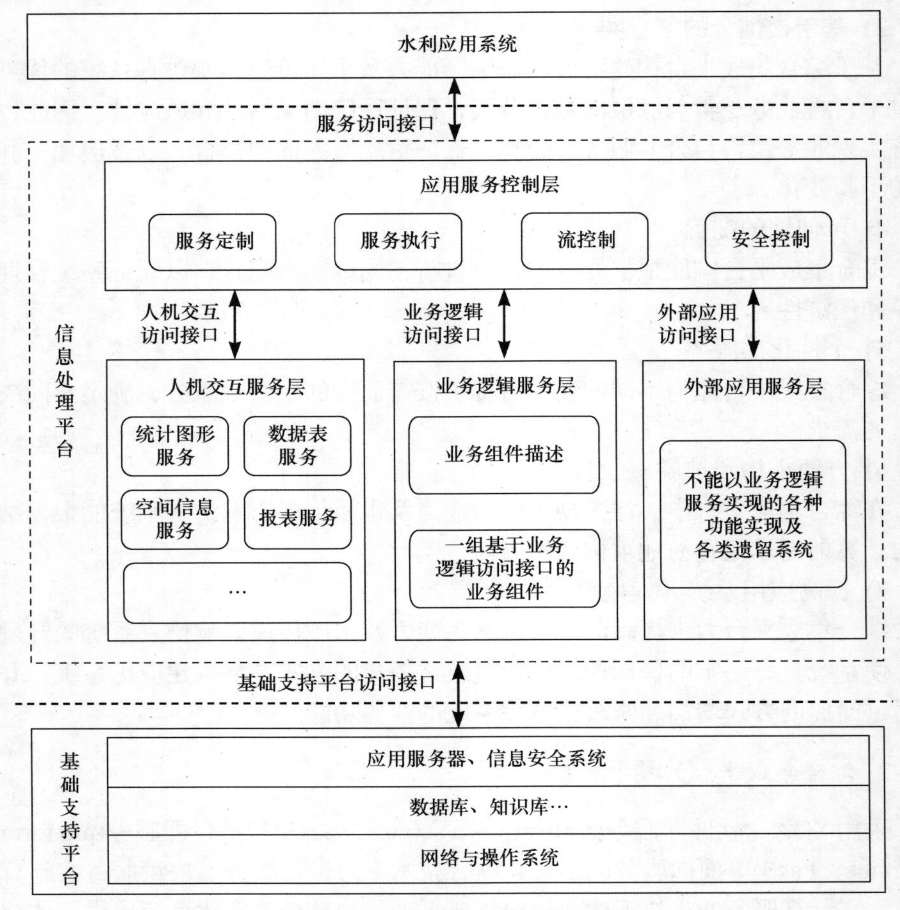

图 12.3　综合集成平台技术模型[154,155]

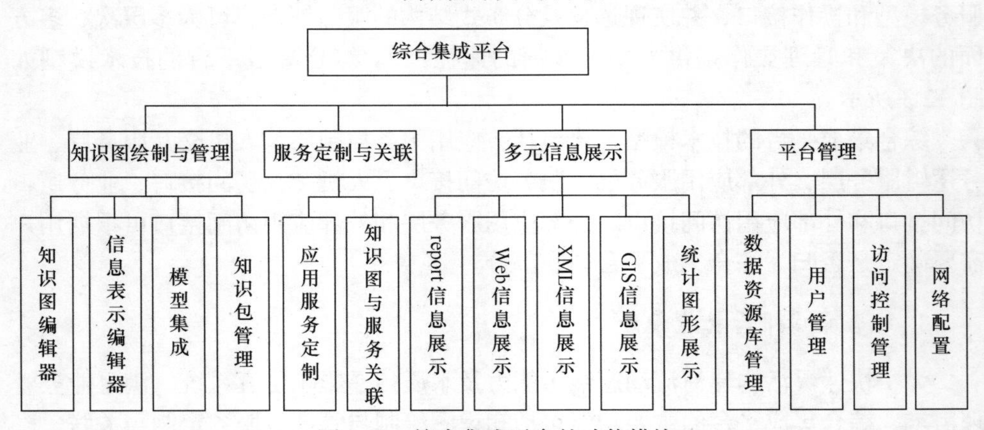

图 12.4　综合集成平台的功能模块

report-报表；Web-万维网；XML-可扩展置标语言；GIS-地理信息系统

(1) 知识图绘制与管理。知识图绘制与管理的主要功能是提供业务应用知识图的绘制与管理。平台应具有知识图编辑器，包括节点绘制、关联关系绘制、字体、颜色设置等绘制工具，同时应具有知识图打包、存储、查询和修改等管理功能。

(2) 服务定制与关联。服务定制与关联的主要功能是通过平台提供应用服务(信息类服务组件、模型方法类服务组件)定制及知识图与服务关联的功能。

(3) 多元信息展示。平台提供 Web 信息、可扩展标记语言(extensible markup language，XML)信息和地理信息系统(geographic information system，GIS)信息集成与展示功能，并提供报表制作功能，通过多种统计图形方式可视化展示信息。

(4) 平台管理。平台管理提供平台下的数据源库管理、网络配置、用户管理及访问控制管理等功能[1]。

12.2.2　知识可视化技术

业务系统的开发采用图形化编程方式，通过知识图，以主题的方式来描述和组织应用，将复杂、繁琐、费时的语言经编程简化成菜单或图标，通过选择带有可视化描述特征的业务组件，并用线条把各种组件连接起来(图 12.5)。把服务组合框架和工作流引入应用框架中，通过业务编排形成与服务对应的作业模型，以数据流作为计算的编程方式，程序框图中节点之间的数据流向决定了程序的执行顺序(图标表示任务，连线表示数据流向，框图为产生的程序)。实现上级业务组件输出流与下级业务组件输入流的对接，以数据流模式完成业务组件之间的数据信息交换。通过业务组件内部的算法来处理数据信息，形成一种以专业主题为特色、以个性化服务为特征，可编辑、可重用、机制灵活的业务服务环境(图 12.6)。按需构建一个空间信息服务平台，进而合理化部署业务应用，便于业务节点调度方案的实现，也有利于展开业务应用的细化研究和分层研究。

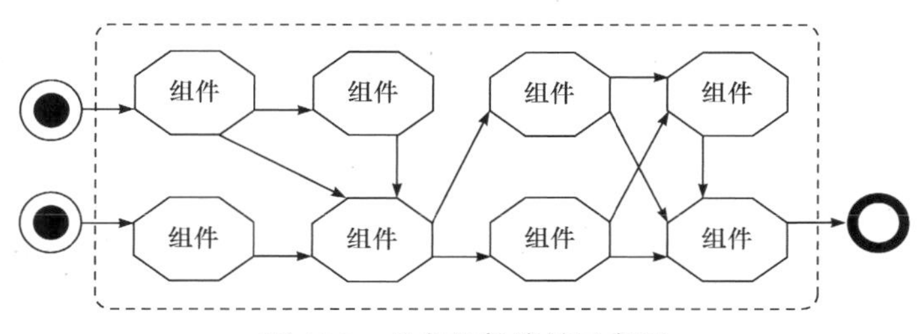

图 12.5　业务组件编排示意图

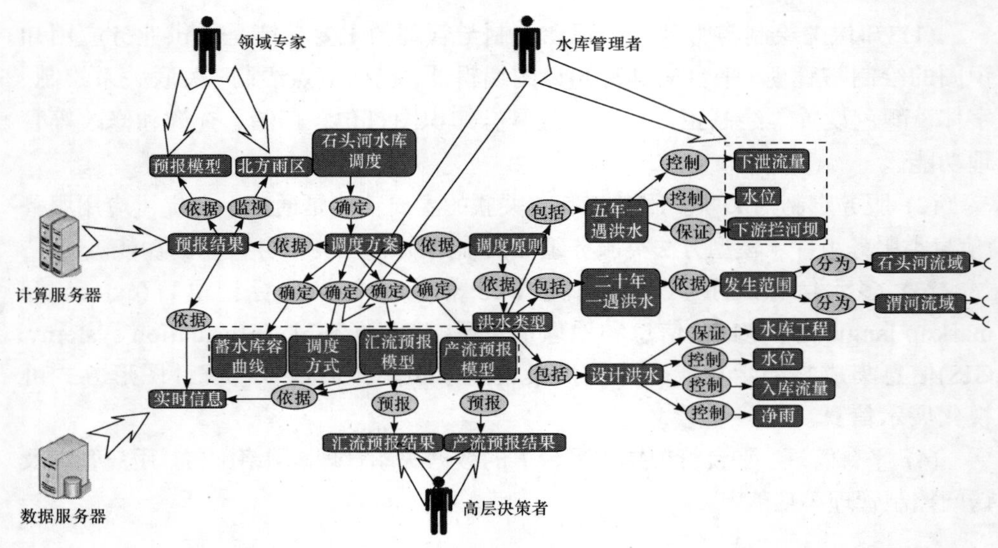

图 12.6　知识图可视化服务

随着业务应用数量增多，知识图将逐步以可反向解析的文件方式积累，也可以依靠计算组件的修改、更换使河流动态纳污能力及水质传递影响仿真系统得以完善，在提高系统灵活性和扩展性的同时，为应用服务积累大量业务知识。同时，知识图中的业务组件还具有可视化特征，为用户提供多样性的业务活动状态信息和数据流信息展示方案，实现知识内容的可视化和知识产生过程的可视化，丰富决策成果的直观表现。

12.2.3　组件开发技术

1) 组件技术

组件具备复用、封装、组装、定制、自治性、粗粒度、集成和契约性接口等特征，使其在应用开发方面具有以下特点：重用性和互操作性强、实现细节透明、良好的可扩展性、即插即用及开发与编程语言无关。因此，易于实现系统组件的替换与集成，提升了系统的可维护性，缩短了系统的开发周期，提高了系统的开发效率[1]。组件的 5 个特点详细介绍如下。

(1) 重用性和互操作性强。重用是组件的最大特点，指完成某一系统时，多个模块的软件可以重复利用，而不需要重新编写代码。

(2) 实现细节透明。组件在运行过程中，输入和输出接口完全是透明的，其实现和功能完全分离，对于应用组件来说，重点在于输入和输出两个接口，无需关心组件内部。

(3) 良好的可扩展性。每个组件都是独立的，有其独有功能，若需要组件提供新的功能，只需增加接口，不改变原来的接口，即可实现组件功能的扩展。

(4) 即插即用。组件的使用类似于搭积木，可以随时搭建，随时使用。

(5) 开发与编程语言无关。可以选用任何编程语言开发组件，只要符合组件开发标准，组件编译后可以采用二进制形式发布，避免源代码泄漏，保护开发者的版权。

2) Web service 技术

Web service 是一种组件技术，采用 XML 格式封装数据，对自身功能进行描述时采用万维网服务描述语言(Web services description language，WSDL)。要使用 Web service 提供的各种服务，必须进行注册，可以使用通用、描述、发现与集成(universal description discovery and integration，UDDI)来实现，组件之间数据的传输通过简单对象访问协议(simple object access protocol，SOAP)进行[156]。Web service 与平台及开发语言无关，无论基于什么语言和平台，只要指定其位置和接口，就能在应用端通过 SOAP 实现接口的调用，得到返回值。

虽然传统的组件技术，如分布式组件对象模型(distributed component object model，DCOM)，也可以进行远程调用，但其使用的通信协议不是互联网(internet)协议，就会有防火墙障碍，也不能实现 internet 共享。并且不同组件技术由不同公司开发，采用规范不一致，因此不能通用。

Web service 主要建立在服务提供者、服务请求者和服务注册中心之间交互作用的基础之上，交互的内容主要有发现、发布及绑定和调用[157]，Web service 体系结构如图 12.7 所示。

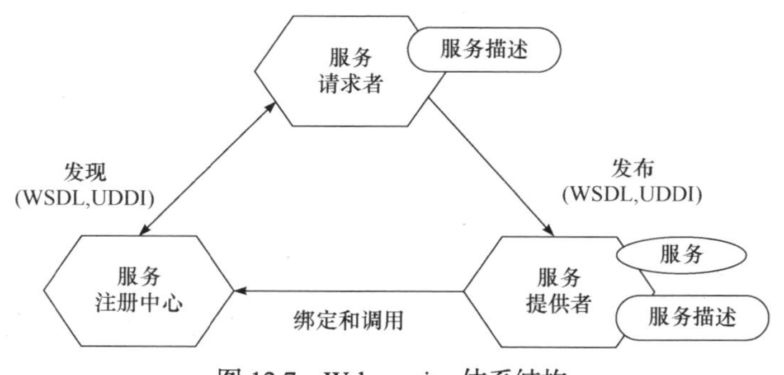

图 12.7　Web service 体系结构

3) SOA

SOA 是一个组件模型，它可以通过服务之间定义良好的接口和契约，将应用程序的不同功能单元联系起来[156]。

SOA 强调将现存的应用系统集成，并且今后开发的新系统也应遵循相关的规则。从应用开发分工来看，组件在应用开发中往往扮演服务组装与实现角色，而

SOA 则使表现层的软件组件化。

12.3 仿真系统实现流程

河流动态纳污能力及水质传递影响仿真系统是采用知识图和组件技术快速、灵活搭建而成的。它基于综合集成平台，将河流进行概化，以知识图技术进行可视化展现，结合 Web service 技术、组件技术和 SOA 将计算模型与方法组件化。

12.3.1 组件化技术实现流程

1. 组件的划分

组件的划分一般没有固定模式，划分组件取决于开发者对开发系统的架构分析。组件的划分可以根据开发者的习惯或者应用随意划分，但通常都遵循以下三点基本原则：①每个组件涉及的角色尽量单一；②组件内部各对象之间的关联度尽量最大；③各组件之间的耦合度尽量低[158]。

以水功能区纳污能力计算业务为例，分析其计算过程中数据流的流通途径，按计算过程将水功能区纳污能力计算的各部分划分为一个个组件，每个组件可独立运算。划分后的组件包括：污染物类型选择组件、水文条件选择组件、设计频率选择组件、纳污参数组件、排污量及设计流量组件、纳污能力计算组件、纳污能力统计组件及图形展示组件[1]。纳污能力计算组件划分如图 12.8 所示。

2. 组件的逻辑分析

组件的逻辑分析主要是分析计算组件的输入、参数及输出(计算结果)。以纳污能力计算为例，河流的纳污能力是从研究流域的第一个水功能区开始逐一计算其纳污能力，因此每一个水功能区的纳污能力计算逻辑相同。具体组件的计算逻辑如下。

参数：纳能力计算中用到的一些参数，如水功能区长度 L，污染物综合衰减系数 K 和流速 u 等。

输入：输入有两个来源，一个是各个水功能区的初值，如水功能区的水质目标浓度 C_s；另一个为上一个水功能区纳污能力计算组件的输出，如上一个水功能区的出流量 Q_{out} 作为下一个水功能区的入流量 Q_{in}，上一个水功能区的水质目标浓度 C_s 作为下一个水功能区的初始污染物浓度 C_0。

输出：输出也有两部分，一部分为水功能区纳污能力模型自身的计算结果，如水功能区的纳污能力；还有一部分输出是作为下一个水功能区纳污能力计

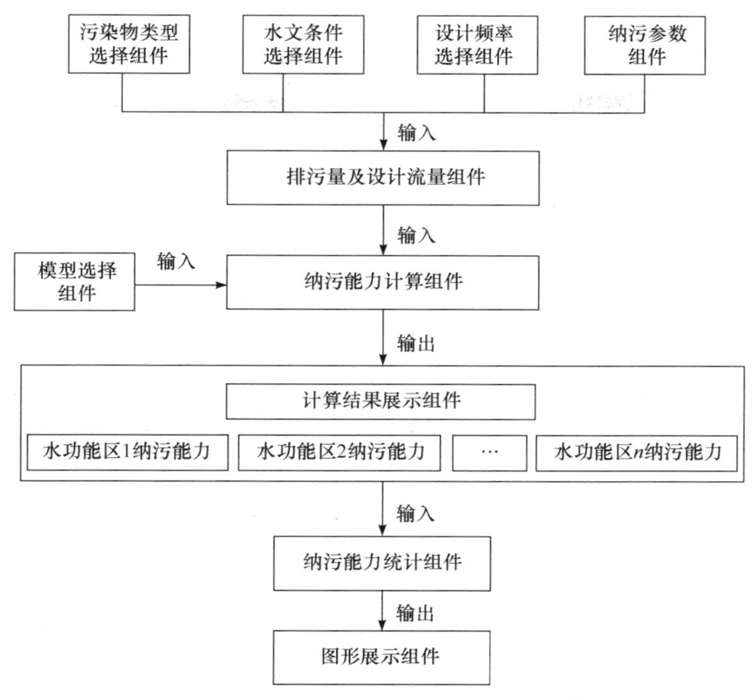

图 12.8　纳污能力计算组件划分示意图

算模型的输入来源，如当前水功能区的出流量 Q_{out} 要作为下一个水功能区的入流量 Q_{in}。

水功能区纳污能力计算的各组件之间的逻辑关系如图 12.9 所示。

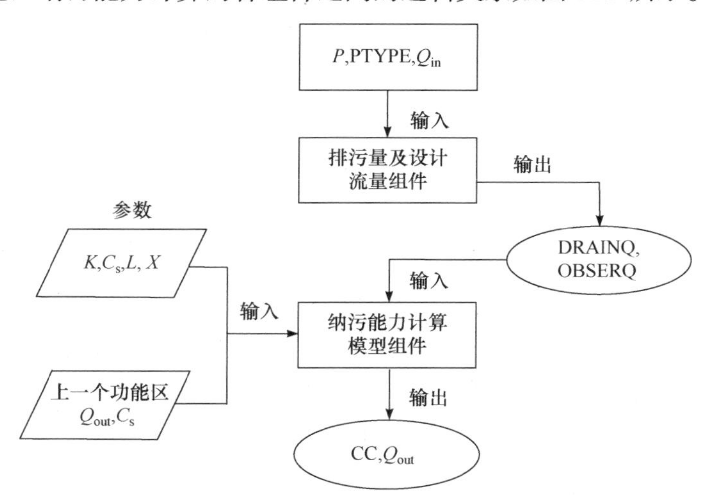

图 12.9　各组件的逻辑关系示意图

DRAINQ-排污流量；OBSERQ-取水流量；CC-污染物浓度；PTYPE-污染物类型

3. 组件的开发

计算模型及方法类组件开发的具体流程如下。

(1) 创建工程(Project)名称，并在 Project 下的 scr 中编写程序代码。

(2) 确定 ActionResponse 中组件所对应的 ActionCode( ),并在 ActionRegistray( )方法中注册组件。

(3) 编辑用户定制界面的 Jelly 文件。

(4) 确定 Jelly 文件中要用到的对象 LOVResponse，实现 getLOV( )和 getLOVSchema( )方法。

(5) 在 ActionResponse 中的 actionHelper( )中返回步骤(3)定制的 Jelly 文件。

(6) 编写输入的 SCHEMA，并在 ActionResponse 中的 actionInputSchema( )方法中返回。

(7) 编辑 ActionResponse 中的 execute()方法，将计算的功能在此方法中实现，并以 XML 的形式返回。

(8) 将组件的输出结果用 SCHEMA 形式输出。

(9) 组件的名称在 ActionResponse 中的 actionName( )方法返回。

水功能区纳污能力计算的部分组件源代码如图 12.10 所示，其输出结果如图 12.11 所示。

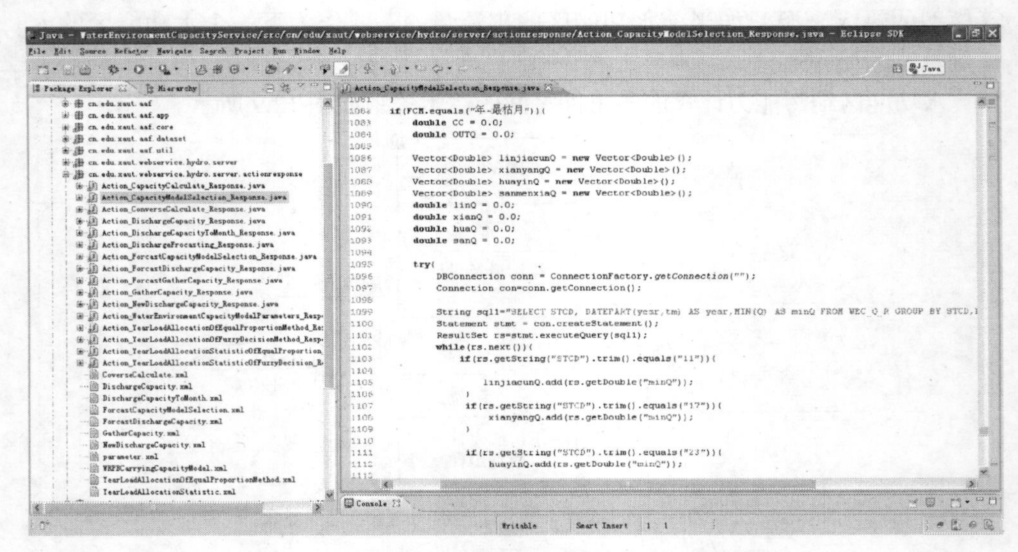

图 12.10　水功能区纳污能力计算的部分组件源代码

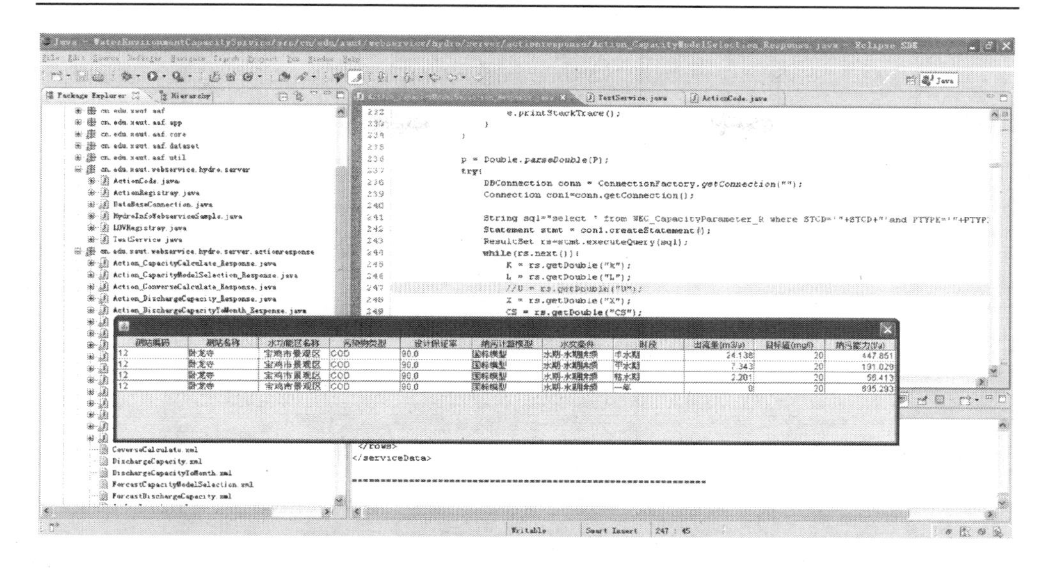

图 12.11　水功能区纳污能力计算部分组件输出结果

4. 组件的封装与发布

组件开发完成后，运用 Web service 技术将组件封装成符合 Web service 标准的形式，然后将其部署到服务器，在 UDDI 注册后发布，具体的流程如下。

(1) 开发环境的搭建。Web service 是在 Axis 基础上开发的，Axis 基于 Java 开发，以 Web 应用形式发布，因此选 Tomcat 作为应用服务器进行 Axis 环境搭建。开发环境搭建主要包括 JDK 的安装、环境变量的配置、Tomcat 的安装和 Axis 的安装。

(2) 组件的打包。在 Eclipse 环境下将组件打包成后缀名为.aar 的文件，组件打包流程如图 12.12 所示。

(3) 组件的上传。开启服务器，进入 http://202.200.116.118:8080/axis2-1.1.1，登录后上传打包好的文件。

(4) 服务发布。进入 http://202.200.116.118:8080/uddibrowser/，登录后注册组件，填写服务入口统一资源定位符(uniform resource locator，URL)，从而实现将服务发布于 internet。已经在服务器上发布的服务如图 12.13 所示。

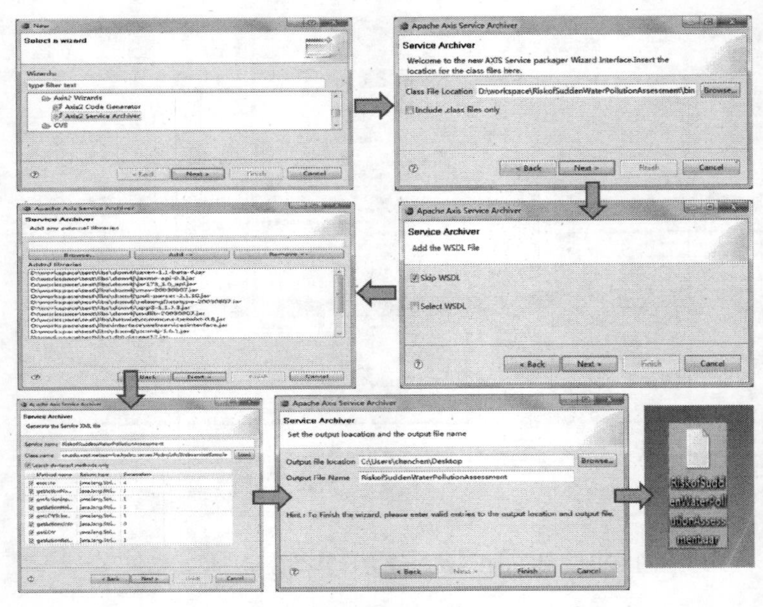

图 12.12　组件打包流程图

图 12.13　已发布于服务器上的服务

12.3.2　知识可视化技术实现流程

知识可视化是通过知识图来构建和传递信息的一种技术。知识可视化的实现包括知识图的创建、知识图的绘制及知识图的管理三部分，通过可视化技术实现业务流程化、清晰化，将河流动态纳污能力及水质传递影响仿真系统直观地表现出来。

1. 知识图的创建

知识图的创建包括知识识别、知识组织及知识展现三个步骤，这是一个动态的过程，通过不断产生的新知识来更新知识图。

1) 知识识别

知识识别是根据用户需求将所要表现在知识图中的知识要素进行概化，并通过相应的图元展示。目前，纳污能力计算和水质传递影响主要以河流为研究对象，因此知识图中知识要素的概化主要为对河流的概化。纳污能力计算及水质传递影响涉及多个行政区划，在水质及污染分析时较难界定污染责任。因此，根据陆域范围和水域范围的对应关系，考虑河流本身的河道边界条件及水文条件变化，进行流域节点划分。

在纳污能力计算、总量控制、水功能区考核中，以水功能区为单元展开研究，将水功能区起始断面和终止断面作为控制节点。在水质传递影响和水环境补偿标准计算中，以行政区为单元展开研究，以行政区界为控制节点。

2) 知识组织

知识组织是通过建立概划图元之间的索引联结，绘制业务流程图的过程。业务流程图既能表现出计算的业务流程，又能形象地展现流域中计算单元的分布情况。

3) 知识展现

知识展现就是将知识组织中绘制好的业务流程图，配合业务中的专业术语，标示各图元之间的关系，用可视化的技术将知识展现出来。

例如，根据节点划分原则，将渭河干流陕西段 14 个水功能区、71 个排污口、9 条支流和 5 个取水口进行概化，其水功能区节点概化情况详见图 12.14。

2. 知识图的绘制

知识图是一种组织和描述知识的可视化工具，用于描述用户根据个人需求组织相应功能解决实际问题的过程。用户先根据需求，将分析解决问题的过程抽象

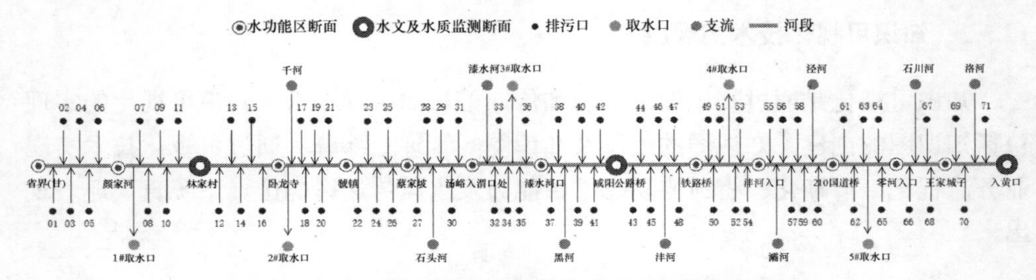

图 12.14　渭河干流陕西段水功能区节点概化图

成知识图，再根据功能需求，为知识图中节点定制相应的服务[159]。知识图不仅可以有效地描述系统化、规范化的显性知识(采用概念、公式或命题等形式)，在描述隐性知识方面也具有优势(通过建立知识图中关键信息的链接，以及具体的案例、图形和多媒体文件等形式来描述)[1]。

1) 知识图绘制的主要步骤

(1) 明确主题，了解需要解决什么样的问题，解决问题过程中需要什么样的信息及需要以何种形式表现等，明确数据信息需求。

(2) 明确数据信息需求后，可使用综合集成平台新建知识图，添加焦点与连线，将这些需求以知识图的形式表现出来。

(3) 知识图只是一个概念层次上的抽象，要想使它有意义就必须添加组件，对知识图中的节点定制服务，并将定制好的服务与相应节点绑定以获取数据。

(4) 知识图绘制完成后，保存、查看。如果绘制的知识图不能满足应用需求，用户还可以对已保存的知识图进行修改。如果查看的数据不能满足需求，用户可修改已保存的定制文件，直到满意为止。

(5) 知识图修改完成后，用户可进行知识图打包并发布，实现与其他用户的资源共享。

知识图的操作流程如图 12.15 所示。

2) 知识图绘制实现

知识图绘制是基于综合集成平台的知识图编辑器实现的。知识图编辑器主要有知识图编辑与知识图查看两种功能。知识图的绘制是在知识图的编辑状态下实现的，通过知识图编辑器中的工具栏将所要绘制的知识图形象地展现出来。图 12.16 为知识图绘制及应用构建界面。

知识图绘制工具栏中提供了绘制知识图所必需的各种图元，即构建应用知识图的基本元件，包括矩形节点、菱形节点、圆形(椭圆形)节点、透明节点及无边框文本节点。

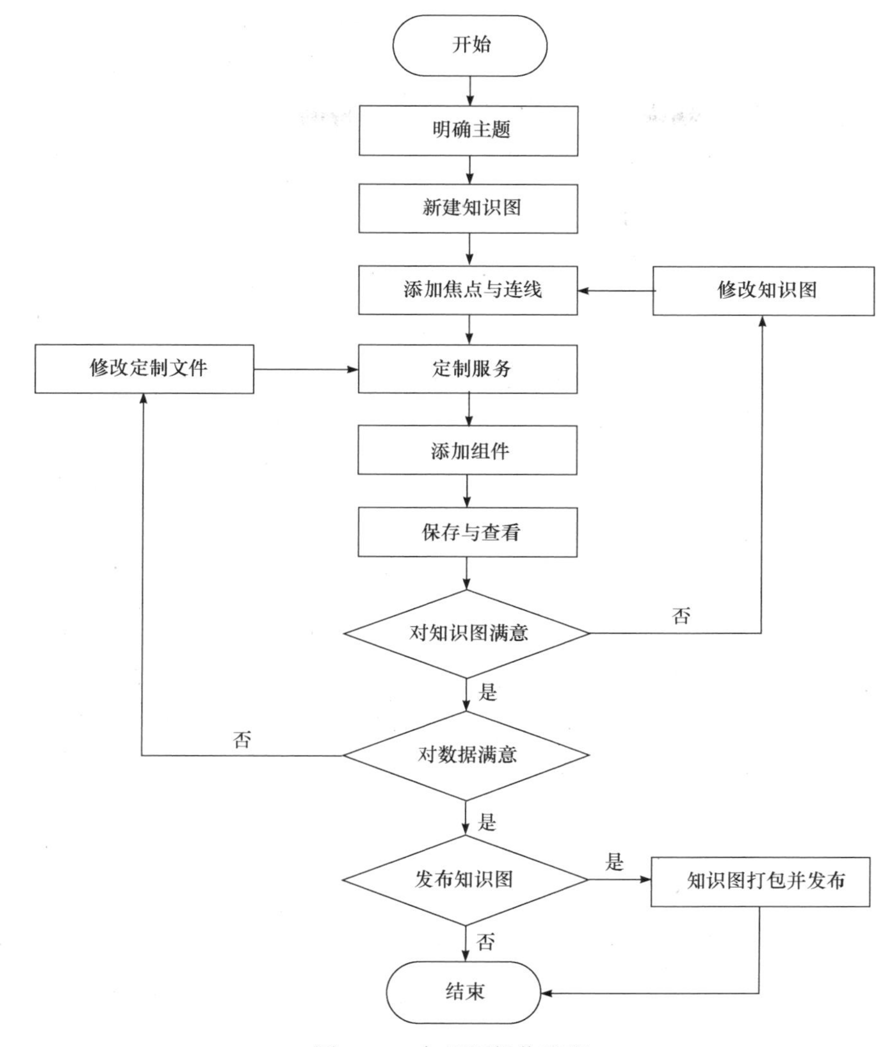

图 12.15　知识图操作流程

基本元件旁边是用于连接各节点的各种连线，包括直线和带箭头的直线等。知识图工具栏中有水平对齐、垂直对齐、组合和取消组合等工具，还可对背景、字体进行颜色设置等美化处理。

通过知识图绘制工具栏可将知识图的概化理论可视化。为了知识图更形象、更完美，知识图绘制平台还提供隐藏功能，即将知识图中不需要表现的线或者节点隐藏起来，使其在应用状态下更直观、清晰地显示河流水功能区单元。

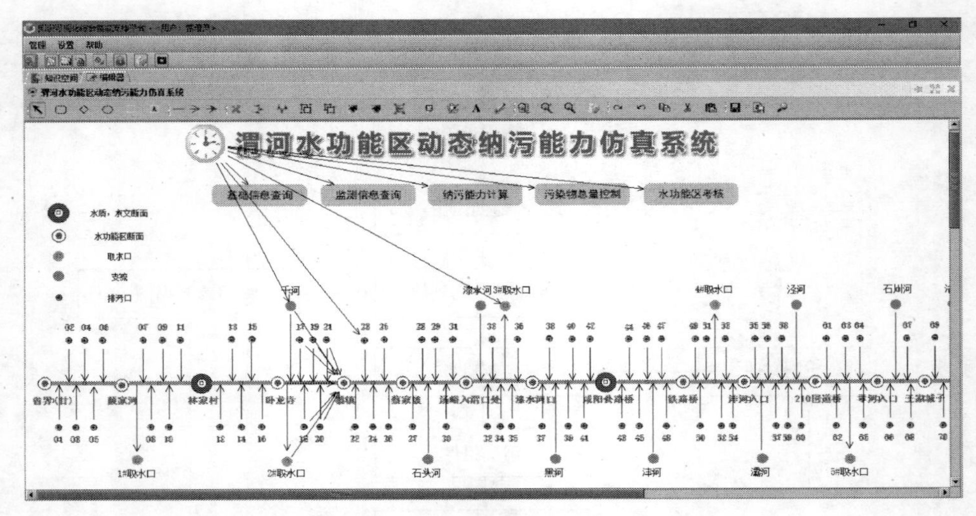

图 12.16　知识图绘制及应用构建界面

3. 知识图的管理

知识图的管理包括知识图打包与知识图释放两部分，可通过综合集成平台的知识图编辑器完成。将绘制好的知识图打包成.kgz 格式的知识包，存储在知识图库中。打包好的.kgz 知识包不能直接编辑，只能在应用状态下打开。用户要想修改知识图，通过知识图释放功能即可实现，这样能适时修改和编辑知识图[1]。

1) 知识图打包

知识图打包的过程为以下 3 个步骤。

(1) 绘制完成知识图后(图 12.17)，点击“保存”按钮；

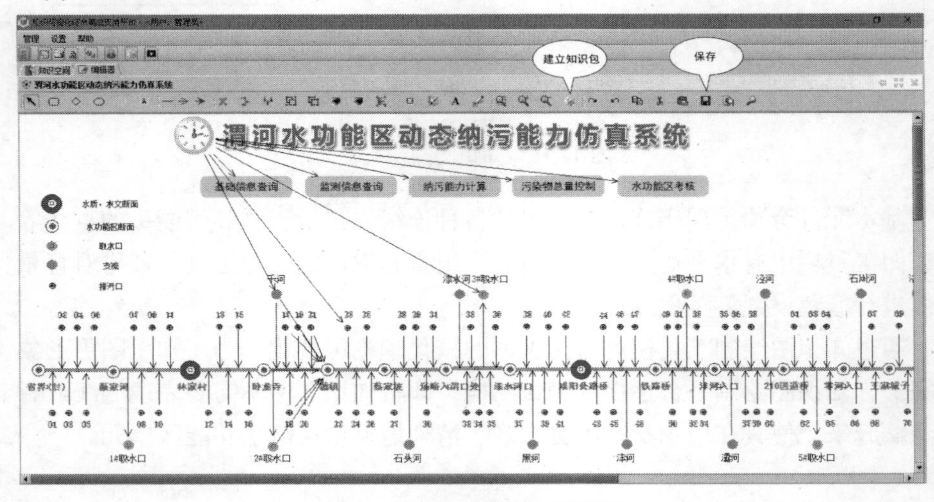

图 12.17　知识图打包示意图

(2) 选择“建立知识包”按钮，进入建立知识包界面，如图 12.18 所示。在该界面中选择要打包知识图的位置，确定打包后知识包的存储位置及添加知识包的相应描述。如果需要打包的知识图下还嵌套了其他知识包，需要选中“包含链接的知识包”，使得打包后的知识图包含知识图下的所有链接。

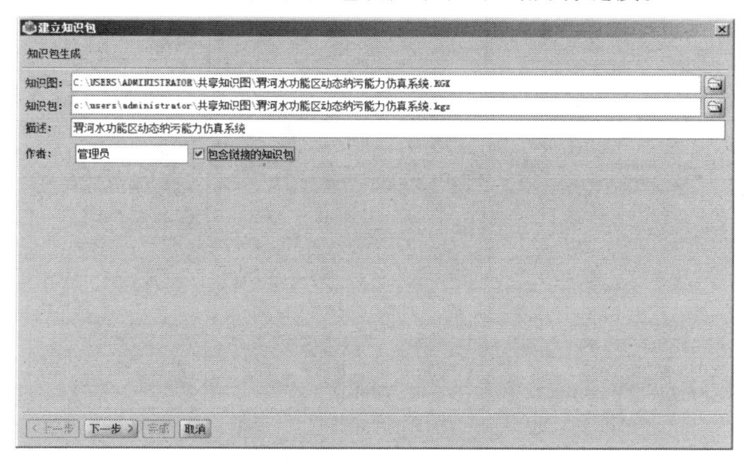

图 12.18　建立知识包界面

(3) 点击“下一步”，弹出再次确定知识包存储位置的界面，如图 12.19 所示。如确认无误，点击“完成”即实现了知识图打包。

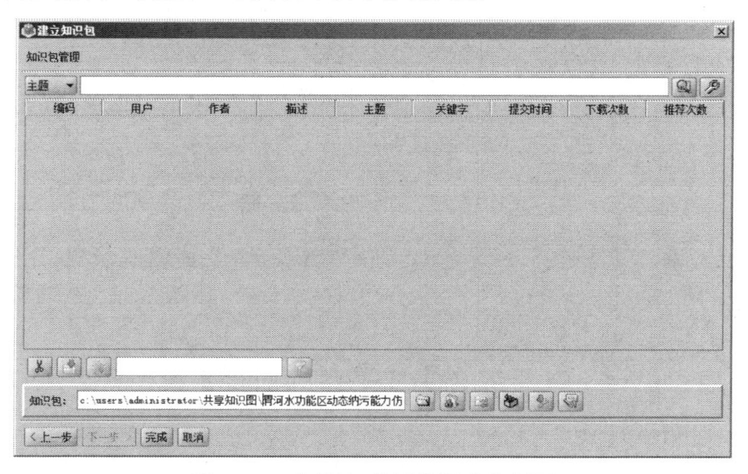

图 12.19　知识包存储位置确定界面

2) 知识图释放

知识图释放过程包含以下 3 个步骤。

(1) 在综合集成平台主页面选择“知识包管理功能”按钮(图 12.20)。

(2) 在弹出的知识包管理界面中选择要释放的知识包(图 12.21)。

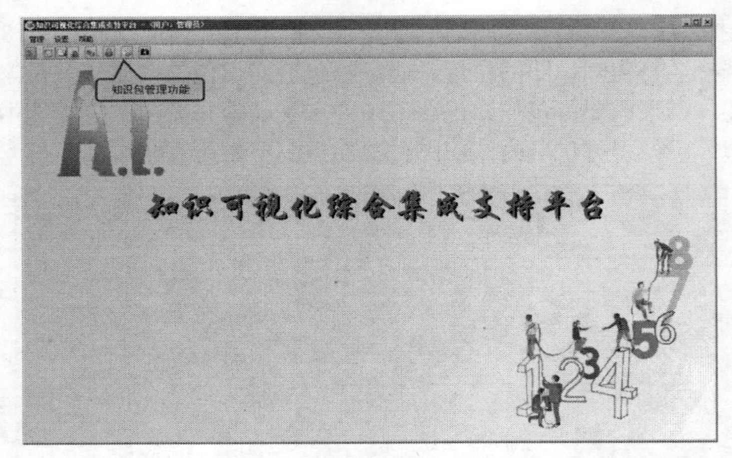

图 12.20　知识包释放示意图

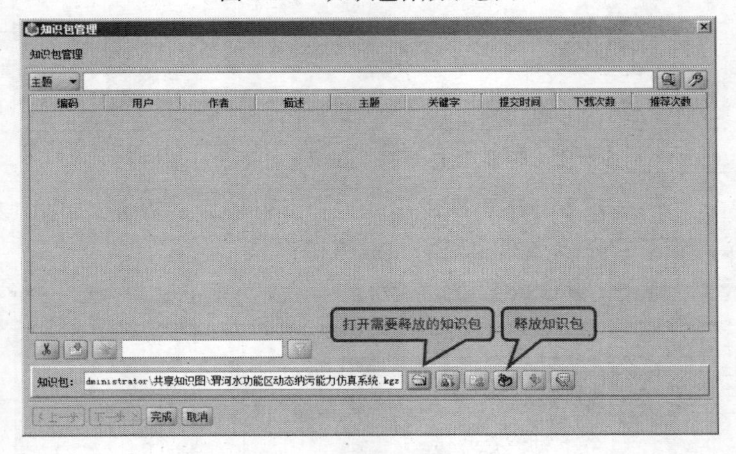

图 12.21　知识包释放界面

(3) 点击“释放知识包” 按钮，确定知识包所要释放的位置，点击“完成”实现知识包的释放。

12.4　基于综合集成平台的仿真系统搭建

服务发布完成后，基于综合集成平台的河流动态纳污能力及水质传递影响仿真系统搭建比较简单。用户只需根据自己需求绘制知识图，添加相应组件即可实现仿真系统的搭建。

1. 流程知识图的绘制

以河流动态纳污能力及水质传递影响仿真系统构建为例，需了解动态纳污能力计算的基本流程。基于综合集成平台，运用知识图绘制动态纳污能力计算流程非常简单，其知识图绘制流程如图 12.22 所示。

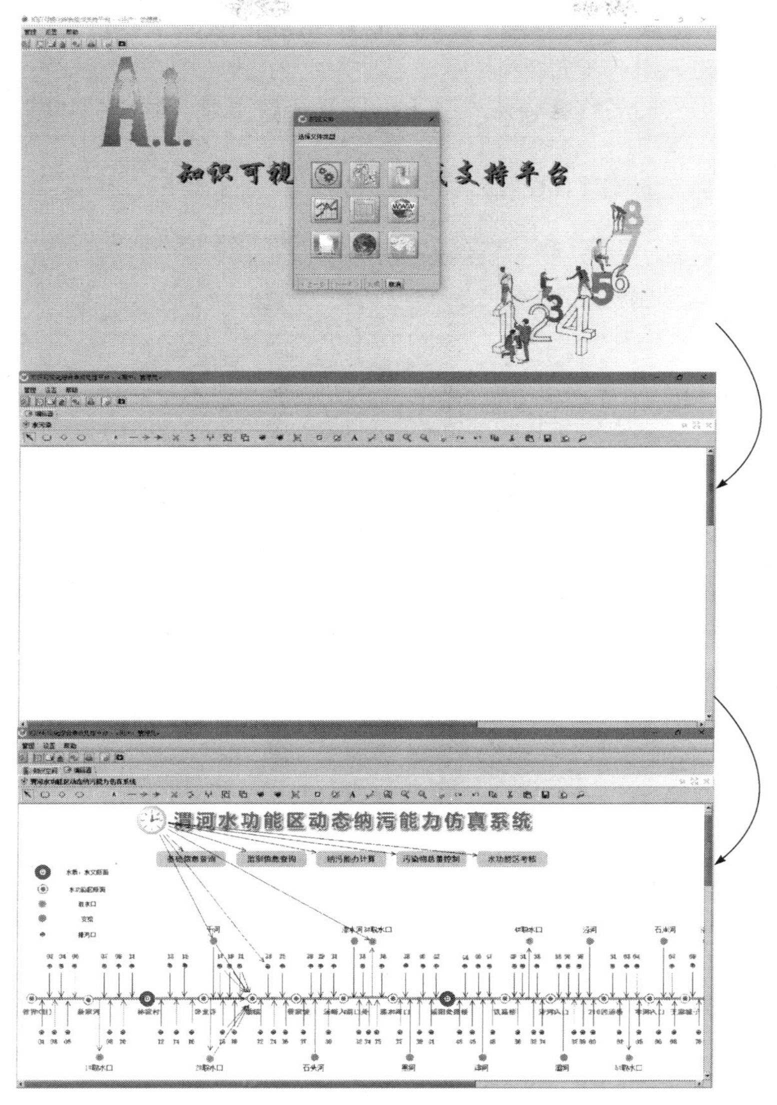

图 12.22　知识图绘制流程图

2. 组件的定制

以纳污能力计算组件的定制为例，具体步骤如下。

(1) 选择纳污能力计算组件定制，进入计算组件库。

(2) 在组件库中选择需要的组件，如“纳污能力统计”，然后进入“下一步”。

(3) 如果选择的组件需要构造 XML，则点击“构造 XML”按钮，在弹出框中选择相应的信息，再点击“确定”即可；如果选择的组件不需要构建 XML，只需选中“开放”，再点击“下一步”。纳污能力统计组件不需要构造 XML，因此选中“开放”后进入下一步。

(4) 输入组件的名称，确认后一个组件就定制完成，组件以.info 文件形式保存。

组件的具体定制流程如图 12.23 所示。

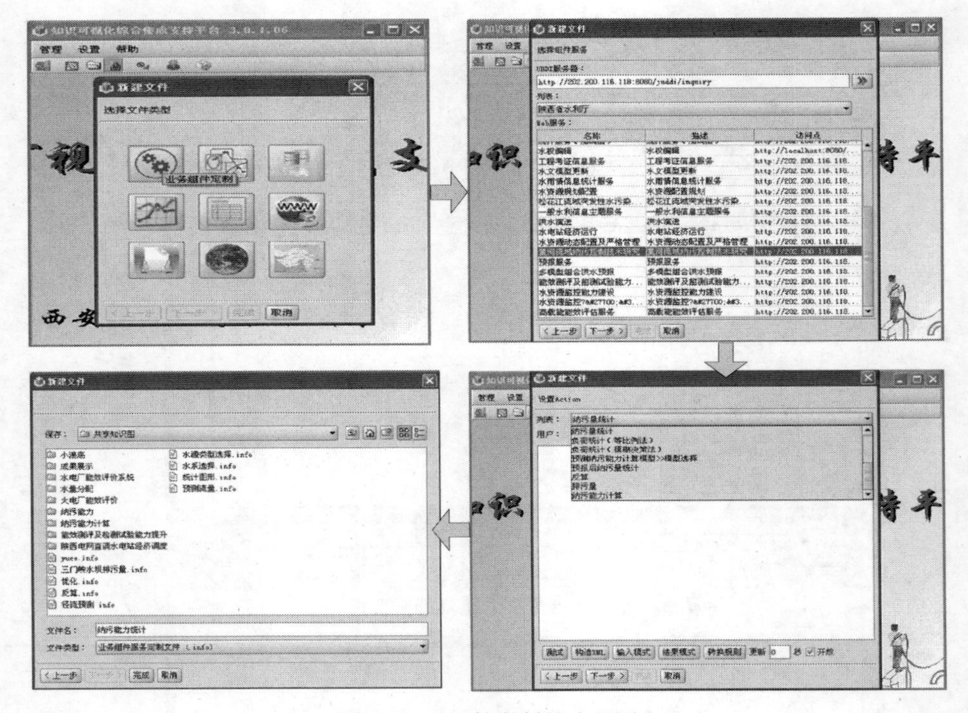

图 12.23　组件定制的流程图

3. 组件的添加及系统运行

纳污能力计算组件定制好后，将其添加到知识图中相应的节点即可运行。纳污能力计算组件添加的具体步骤如下。

(1) 双击知识图中的“节点”(如漆水河)，在弹出框选中下方的“加号”，进入组件选择界面。

(2) 选择所需的组件，点击“打开”，完成组件添加。

(3) 在“节点”中输入可描述节点功能的文字。

(4) 组件添加完成后，点击知识图工具栏中的“查看”按钮，进入系统应用界面。

(5) 在系统应用界面，鼠标右键单击已添加组件的节点，选择添加的组件，即可实现仿真系统的运行。

组件的添加及系统运行流程如图 12.24 所示。

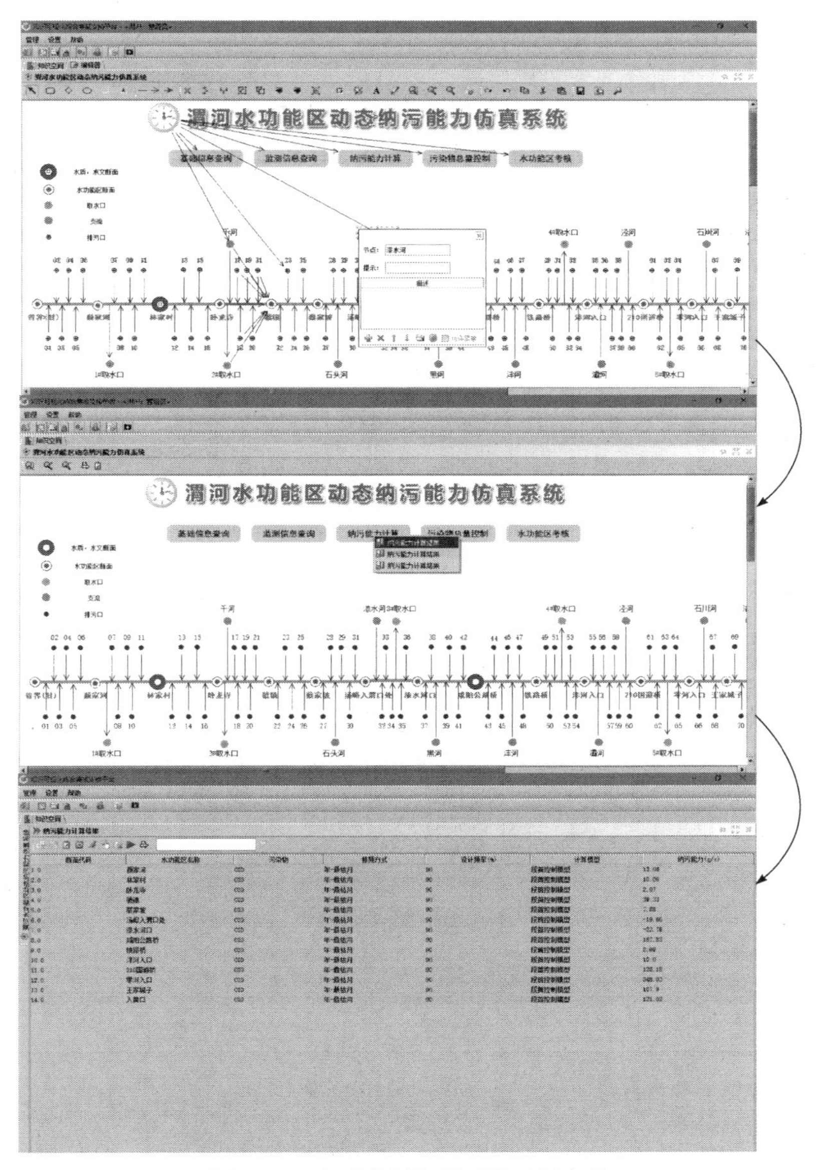

图 12.24　组件的添加及系统运行流程

第 13 章　仿真系统集成实现与实例应用

河流动态纳污能力及水质传递影响仿真系统分为两个子系统：渭河水功能区动态纳污能力仿真系统和渭河水质传递影响仿真系统。其中，渭河水功能区动态纳污能力仿真系统实现了渭河干流陕西段水功能区的动态纳污能力计算、污染物总量控制和水功能区考核三方面的功能；渭河水质传递影响仿真系统实现了渭河干流陕西段不同情景下的水质传递影响仿真及跨界水环境补偿标准计算两方面的功能。

13.1　渭河水功能区动态纳污能力仿真系统

本节选择渭河干流陕西段作为仿真系统的应用对象，构建渭河水功能区动态纳污能力仿真系统。渭河干流陕西段均为平原性河道，河道较宽且较浅，枯水期流速小，水流顺直，因此选择河流一维水质模型中的国标模型、段首控制模型及新建的纳污能力综合计算模型对渭河干流陕西段各水功能区进行纳污能力计算。

渭河水功能区动态纳污能力仿真系统基于综合集成平台，将河流以水功能区为单元概化为节点并采用知识图技术可视化展现，利用组件技术、SOA 技术及 Web service 技术将纳污能力计算模型组件化，运用知识图和组件快速、灵活搭建而成。图 13.1 是渭河水功能区动态纳污能力仿真系统的主界面，可实现动态纳污能力计算及计算结果、数据信息的查看。

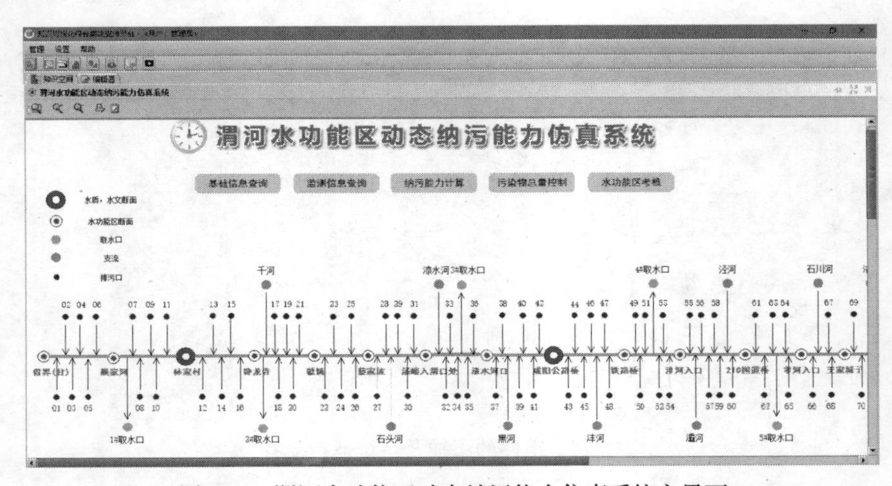

图 13.1　渭河水功能区动态纳污能力仿真系统主界面

渭河干流陕西段共有 71 个排污口、9 条较大支流、5 个较大取水口，都通过节点的形式概化在系统中。图 13.1 中的“钟表图标”为计算条件选择节点，点击即可弹出选择框，可以对排频方法、设计频率、计算模型、污染物类别进行选择，计算条件选择节点如图 13.2 所示。

图 13.2　计算条件选择节点展示

主界面上方的矩形节点为渭河水功能区统计信息，包括信息展示及计算两种类型。其中，“基础信息查询”和“监测信息查询”为信息展示节点，“基础信息查询”节点可进行基本信息展示，包括水功能区基本信息及排污口基本信息，如水功能区的代码、起止断面、长度及排污口所属单位等。点击矩形节点  基础信息查询，会弹出二级菜单(图 13.3)。基础信息查询结果如图 13.4 所示。

点击“监测信息查询”节点，可以查询并展示河流的监测信息，其二级菜单如图 13.5 所示。

图 13.3　基础信息查询二级菜单

图 13.4　基础信息查询结果展示

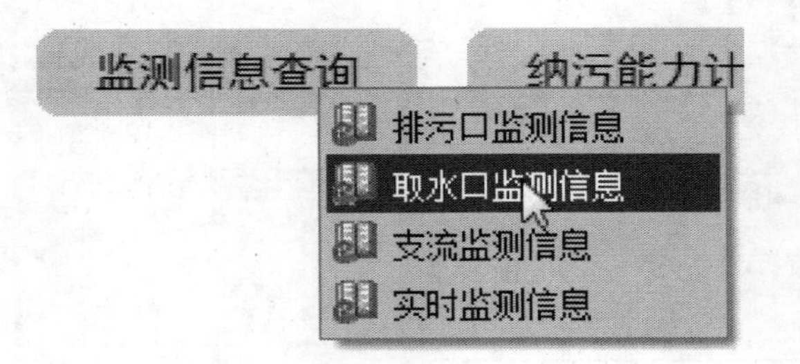

图 13.5　监测信息查询二级菜单

“监测信息查询”节点的二级菜单中包括排污口监测信息、取水口监测信息、支流监测信息及实时监测信息，其中取水口监测信息、支流监测信息监测流量大小，排污口监测信息监测排污流量大小，实时监测信息为 COD、NH_3-N、高锰酸盐指数的污染物浓度，监测信息查询结果如图 13.6 所示。

纳污能力计算、污染物总量控制及水功能区考核为计算节点。

通过点击概化图中线段(水功能区段)，也可以对单一水功能区信息进行查询。例如，点击“甘陕缓冲区”功能区段，弹出二级菜单，选择相应的信息即可进行查询(图 13.7)。

图 13.6　监测信息查询结果

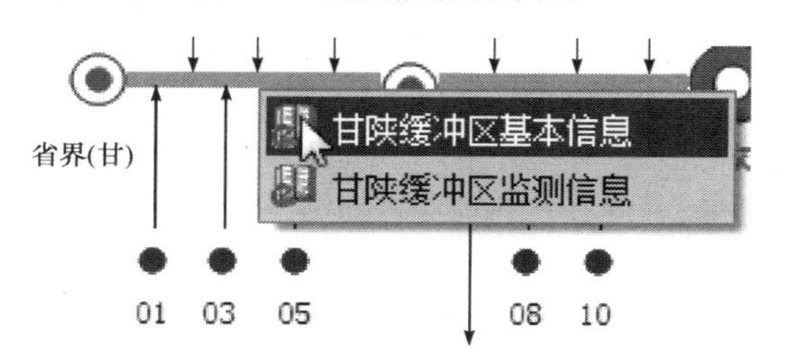

图 13.7　水功能区段二级菜单

单个水功能区水质监测结果如图 13.8 所示。例如，选择“甘陕缓冲区监测信

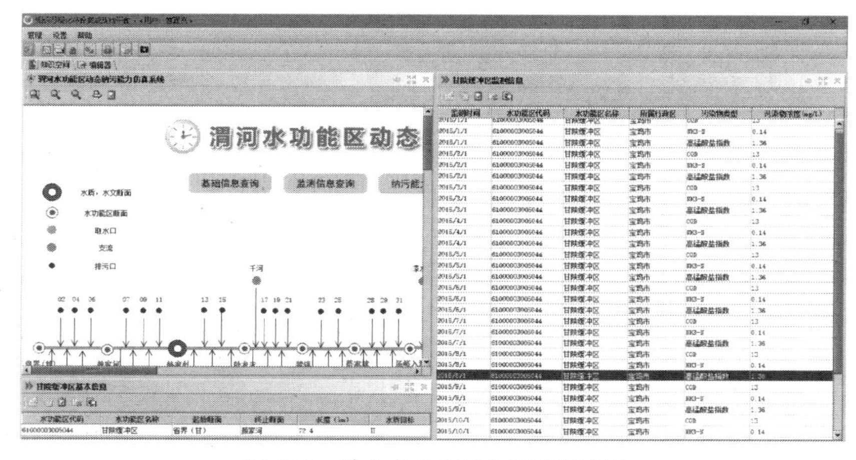

图 13.8　单个水功能区水质监测结果

息”，可对该水功能区的水质监测信息进行查询；选择“甘陕缓冲区基本信息”，可进行该水功能区基本信息查询。

系统将排污口的编号和名称对应关系列在概化图右侧，点击图 13.1 中的每个排污口节点也可查看。排污口编号和名称对应关系如图 13.9 所示。

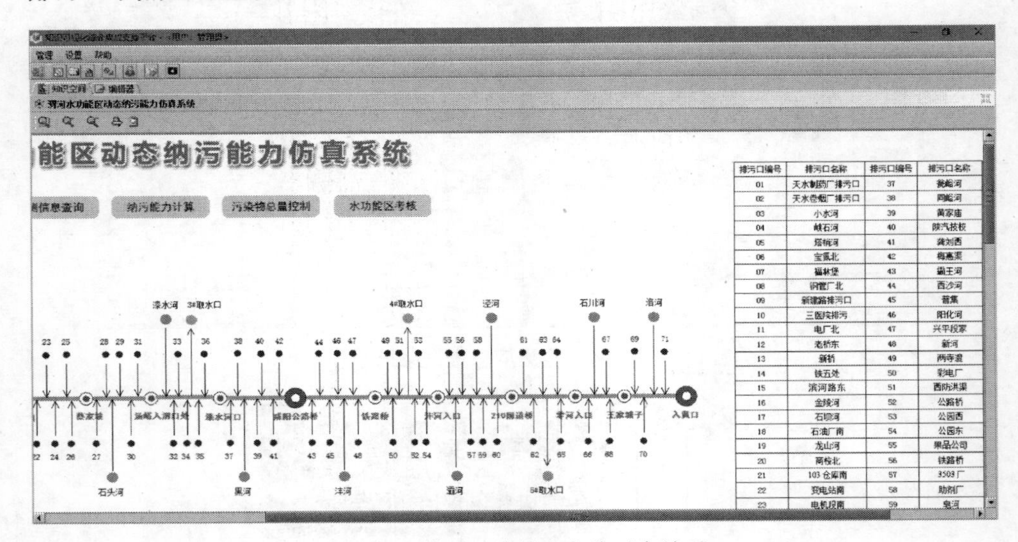

排污口编号	排污口名称	排污口编号	排污口名称
01	天水制药厂排污口	37	毙峪河
02	天水卷烟厂排污口	38	同峪河
03	小水河	39	黄家庙
04	岐石河	40	陕汽技校
05	塔稍河	41	龚刘西
06	宝氮北	42	梅惠渠
07	福林堡	43	霸王河
08	钢管厂北	44	西沙河
09	新建路排污口	45	普集
10	三医院排污	46	阳化河
11	电厂北	47	兴平段家
12	老桥东	48	新河
13	新桥	49	两寺渡
14	铁五处	50	彩电厂
15	滨河路东	51	西防洪渠
16	金陵河	52	公路桥
17	石坝河	53	公园西
18	石油厂南	54	公园东
19	龙山河	55	果品公司
20	商检北	56	铁路桥
21	103 仓库南	57	3503 厂
22	变电站南	58	助剂厂
23	电机段南	59	皂河

图 13.9　排污口编号和名称对应关系

点击图 13.1 中的排污口，可查询每个排污口的基础信息及排污流量监测信息。例如，选择 01 号“天水制药厂排污口”，其监测信息结果如图 13.10 所示。

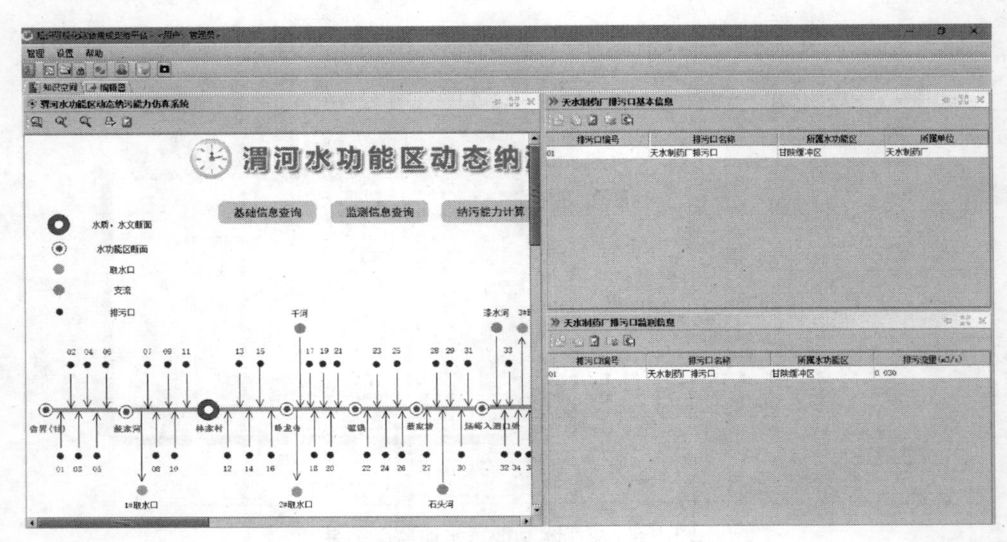

排污口编号	排污口名称	所属水功能区	所属单位
01	天水制药厂排污口	甘陕缓冲区	天水制药厂

排污口编号	排污口名称	所属水功能区	排污流量(m3/s)
01	天水制药厂排污口	甘陕缓冲区	0.030

图 13.10　单个排污口监测信息结果

13.1.1　动态纳污能力计算

根据需要选择节点中的计算条件，可进行动态纳污能力计算。单击“纳污能力计算”节点，即可弹出二级菜单，如图 13.11 所示。纳污能力计算参数及结果如图 13.12 所示。

图 13.11　纳污能力计算二级菜单展示

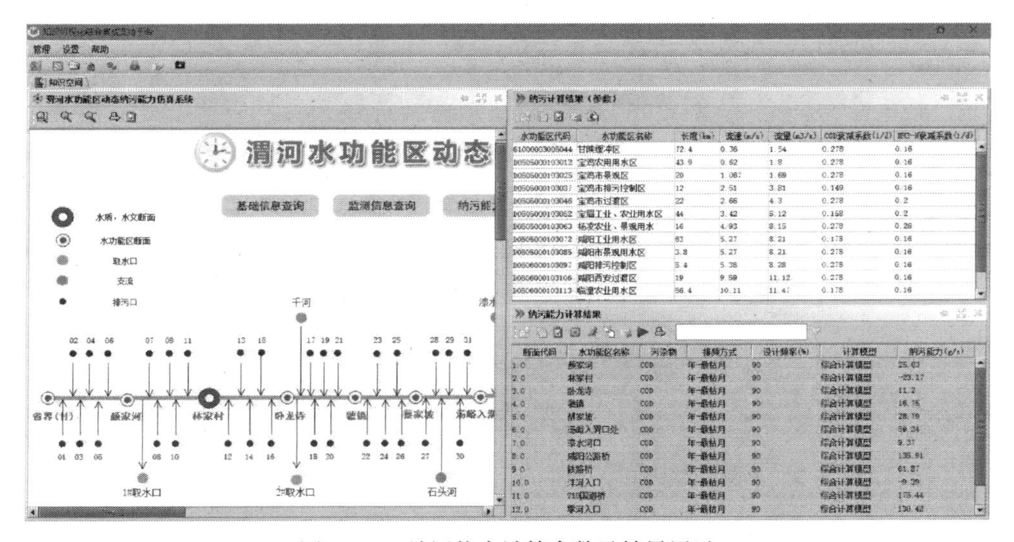

图 13.12　纳污能力计算参数及结果展示

纳污能力计算参数包括每个水功能区的长度、流量、流速和污染物综合衰减系数等，纳污能力计算结果则是根据排频方式、设计频率和计算模型计算每个水功能区对目标污染物的纳污能力。若点击“钟表图标”重新选择计算条件，计算结果也会变化。同时，为了更直观地了解水功能区纳污能力，系统还提供了图形展示功能，将各水功能区纳污能力以柱状图形式展现，如图 13.13 所示。

系统还可以对不同模型的纳污能力的计算结果进行对比。图 13.14 为分别采用段首控制模型和国标模型的水功能区纳污能力计算结果。用户可根据水功能区的实际情况选择合适的计算结果作为其纳污能力，也可采用模型计算结果区间作为水功能区的纳污能力。

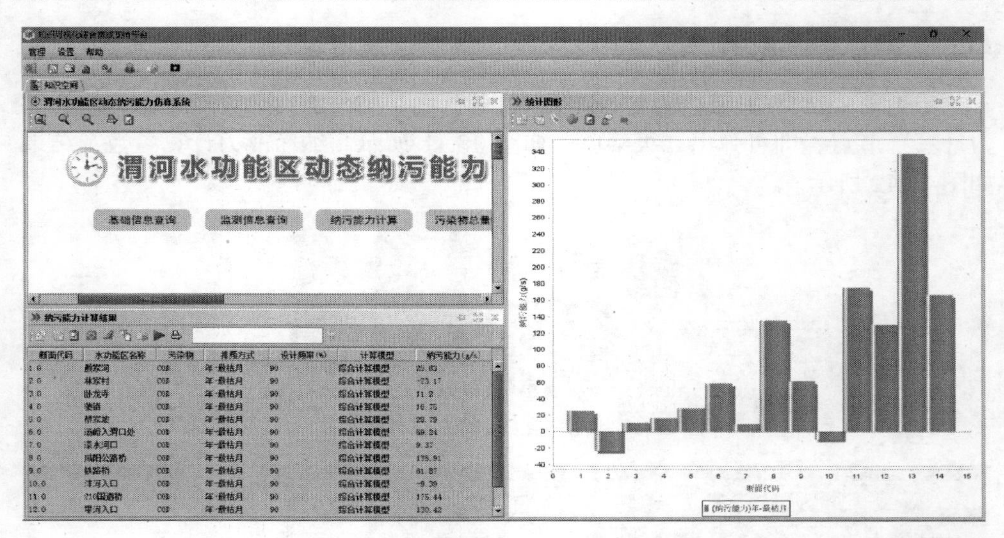

图 13.13　纳污能力计算结果图形展示

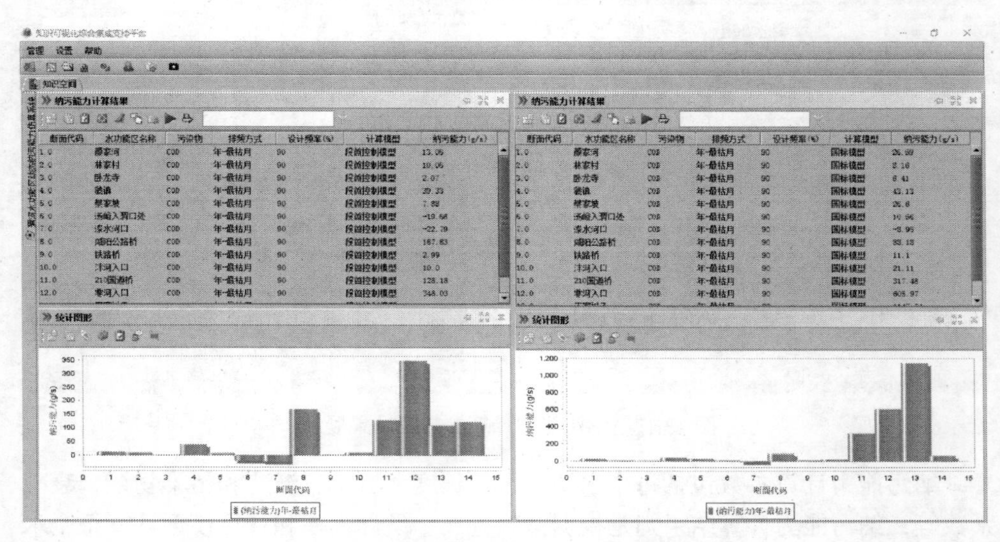

图 13.14　不同模型纳污能力计算结果展示

单一水功能区的纳污能力也可以通过点击图 13.1 中“水功能区断面”节点进行计算。例如，点击“颜家河”断面，在二级菜单中选择“甘陕缓冲区纳污能力计算结果”，系统会根据条件进行计算，甘陕缓冲区动态纳污能力计算结果如图 13.15 所示。

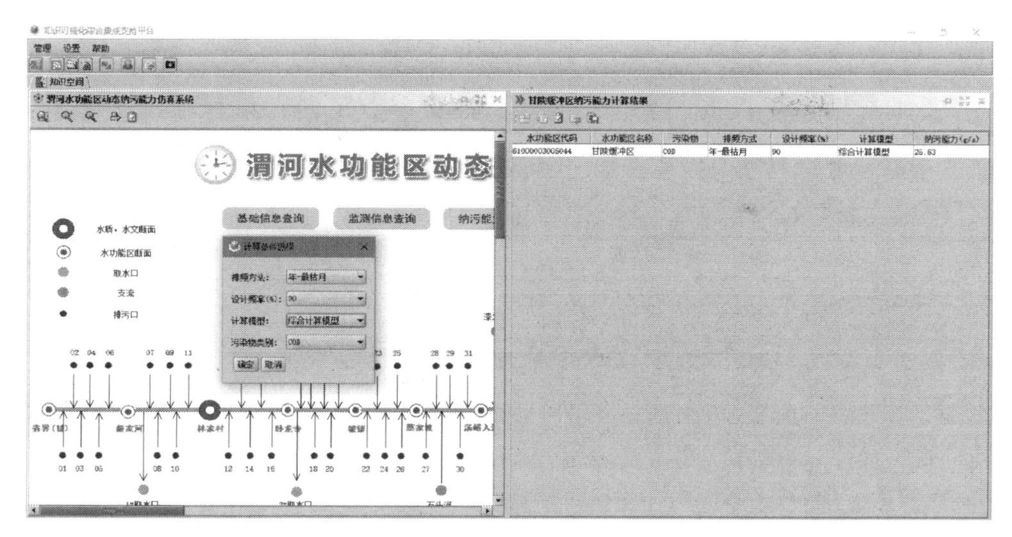

图 13.15　甘陕缓冲区动态纳污能力计算结果展示

13.1.2　污染物总量控制

污染物总量控制采用的是第 7 章介绍的等比例分配法和污染负荷分配层次模型，负荷分配层次模型第一层分配至各水功能区，第二层分配至各排污口。点击“污染物总量控制”节点，弹出其二级菜单如图 13.16 所示。

图 13.16　污染物总量控制二级菜单展示

选择“负荷分配层次模型结果”，首先，计算各水功能区的分配量、削减率及削减量占总削减量的百分比，即一级分配情况。其次，计算每个排污口的分配情况，即二层分配，结果包括每个水功能区中各个排污口所分配的允许排污量及需要削减的量。最后，可查看各项评价指标，包括人口、GDP、用水量、工业产值、环保投资、纳污能力及污染物的现状排污量。负荷分配层次模型结果如图 13.17 所示。

选择“等比例分配法结果”也可以查看各水功能区及各排污口的负荷分配情况，等比例分配法结果如图 13.18 所示。

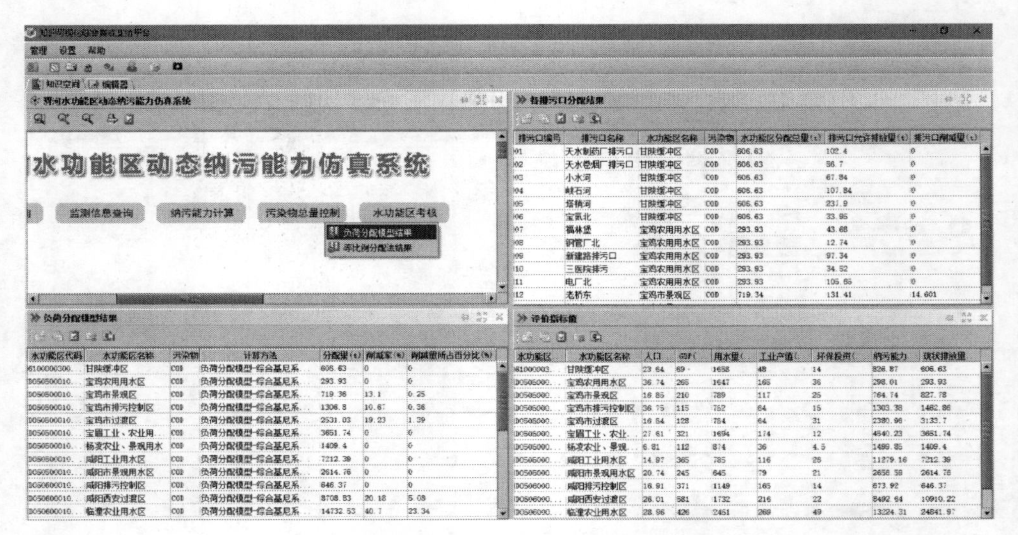

图 13.17 负荷分配层次模型结果展示

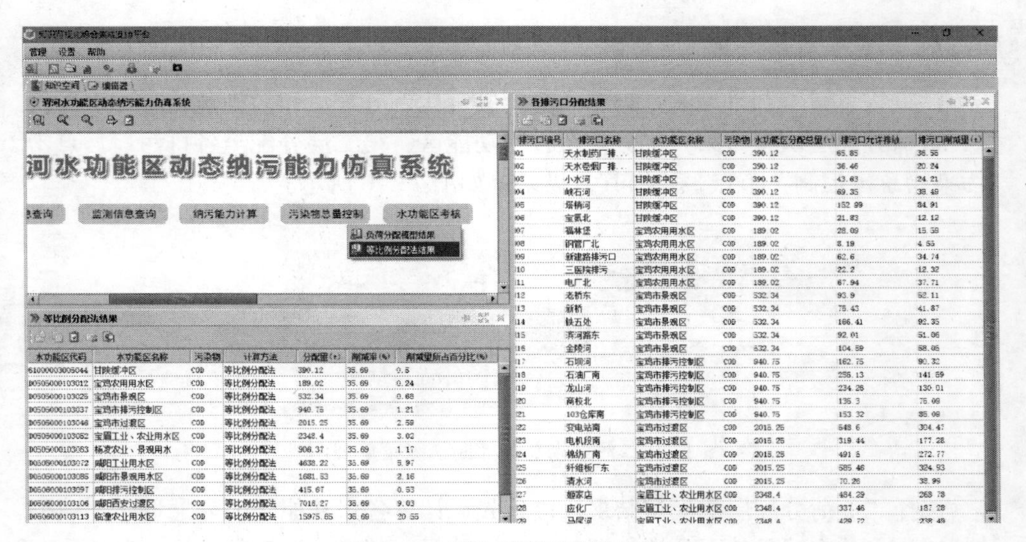

图 13.18 等比例分配法结果展示

和动态纳污能力计算类似，点击概化图(图 13.1)上的断面也可进行单一水功能区的负荷分配计算，点击单个“排污口”，选择“排污口负荷分配结果”，则可查看单个排污口的负荷分配结果。例如，点击“颜家河”断面，在二级菜单中选择“甘陕缓冲区负荷分配结果”，其负荷分配结果如图 13.19 所示。点击选择 01“天水制药厂排污口”，在二级菜单中选择“天水制药厂排污口负荷分配结果”，可得到其负荷分配结果。

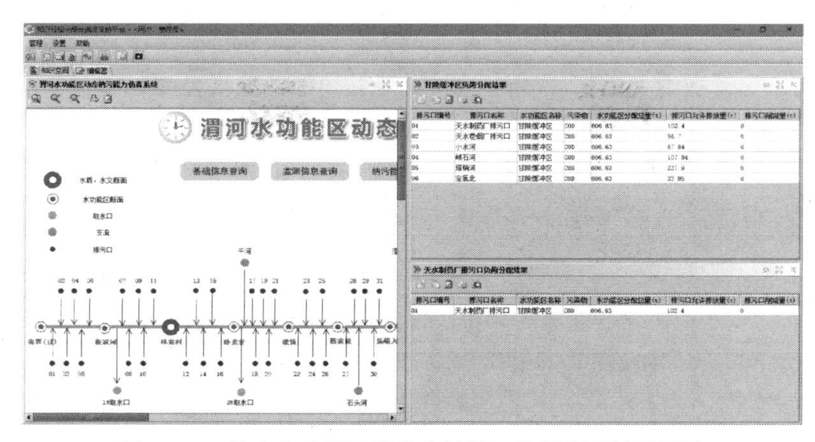

图 13.19　单个水功能区及单个排污口负荷分配结果展示

13.1.3　水功能区考核

水功能区考核采用了水功能区水质类别达标和纳污能力达标两种考核方式，具体内容见第 8 章。点击“水功能区考核”节点，弹出二级菜单如图 13.20 所示。

图 13.20　水功能区考核二级菜单展示

水功能区考核中，水质类别达标考核结果如图 13.21 所示，水质达标率可以用柱状图展示。

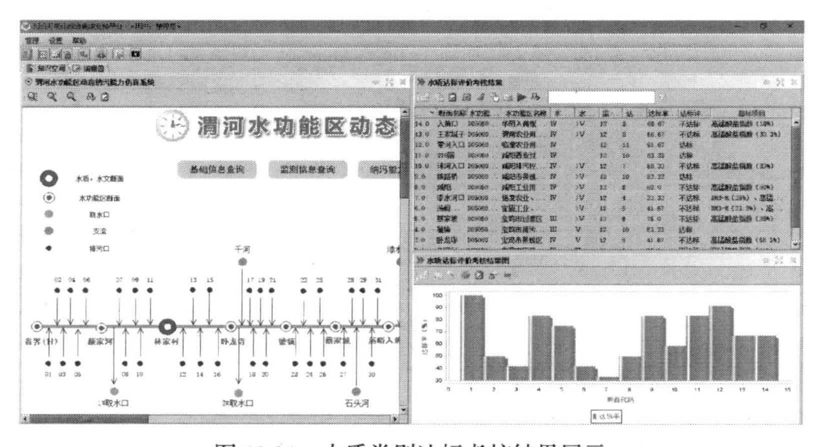

图 13.21　水质类别达标考核结果展示

水质类别达标考核结果中包括每个水功能区的水质目标等级、现状水质类别、监测次数、达标次数、达标率、达标评价结果和超标项目，超标项目一栏中含超标的污染物类别及超标率。同样，纳污能力达标考核结果也可用表格和柱状图两种方式展示，如图 13.22 所示。

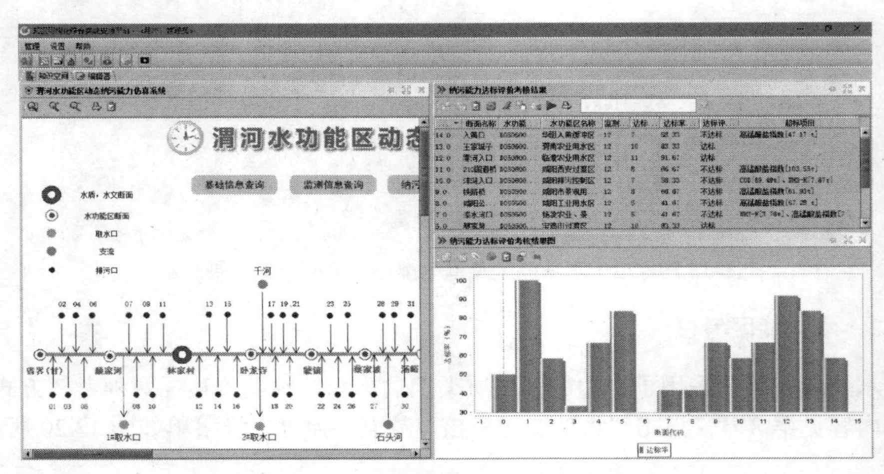

图 13.22　纳污能力达标考核结果展示

纳污能力达标考核结果同样包括监测次数、达标次数、达标率和达标评价结果，其中超标项目一栏包含超标污染物类别及其超标量。

系统也可对单个水功能区进行考核。例如，点击“颜家河”断面，选择“甘陕缓冲区水质类别达标”和“甘陕缓冲区纳污能力达标”，可进行单个水功能区考核，其考核结果如图 13.23 所示。

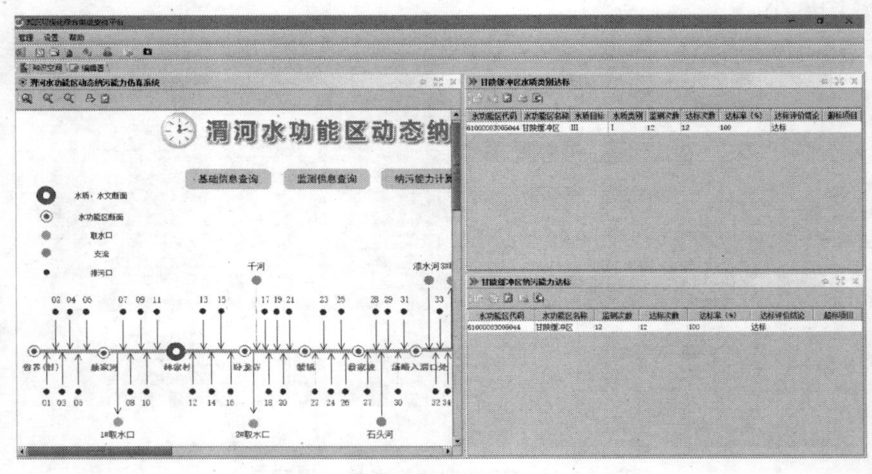

图 13.23　单个水功能区考核结果展示

13.2　渭河水质传递影响仿真系统

渭河水质传递影响仿真系统用于模拟基于实测浓度、基于水环境补偿和基于超标浓度 3 种情景下的渭河水质传递影响，以及跨界水环境补偿标准计算。该仿真系统主界面如图 13.24 所示。

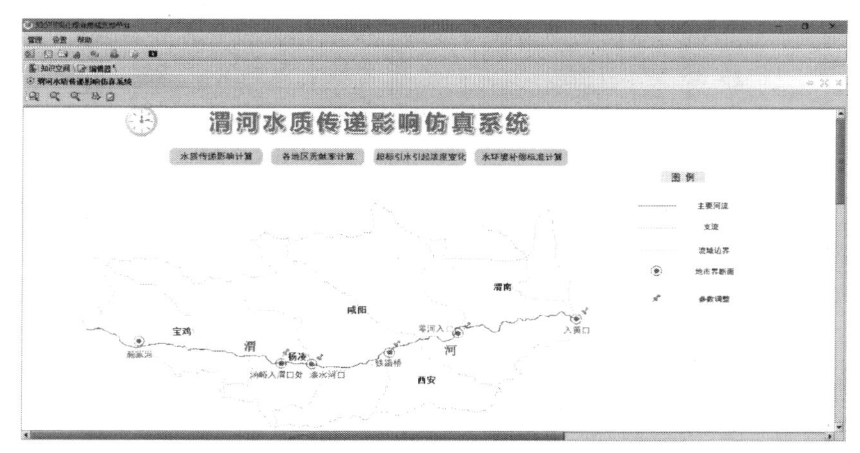

图 13.24　渭河水质传递影响仿真系统主界面

图 13.24 中，矩形节点为全部计算单元的统计节点，下方为流域图，“钟表图标”为计算条件选择节点，用户可点击后填写需要计算的时间，选择污染物类型、模型和设计频率。先输入所需的计算时间(年尺度或月尺度皆可)，如“2016”或“2016-01”；点击“污染物”下拉菜单，可选择 COD 或 NH_3-N 两种污染物；点击“模型选择”下拉菜单可选择弗-罗混合衰减模型、稀释倍数模型及一维水质模型 3 种计算模型。另外，还可选择 90%、75%、50% 3 种不同的设计频率，计算条件选择节点如图 13.25 所示。

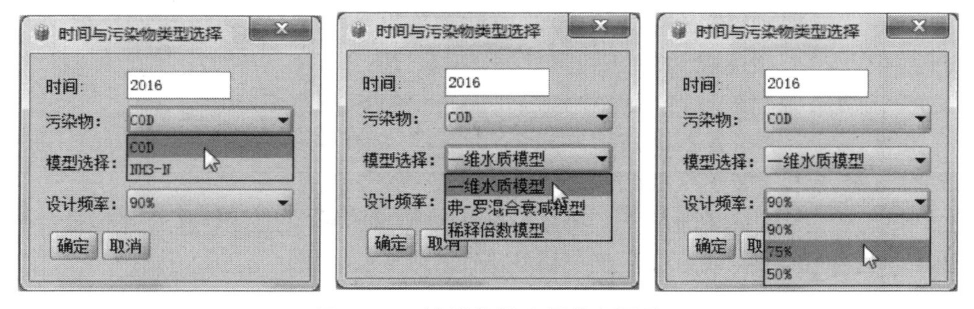

图 13.25　计算条件选择节点展示

选择好计算条件后，可根据所选条件进行水质传递影响模拟和水环境补偿标准计算。

13.2.1 不同情景下的水质传递影响仿真

1. 基于实测浓度

点击系统中的“水质传递影响计算”，选择“基于实测浓度的水质传递影响”，得到所选时间、断面的污染物浓度沿程变化结果，可通过表格及折线图的方式展现。图 13.26 显示了渭河干流河道断面基于实测浓度情景下水质传递影响的统计结果，以及根据统计结果绘制出的各个地区耗水、排污引起的污染物沿程变化折线图。

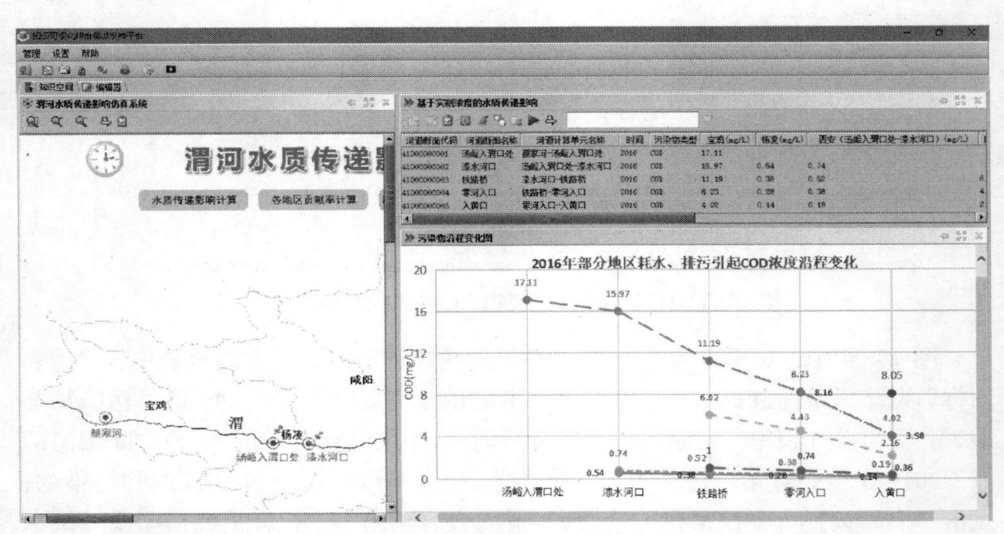

图 13.26　基于实测浓度情景下水质传递影响结果展示

点击系统中的“各地区贡献率计算”，选择“基于实测浓度的污染物浓度贡献率”，可根据计算结果绘出断面污染物浓度贡献率饼状图。图 13.27 为单个计算单元污染物浓度贡献率的统计结果。选择一个计算单元，单击右键，可通过饼状图展现相关地区对该计算单元的污染物浓度贡献率。

此外，点击地市界断面名称，如“入黄口”，即可弹出单个断面水质传递影响计算二级菜单，如图 13.28 所示。

可点击“入黄口断面基于实测浓度的水质传递影响”进行计算，并根据计算结果绘制各地区污染物浓度贡献率饼状图(图 13.29)。

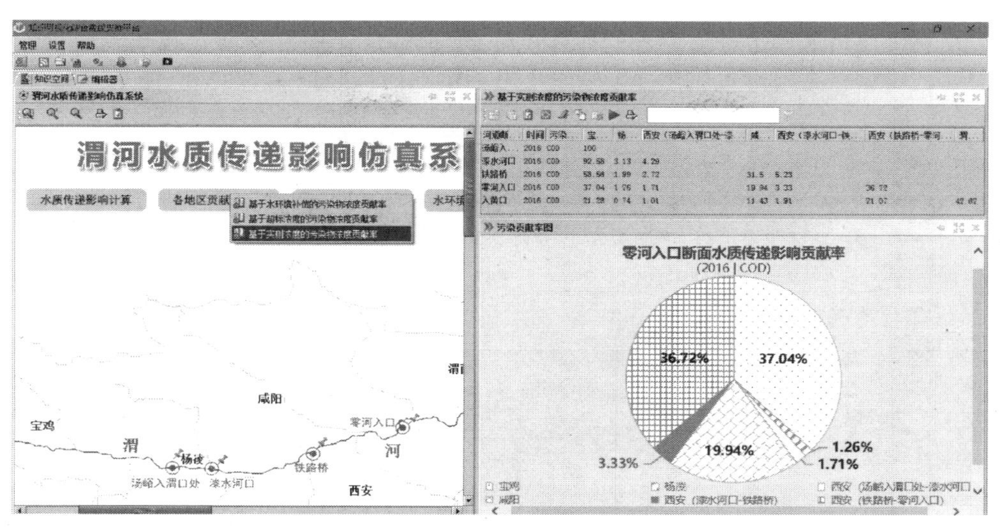

图 13.27　单个计算单元污染物浓度贡献率结果展示

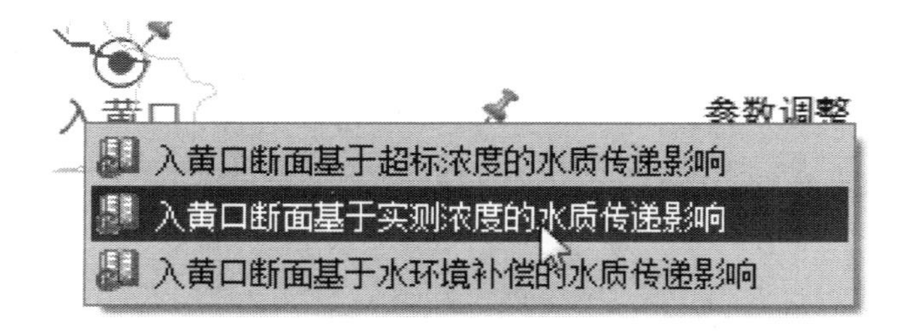

图 13.28　单个断面水质传递影响计算二级菜单展示(基于实测浓度)

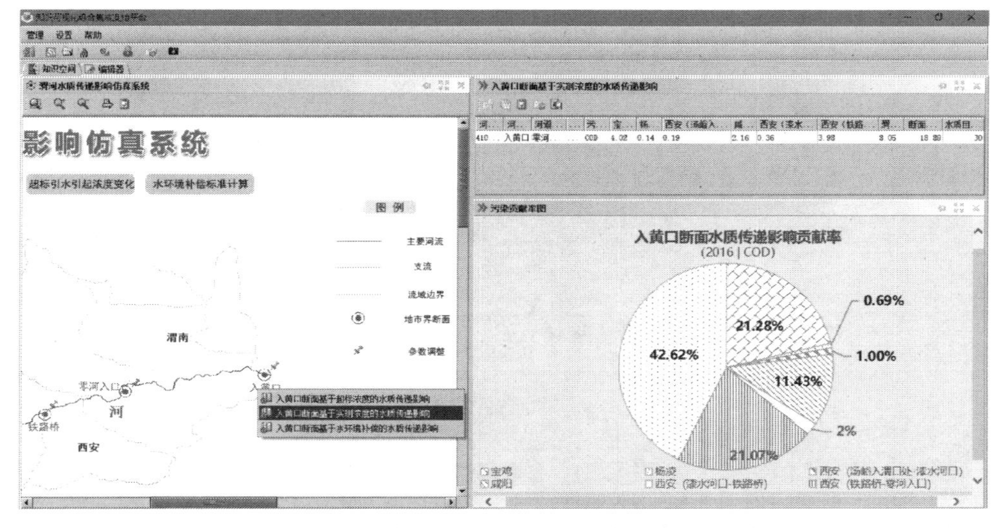

图 13.29　入黄口断面基于实测浓度的水质传递影响结果

系统还可采用多种模型进行计算并对比。例如，采用弗-罗混合衰减模型和稀释倍数模型，多模型水质传递影响结果及污染物沿程变化如图 13.30 所示。

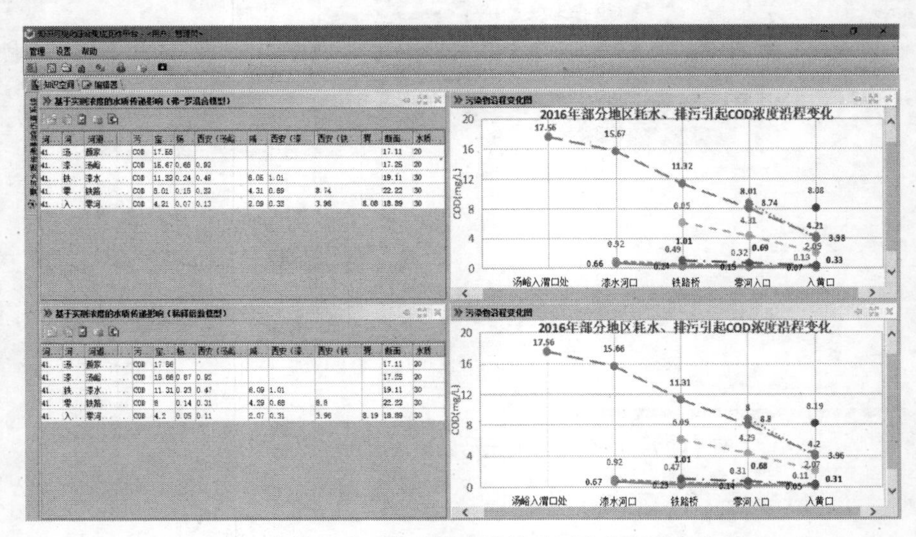

图 13.30　多模型水质传递影响结果及污染物沿程变化对比

断面图标右上角的“图钉”节点为该断面的参数调整节点，点击之后会显示目前计算采用的流速和污染物综合衰减系数。可以进行参数调整，参数调整功能如图 13.31 所示，点击“确定”即可根据调整后的参数进行水质传递影响计算。

图 13.31　参数调整功能展示

2. 基于水环境补偿

点击系统中的“水质传递影响计算”，选择“基于水环境补偿的水质传递影响”，得到所选时间、断面的污染物浓度沿程变化结果。点击“各地区贡献率计算”，选择“基于水环境补偿的污染物浓度贡献率”，得到各相关区域基于水环境补偿对各计算单元污染物浓度贡献率。图 13.32 显示了基于水环境补偿的水质传递影响结果，以及各市(示范区)对跨界断面污染物浓度贡献率的统计结果。

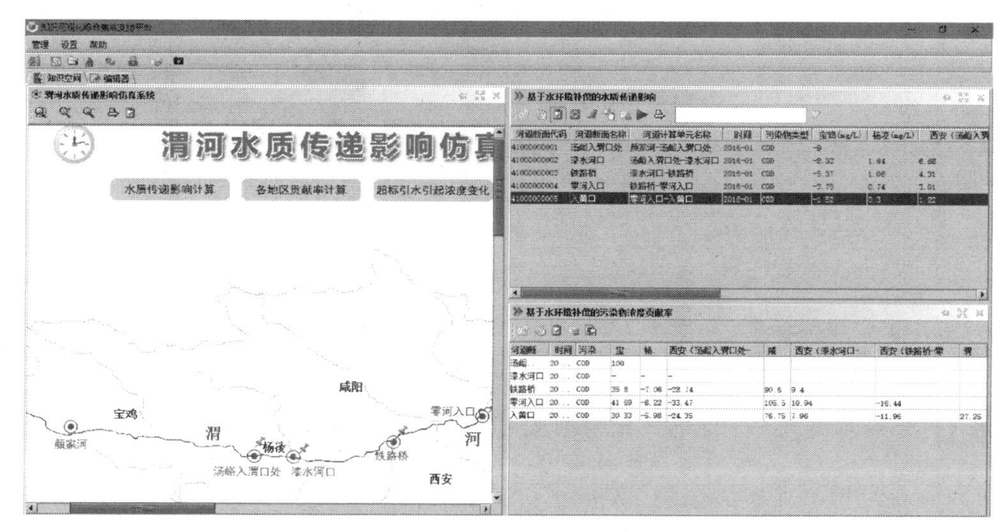

图 13.32　基于水环境补偿的水质传递影响及污染物浓度贡献率结果展示

另外，点击流域图中的地市界断面名称，如“入黄口”，会弹出单个断面水质传递影响计算二级菜单，如图 13.33 所示。

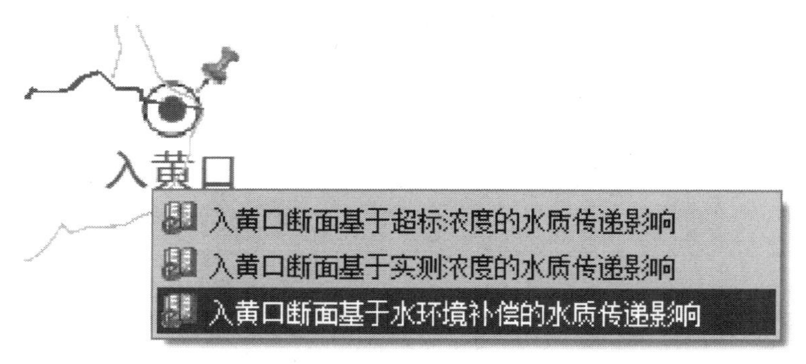

图 13.33　单个断面水质传递影响计算二级菜单展示(基于水环境补偿)

可点击“入黄口断面基于水环境补偿的水质传递影响”计算，并根据结果计算各地区对该断面的污染物浓度贡献率(图 13.34)。

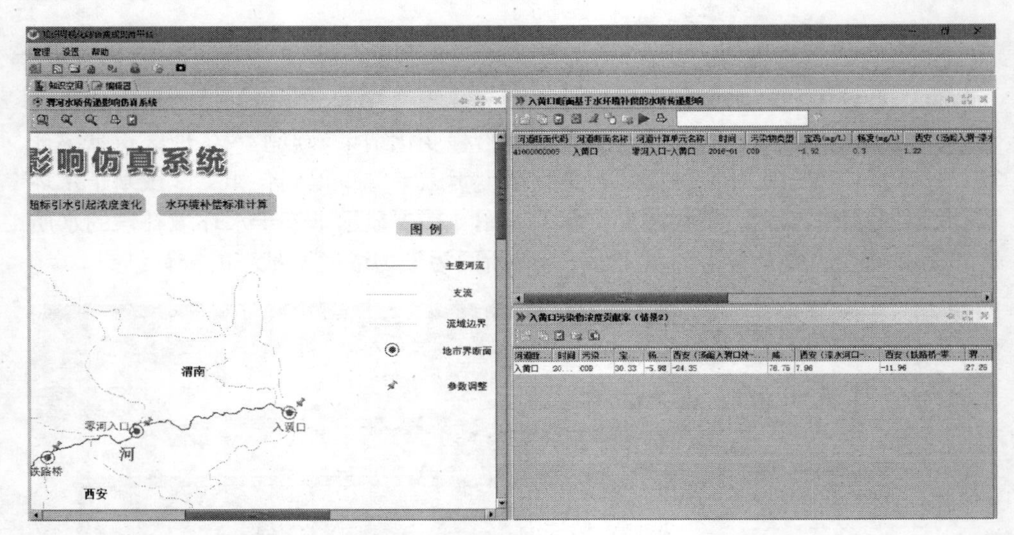

图 13.34　单个断面基于水环境补偿的水质传递影响结果

3. 基于超标浓度

基于超标浓度的水质传递影响计算需要计算超标引水引起的污染物浓度变化，即以某地区超标引水时污染物浓度与未超标引水时污染物浓度之差作为该跨界断面的浓度，代入水质传递影响模型进行计算。点击“超标引水引起浓度变化”，选择“超标引水引起的污染物浓度变化”，即可计算超标引水地区的污染物浓度变化结果(图 13.35)。

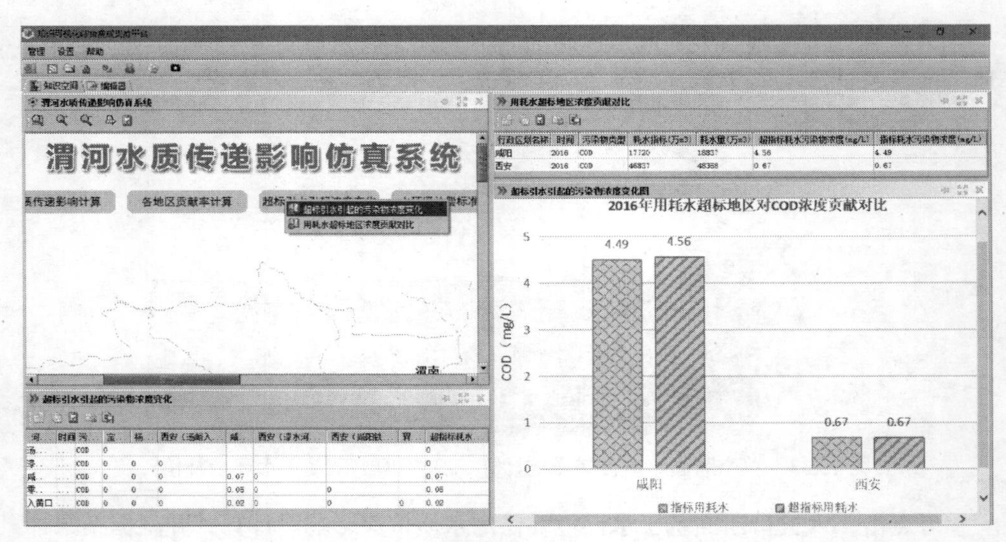

图 13.35　基于超标浓度的水质传递影响结果

另外，系统还可对用耗水超标地区的超标用耗水污染物浓度和未超标用耗水污染物浓度进行统计对比。点击“超标引水引起浓度变化”，选择“用耗水超标地区浓度贡献对比”，即可显示对比情况，可通过表格及柱状图的形式展现(图 13.35)。

基于超标浓度的水质传递影响，以超标引水引起的断面污染物浓度变化及其超标量作为输入进行计算，得到超标排污引起的污染物浓度变化。超标量是考核不达标断面的超标月平均浓度与水质目标之差。点击“水质传递影响计算”，选择“基于超标浓度的水质传递影响”，则可进行基于超标浓度的水质传递影响计算。断面 COD 超标地区耗水、排污贡献率计算结果如图 13.36 所示。对水质传递影响计算结果进行各地区贡献率的计算，可点击“各地区贡献率计算”，选择“基于超标浓度的污染物浓度贡献率”，各断面污染物超标地区耗水、排污贡献率可以表格及饼状图形式展现。

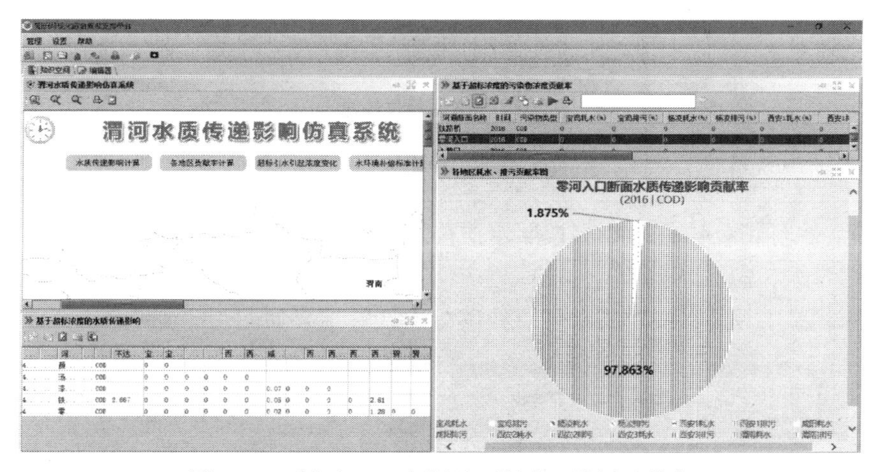

图 13.36　断面 COD 超标地区耗水、排污贡献率

另外，点击流域图中的地市界断面名称，如“入黄口”，会弹出单个断面水质传递影响计算二级菜单，如图 13.37 所示。

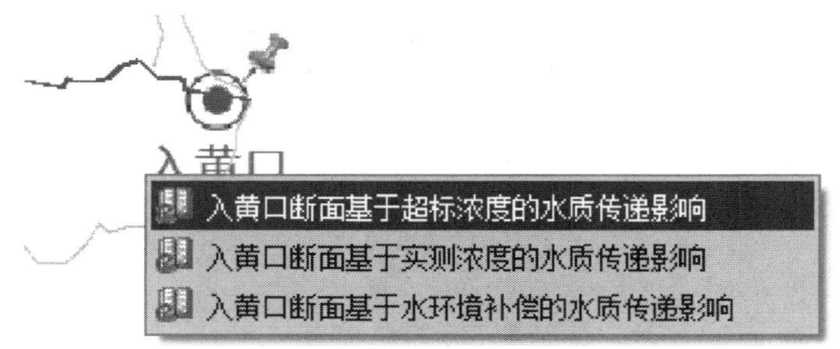

图 13.37　单个断面水质传递影响计算二级菜单展示(基于超标浓度)

点击“入黄口断面基于超标浓度的水质传递影响”，可根据结果绘制各地区耗水、排污贡献率饼状图(图 13.38)。

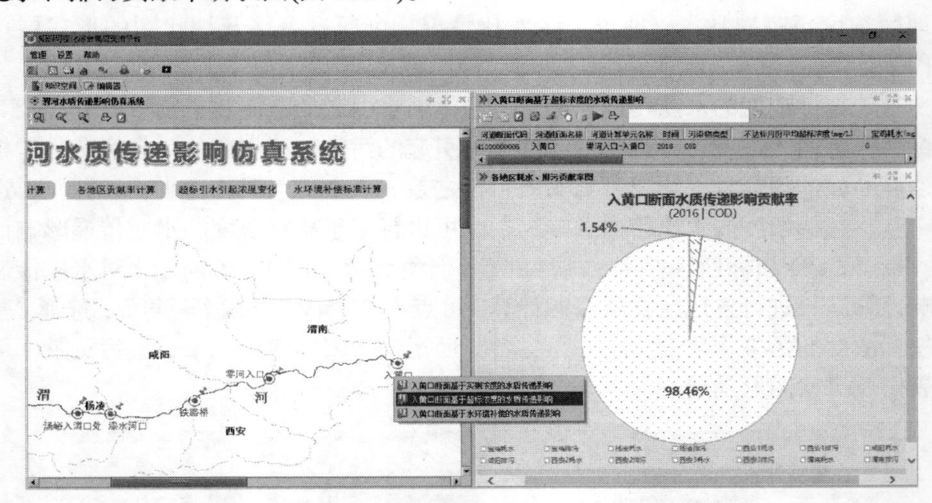

图 13.38　单个断面基于超标浓度的水质传递影响结果

13.2.2　跨界水环境补偿标准计算

跨界水环境补偿标准计算按照水质传递影响的情景 2 和情景 3 分为两类，点击“水环境补偿标准计算”，选择相应情景，即可进行对应的渭河跨界水环境补偿标准计算，不同情景下的水环境补偿标准计算结果如图 13.39 所示。

补偿标准计算（情景2）

河道断面名称	时间	污染物类型	宝鸡(万元)	杨凌(万元)	西安（汤峪入渭口处-漆水河口）(万元)	咸阳(万元)	西安（漆水河口-铁路桥）(万元)	西安（铁路桥-零河入口）(万元)	渭南(万元)	补偿总量(万元)
汤峪入渭口处	2016	COD	-661.38							-661.38
漆水河口	2016	COD	-497.41	-48.17	-196.22					-741.8
铁路桥	2016	COD	-1013.77	-70.14	-286.73	1196.12	120.94			-62.58
零河入口	2016	COD	-2268.99	-79.94	-326.66	1661.23	172.29	4704.18		3,863.17
入黄口	2016	COD	-960.08	-46.90	-191.05	639.71	66.34	2122.42	-2032.54	-402.08

补偿标准计算（情景3）

河道断	时间	污染物	宝鸡耗水(	宝鸡排污(...	杨凌耗水...	杨凌排污...	西安1耗水(	西安1排污(	咸阳耗水...	咸阳排污...	西安2耗水(...	西安2排污(...	西安3耗水(...	西安3排污(	渭南耗水...	渭南排污...	补偿总量(...
汤峪入...	2016	COD	0	0													
漆水河口	2016	COD	0	0	0	0	0	0									
铁路桥	2016	COD	0	0	0	0	0	0	0	0	0	0					
零河入口	2016	COD	0	0	0	0	0	0	87.65	0	0	0	0	4332.31			4837.34
入黄口	2016	COD	0	0	0	0	0	0	0	0	0	0	0	0	0	0	

图 13.39　不同情景下的水环境补偿标准计算结果

另外，点击流域图中的地市界断面，如“入黄口”，会弹出单个断面水环境补偿标准计算二级菜单，如图 13.40 所示。

图 13.40　单个断面水环境补偿标准计算二级菜单展示

选择相应情景之后可进行该断面水环境补偿标准计算，单个断面不同情景下的水环境补偿标准计算结果如图 13.41 所示。

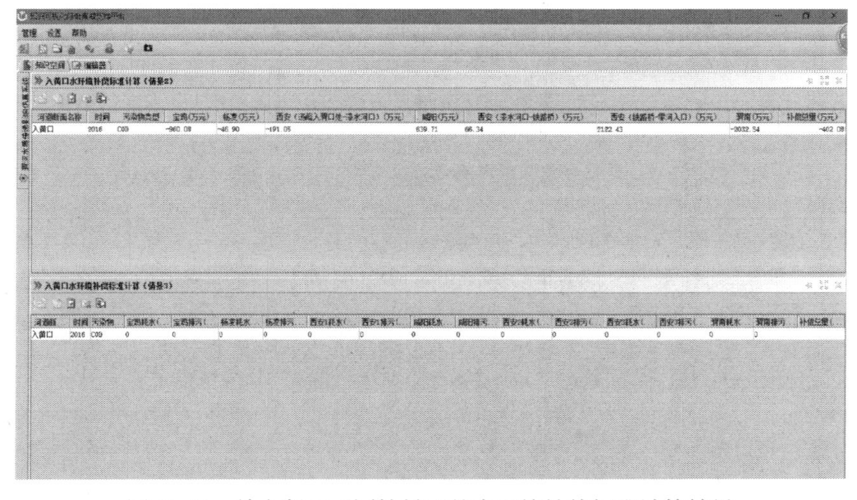

图 13.41　单个断面不同情景下的水环境补偿标准计算结果

参 考 文 献

[1] 张晓. 基于综合集成平台的水功能区动态纳污能力仿真系统研究[D]. 西安: 西安理工大学, 2014.

[2] 左玉辉. 环境学[M]. 北京: 高等教育出版社, 2002.

[3] 袁利敏. 拉萨市区地表水环境容量计算与分析[D]. 成都: 四川大学, 2004.

[4] 中华人民共和国国家质量监督检验检疫总局，中国国家标准化管理委员会. 水域纳污能力计算规程: GB/T 25173—2010[S]. 北京: 中国水利水电出版社, 2010:1.

[5] 赵鑫, 黄茁, 李青云. 我国现行水域纳污能力计算方法的思考[J]. 中国水利, 2012(1): 29-32.

[6] 刘茵. 河流纳污能力计算模型及水污染物负荷分配方法研究[D]. 西安: 西安理工大学, 2015.

[7] 王竞敏. 渭河水功能区动态纳污计算及考核管理系统集成研究[D]. 西安: 西安理工大学, 2017.

[8] 张璇. 黄河干流省界断面水质传递影响研究[D]. 西安: 西安理工大学, 2016.

[9] 郑含笑, 杜勇. 可持续发展战略下我国城市河流水环境容量研究[J]. 安徽农业科学, 2012, 40(9): 5478-5480.

[10] 梁博, 王晓燕. 我国水环境污染物总量控制研究的现状与展望[J]. 首都师范大学学报(自然科学版), 2005, 26(1): 93-98.

[11] 王浩，秦大庸，肖伟华，等. 汤逊湖流域纳污能力模拟与水污染控制关键技术研究[M]. 北京: 科学出版社, 2012.

[12] 李如忠, 汪家权, 王超, 等. 不确定性信息下的河流纳污能力计算初探[J]. 水科学进展, 2003, 14(4): 459-463.

[13] 廖文根, 李锦秀, 彭静. 水体纳污能力量化问题探讨[J]. 中国水利水电科学研究院学报, 2003, 1(3): 211-215.

[14] 张玉清. 河流功能区水污染物容量总量控制的原理和方法[M]. 北京: 中国环境科学出版社, 2001.

[15] 夏丽爽. 水环境污染物总量优化分配方法及业务化应用研究[D]. 哈尔滨: 哈尔滨师范大学, 2017.

[16] 林巍, 傅国伟. 公平规划及其在区域水环境综合整治规划中的应用[J]. 污染防治技术, 1994, 7(2): 4-8.

[17] 许艳玲, 杨金田, 蒋春来, 等. 排放绩效在火电行业大气污染物排放总量分配中的应用[J]. 安全与环境学报, 2013, 13(6): 108-111.

[18] 龚若愚, 周源岗. 柳江柳州段水环境容量研究[J]. 水资源保护, 2001(1): 31-32.

[19] 舒琨. 水污染负荷分配理论模型与方法研究——以巢湖流域为例[D]. 合肥: 合肥工业大学, 2010.

[20] 闫正坤. 基于 Delphi-AHP 和基尼系数法的流域水污染物总量分配模型研究[D]. 太原: 太原理工大学, 2012.

[21] 毛战坡, 李怀恩. 总量控制中削减污染物合理分摊问题的求解方法[J]. 西北水资源与水工程, 1999, 10(1): 27-32.

[22] 刘红刚, 陈新庚, 彭晓春. 基于合作博弈论的感潮河网区污染物排放总量削减分配模型研究[J]. 生态环境学报, 2011, 20(3): 456-462.

[23] 左其亭. 关于最严格水资源管理制度的再思考[J]. 河海大学学报(哲学社会科学版), 2015, 17(4): 60-63, 91.

[24] 涂敏. 基于水功能区水质达标率的河流健康评价方法[J]. 人民长江, 2009, 39(23): 130-133.

[25] 赵越, 杨文杰, 王东, 等. 实施跨界水环境补偿的探讨——对《水污染防治行动计划》中“实施跨界水环境补偿”的解读[J]. 环境保护科学, 2015, 41(3): 27-29.

[26] 周大杰, 董文娟, 孙丽英, 等. 流域水资源管理中的生态补偿问题研究[J]. 北京师范大学学报(社会科学版), 2005(4): 131-135.

[27] 董相如. 淮北市河流纳污能力及污染控制的研究[D]. 合肥: 合肥工业大学, 2007.

[28] BENAMAN J, SHOEMAKER C A. Methodology for analyzing ranges of uncertain model parameters and their impact on total maximum daily load process[J]. Journal of Environmental Engineering, 2004, 130(6): 648-656.

[29] ECKER J G. A Geometric programming model for optimal allocation of stream dissolved oxygen [J]. Management Science, 1975, 21(6): 658-668.

[30] LIEBMAN J C, LYNN W R. The optimal allocation of stream dissolved oxygen [J]. Water Resource Research, 1966, 2(3): 581-591.

[31] REVELLE C S, LOUCKS D P, LYNN W R. A management model for water quality control[J]. Journal-Water Pollution Control Federation, 1967, 39(7): 1164-1183.

[32] LI S Y, MORIOKA T. Optimal allocation of waste loads in a river with probabilistic tributary flow under transverse mixing [J]. Water Environment Research, 1999, 71 (2): 156-162.

[33] REVELLE C S, LOUCKS D P, LYNN W R. Linear programming applied to water quality management [J]. Water Resource Research, 1968, 4 (1): 1-9.

[34] THOMANN R V, SOBEL M S. Estuarine water quality management and forecasting [J]. Journal of Sanitary Engineering Division ASCE, 1964, 89 (SA5): 9-36.

[35] FUJIWARA O, GNANENDRAN S K, OHGAKI S. River quality management under stochastic streamflow [J]. Journal of Environmental Engineering, 1986, 112(2): 185-198.

[36] LOHANI B N, THANH N C. Probabilistic water quality control polices[J]. Journal of Environmental Engineering Division, 1979, 105 (4): 713-725.

[37] DONALD H B, EDWARD A M. Optimization modeling of water quality in an uncertain environment [J]. Water Resource Research, 1985, 21 (7): 934-940.

[38] GLASOE S, STEINER F, BUDD W, et al. Assimilative capacity and water resource management: Four examples from the United States[J]. Landscape and Urban Planning, 1990, 19(1): 17-46.

[39] 李蜀庆, 李谢玲, 伍溢春, 等. 我国水环境容量研究状况及其展望[J]. 高等建筑教育, 2007, 16(3): 58-61.

[40] 周孝德, 郭瑾珑, 程文, 等. 水环境容量计算方法研究[J]. 西安理工大学学报, 1999, 15(3): 1-6.

[41] 司全印, 冉新权, 周孝德, 等. 区域水污染控制与生态环境保护研究[M]. 北京: 中国环境科学出版社, 2000.

[42] 孙卫红, 姚国金, 逄勇. 基于不均匀系数的水环境容量计算方法探讨[J]. 水资源保护, 2001(2): 25-26.

[43] 熊风, 罗洁. 河流水环境容量计算模型分析[J]. 中国测试技术, 2005, 31(1): 116-117.

[44] 李红亮, 李文体. 水域纳污能力分析方法研究与应用[J]. 南水北调与水利科技, 2006(4): 58-60.

[45] 胡守丽, 秦华鹏, 熊向陨. 深圳河纳污能力评价与污染削减方案优化[J]. 给水排水, 2006, 32(S): 118-121.

[46] 李克先. 径流资料匮乏区域中小河流纳污能力计算耦合模型[J]. 水文, 2007, 27(4): 35-37.

[47] 张文志. 采用一维水质模型计算河流纳污能力中设计条件和参数的影响分析[J]. 人民珠江, 2008(1): 19-20, 43.

[48] 劳国民. 污染源概化对一维模型纳污能力计算的影响分析[J]. 浙江水利科技, 2009(5): 8-l0.

[49] 陈丁江, 吕军, 金培坚, 等. 非点源污染河流水环境容量的不确定性分析[J]. 环境科学, 2010, 31(5): 1215-1219.

[50] 周洋, 周孝德, 冯民权. 渭河陕西段水环境容量研究[J]. 西安理工大学学报, 2011, 27(1): 7-11.

[51] 胡开明, 逄勇, 王华, 等. 大型浅水湖泊水环境容量计算研究[J]. 水力发电学报, 2011, 30(4): 135-141.

[52] 范丽丽, 沙海飞, 逄勇. 太湖湖体水环境容量计算[J]. 湖泊科学, 2012, 24(5): 693-697.

[53] LIU R M, SUN C C, HAN Z X, et al. Water environmental capacity calculation based on uncertainty analysis : A case study in the Baixi watershed area, China[J]. Procedia Environmental Sciences, 2012(13): 1728-1738.

[54] 徐攀. 岷江(外江)流域新津县境段水质模拟[D]. 成都: 西南交通大学, 2013.
[55] 方秦华, 张珞平, 洪华生. 水污染负荷优化分配研究[J] . 环境保护, 2005 (13): 29-31.
[56] CARDWELL H, ELLIS H. Stochastic dynamic programming models for water quality management [J]. Water Resources Research, 1993, 29(4): 803-813.
[57] MUJUMDAR P P, SAXENA P. A stochastic dynamic programming model for stream water quality management [J]. Sadhana, 2004, 29(5): 477-497.
[58] LEE C S, CHANG S P. Interactive fuzzy optimization for an economic and environmental balance in a river system [J]. Water Research, 2005, 39(1): 221-231.
[59] 胡康萍, 许振成. 水体污染物允许排放总量分配方法研究[J]. 中国环境科学, 1991, 11(6): 447-452.
[60] 张存智, 韩康, 张砚峰, 等. 大连湾污染排放总量控制研究——海湾纳污能力计算模型[J]. 海洋环境科学, 1998, 17(3): 1-5.
[61] 李劢, 李岩, 韩政, 等. 黄河三角洲河流水环境容量研究[J]. 山东科学, 2007, 20(2): 50-54.
[62] 张颖, 王勇. 我国排污权初始分配的研究[J]. 生态经济, 2005(8): 50-52,62.
[63] 王先甲, 肖文, 胡振鹏. 排污权初始分配的两种方法及其效率比较[J]. 自然科学进展, 2004, 14(1): 81-87.
[64] 施圣炜, 黄桐城. 期权理论在排污权初始分配中的应用[J]. 中国人口・资源与环境, 2005(1): 55-58.
[65] 李寿德, 黄桐城. 交易成本条件下初始排污权免费分配的决策机制[J]. 系统工程理论方法应用, 2006, 15(4): 318-322.
[66] 王有乐. 区域水污染控制多目标组合规划模型研究[J]. 环境科学学报, 2002(1): 107-110.
[67] 熊德琪, 陈守煜, 任洁. 水环境污染系统规划的模糊非线性规划模型[J]. 水利学报, 1994 (12): 22-30.
[68] 李群, 宋世霞, 潘轶敏. 大沙河商丘段水污染物排放总量控制研究[J]. 水资源保护, 2001(2): 32-34, 61.
[69] 秦肖生, 曾光明. 遗传算法在水环境灰色非线性规划中的应用[J]. 水科学进展, 2002, 13(1): 31-36.
[70] 林高松, 李适宇, 江峰. 基于公平区间的污染物允许排放量分配方法[J]. 水利学报, 2006, 37(1): 52-57.
[71] 林高松. 基于公平、效益与多目标优化的河流污染负荷分配方法研究[D]. 广州: 中山大学, 2006.
[72] 王卫平. 九龙江流域水环境容量变化模拟及污染物总量控制措施研究[D]. 厦门: 厦门大学, 2007.
[73] 沈淞涛. 安昌河流域绵阳市涪城区段水污染物总量控制研究[D]. 成都: 西南交通大学, 2005.
[74] 朱连奇. 日本环境保护现状及趋势[J]. 中国人口・资源与环境, 1999, 9(4): 107-109.
[75] 何冰, 欧厚金. 区域水污染物削减总量分配的层次分析方法[J]. 环境工程, 1991, 9(6): 50-53.
[76] 孙秀喜, 冯耀奇, 丁和义. 河道污染物总量分配模型的建立及分析方法研究[J]. 地下水, 2005, 27(6): 427-429.
[77] 林高松, 李适宇, 李娟. 基于群决策的河流允许排污量公平分配博弈模型[J]. 环境科学学报, 2009, 29(9): 2010-2016.
[78] 杨玉峰. 污染物排放总量控制系统的不确定性分析[D]. 北京: 清华大学, 1999.
[79] 杨玉峰, 傅国伟. 区域差异与国家污染物排放总量分配[J]. 环境科学学报, 2001, 21(2): 129-133.
[80] 李如忠, 舒琨. 基于基尼系数的水污染负荷分配模糊优化决策模型[J]. 环境科学学报, 2010, 30(7): 1518-1526.
[81] GIGLIO R J, WRITHTINGTON R. Methods for apportioning costs among participants in regional systems [J]. Water Resources Research, 1972, 8(5): 1133-1144.
[82] DINAR A, HOWITT R E. Mechanisms for allocation of environmental control cost: Empirical tests of acceptability and stability [J]. Journal of Environmental Management, 1997, 49(2): 183-203.
[83] ARIKOL A M, BASAK N. An equity approach to stream water quality management [J]. European Journal of Operational Research, 1985, 20(2): 182-189.
[84] BURN D H, YULIANTI J S. Waste-load allocation using genetic algorithms [J]. Journal of Water Resources Planning

and Management, 2001, 127(2): 121-129.

[85] MURTY Y S R, SRINIVASAN K, MURTY B S. Multiobjective optimal waste load allocation models for rivers using nondominated sorting genetic algorithm-Ⅱ [J]. Journal of Water Resources Planning and Management, 2006, 132(3): 133-143.

[86] 吴亚琼, 赵勇, 吴相林, 等. 初始排污权分配的协商仲裁机制[J]. 系统工程, 2003, 21(5): 70-74.

[87] 黄显峰, 邵东国, 顾文权. 河流排污权多目标优化分配模型研究[J]. 水利学报, 2008, 39(1): 73-78.

[88] 顾文权, 邵东国, 黄显峰, 等. 模糊多目标水质管理模型求解及实例验证[J]. 中国环境科学, 2008, 28(3): 284-288.

[89] 邓义祥, 孟伟, 郑丙辉, 等. 基于响应场的线性规划方法在长江口总量分配计算中的应用[J]. 环境科学研究, 2009, 22(9): 995-1000.

[90] 赵恩龙, 黄薇, 霍军军. 基于分级控制的用水效率制度建设初探[J]. 长江科学院院报, 2011, 28(12): 23-26.

[91] 戴育华, 任大朋. 量化指标完善考核实行“最严格”水资源管理[J]. 北京观察, 2011 (7): 20-21.

[92] 邱凉, 罗小勇, 李斐, 等. 水功能区考核指标体系研究初探[J]. 能源环境保护, 2012, 26(4): 55-58.

[93] 彭文启. 水功能区限制纳污红线指标体系[J]. 中国水利, 2012(7): 19-22.

[94] 卢友行, 陈谋育. 泉州水资源动态管理模式与最严格水资源管理制度[J]. 中国水利, 2012 (17): 23-25.

[95] 曾金凤. 赣州市水功能区水质达标考核体系初探[J]. 人民珠江, 2013(6): 94-96.

[96] 金占伟, 郑冬燕. 珠江流域最严格水资源管理对策[J]. 人民珠江, 2013, 34(S1): 16-17.

[97] 雷四华, 吴永祥, 王高旭, 等. 数据库对水资源管理考核制度的技术支撑[J]. 水利信息化, 2013(6): 24-27.

[98] 李昊, 孙婷. 监督问责机制在最严格水资源管理制度考核中的应用[J]. 中国水利, 2014(13): 15-18.

[99] 刘肖军, 郭旭维. 以考核之力推动最严格水资源管理制度落实[J]. 治淮, 2014(12): 15-17.

[100] 尚钊仪, 车越, 张勇, 等. 实施最严格水资源管理考核制度的实践与思考[J]. 净水技术, 2014(6): 1-7.

[101] 吴书悦, 杨雨曦, 彭宜蔷, 等. 区域用水总量控制模糊综合评价研究[J]. 南水北调与水利科技, 2014, 12(4): 92-97.

[102] 王晓青. 重庆市水资源管理综合评价体系[J]. 水利水电科技进展, 2015, 35(2): 1-5.

[103] 肖伟华. 水资源三条红线考核体系探讨[J]. 中小企业管理与科技, 2015(6): 44-45.

[104] 欧阳球林, 白桦, 高桂青, 等. 水资源管理“三条红线”考核指标体系构建研究[J]. 南昌工程学院学报, 2015, 34(6): 50-54.

[105] 张敬尧, 刘爱萍. 基于 AHP 确定水资源管理制度考核体系指标权重[J]. 地下水, 2015(5): 166-169.

[106] 黄德春, 陈思萌, 张昊驰. 国外跨界水污染治理的经验与启示[J]. 水资源保护, 2009, 25(4): 78-81.

[107] 易志斌. 国内跨界水污染治理研究综述[J]. 水资源与水工程学报, 2013, 24(2): 109-113.

[108] 赵来军, 李怀祖. 流域跨界水污染纠纷对策研究[J]. 中国人口 · 资源与环境, 2003, 13(6): 49-54.

[109] 王飞儿, 徐向阳, 方志发, 等. 基于 COD 通量的钱塘江流域水污染生态补偿量化研究[J]. 长江流域资源与环境, 2009, 18(3): 259-263.

[110] 任建东, 张卫红, 董亚萍, 等. 第三排水沟水质对黄河水质的输入响应关系研究[J]. 宁夏大学学报(自然科学版), 2011, 32(4): 408-412.

[111] 张利静, 余麟, 刘红琴, 等. 辽河源头区跨界污染输入响应模型的建立[J]. 科学技术与工程, 2012, 12(23): 5952-5955.

[112] 张利静. 辽河源头区跨界断面水质预测研究[D]. 长春: 吉林大学, 2013.

[113] 何小刚. 第二松花江跨界断面输入响应模型构建及水质变化灵敏性研究[D]. 长春: 吉林大学, 2014.

[114] 王亮. 天津市重点水污染物容量总量控制研究[D]. 天津: 天津大学, 2005.

[115] 张海欧. 渭河干流陕西段动态允许纳污量研究[D]. 西安: 西安理工大学, 2013.
[116] 杨志平, 陆景宣. 污染物排放总量控制优化分配数学模型探讨[J]. 上海环境科学, 1989, 8(10): 9-13.
[117] 张晓, 罗军刚, 解建仓. 基于综合集成平台的动态纳污能力计算模式研究[J]. 沈阳农业大学学报, 2015, 46(4): 449-455.
[118] 陈晨, 罗军刚, 解建仓. 基于综合集成平台的水资源动态配置模式研究与应用[J]. 水力发电学报, 2014, 33(6): 68-77.
[119] 吴文俊, 蒋洪强, 段扬, 等. 基于环境基尼系数的控制单元水污染负荷分配优化研究[J]. 中国人口·资源与环境, 2017, 27(5): 8-16.
[120] 邱凉, 翟红娟, 徐嘉. 长江中下游水功能区考核指标体系研究与构建[J]. 人民长江, 2013, 44(3): 75-77.
[121] 雷军. 长沙市地表水资源保护及水环境总量控制研究[D]. 南京: 河海大学, 2005.
[122] 吴纪宏. 黄河干流河段污染物降解系数分析研究[J]. 人民黄河, 2006(8): 36-37.
[123] 陶威, 刘颖, 任怡然. 长江宜宾段氨氮降解系数的实验室研究[J]. 污染防治技术, 2009, 22(6): 8-9, 20.
[124] 李锦秀, 廖文根, 黄真理. 三峡水库整体一维水质数学模拟研究[J]. 水利学报, 2002(12): 7-10, 17.
[125] 汪亮, 张海欧, 解建仓, 等. 黄河龙门至三门峡河段污染物降解系数动态特征研究[J]. 西安理工大学学报, 2012, 28(3): 293-297.
[126] 胡锋平, 侯娟, 罗健文, 等. 赣江南昌段污染负荷及水环境容量分析[J]. 环境科学与技术, 2010, 33(12): 192-205.
[127] 王有乐, 孙苑菡, 周智芳, 等. 黄河兰州段 COD_{Cr} 降解系数的实验研究[J]. 甘肃冶金, 2006, 28(1): 27-28.
[128] 宋刚福, 沈冰. 基于水功能区划的河流生态环境需水量计算研究[J]. 西安理工大学学报, 2012, 28(1): 49-55.
[129] 王祎, 李静文, 邵雪, 等. 基于计算智能的流域污染排放优化模式研究[J]. 中国环境科学, 2012, 32(1): 173-180.
[130] 史晓新, 禹雪中, 马巍. 湖泊纳污能力动态特征分析及计算[J]. 中国水利水电科学研究院学报, 2008, 6(2): 105-110.
[131] 李锦秀, 马巍, 史晓新, 等. 污染物排放总量控制定额确定方法[J]. 水利学报, 2005, 36(7): 812-817.
[132] 马巍, 禹雪中, 翟淑华, 等. 太湖限制排污总量及其管理应用研究[J]. 科技导报, 2008, 26(18): 49-53.
[133] 冯巧, 许子乾, 杨珏, 等. 基于优化模型的河流纳污量计算方法研究[J]. 水利水电技术, 2014, 45(4): 35-38, 43.
[134] 包存宽, 张敏, 尚金城. 流域水污染物排放总量控制研究——以吉林省松花江流域为例[J]. 地理科学, 2000, 20(1): 61-64.
[135] 付意成, 吴文强, 彭文启, 等. 基于安全余量的污染物总量控制方法评述[J]. 水资源与水工程学报, 2014, 25(2): 1-6.
[136] 黄玉凯. 总量控制负荷分配技术及经济分析[J]. 环境污染与防治, 1991, 13(6): 18-21, 41.
[137] 吴悦颖, 李云生, 刘伟江. 基于公平性的水污染物总量分配评估方法研究[J]. 环境科学研究, 2006, 19(2): 66-70.
[138] 李如忠, 舒琨. 基于多目标决策的水污染负荷分配方法[J]. 环境科学学报, 2011, 31(12): 2814-2821.
[139] 黄俊, 陈子博, 刘其蒙, 等. 基于 NSGA-Ⅱ的离体皮肤组织激光融合工艺参数的多目标优化[J]. 中国激光, 2019, 46(2): 199-205.
[140] 毛光君. 河流污染物总量分配方法研究[D]. 北京: 中国环境科学研究院, 2013.
[141] 闫莉, 余真真, 张世坤, 等.基于传递影响的黄河省界断面水污染责任界定[J]. 人民黄河, 2017, 39(12): 71-76.
[142] 隋明锐. 阿什河哈尔滨段水质模拟与纳污能力核算的研究[D]. 哈尔滨: 哈尔滨工业大学, 2013.

[143] 宋国浩, 张云怀. 水质模型研究进展及发展趋势[J]. 装备环境工程, 2008, 5(2): 32-35.
[144] 张智, 李灿, 曾晓岚, 等. QUAL2E 模型在长江重庆段水质模拟中的应用研究[J]. 环境科学与技术, 2006, 29(1): 1-3.
[145] 黄玉茹, 韩燕劭, 胡书良. 污染源排放量与河流水质之间输入响应关系建立方法的探讨[J]. 环境评价, 1997(9): 15-17.
[146] 彭进平, 逄勇, 李一平. 湛江市区域水环境容量的计算研究[J]. 中国给水排水, 2006, 22(16): 98-102.
[147] 刘新铭, 侯素霞, 钟秦, 等. 基于两种不同计算模型的丹河水环境容量分析[J]. 环境科学与管理, 2006, 31(7): 53-56.
[148] 金菊香. 干旱地区河流水动力水质模型及水环境容量的研究与应用[D]. 天津: 天津大学, 2011.
[149] 马文敏, 李淑霞, 王淑巧. 银川市水环境容量的计算与分析[J]. 宁夏农学院学报, 2003, 24(1): 51-53.
[150] 姜曼曼. 松花江哈尔滨段动态水环境容量及其价值研究[D]. 哈尔滨: 哈尔滨工业大学, 2010.
[151] 白涓. 陕南水环境容量与生态补偿研究[D]. 西安: 西北大学, 2012.
[152] 唐献力, 郭宗楼. 水环境容量价值及其影响因素研究[J]. 农机化研究, 2006(10): 45-48.
[153] 庞爱萍, 李春晖, 刘坤坤, 等. 基于水环境容量的漳卫南流域双向生态补偿标准计算[J]. 中国人口 · 资源与环境, 2010, 20(5): 100-103.
[154] 中华人民共和国水利部. 水利信息处理平台技术规定:SL 538—2011[S]. 北京: 中国水利水电出版社, 2011.
[155] 张永进, 解建仓, 蔡阳, 等. 对水利应用支撑平台的建议[J]. 水利信息化, 2011(1): 10-13.
[156] 张刚, 解建仓, 罗军刚. 洪水预报模型组件化及应用[J]. 水利学报, 2012, 42(12): 1479-1486.
[157] 岳昆, 王晓玲, 周傲英. Web 服务核心支持技术研究综述[J]. 软件学报, 2004, 15(3): 428-434.
[158] 战德臣, 王忠杰. 一种基于构件的复杂应用系统开发过程[J]. 哈尔滨工业大学学报, 2002, 34(6): 751-755.
[159] 罗军刚. 水利业务信息化及综合集成应用模式研究[D]. 西安: 西安理工大学, 2009.